量子ドット太陽電池の最前線

Frontiers of Quantum Dot Solar Cells

《普及版／Popular Edition》

監修 豊田太郎

シーエムシー出版

はじめに

　近年化石燃料の枯渇と CO_2 の増大に伴う温室効果がクローズアップされ，エネルギー・環境問題が大きな関心を集める中，太陽エネルギーの利用が有力視されている。それらの中で，太陽エネルギーを電力源に変換する太陽電池が有望視され大きな注目と期待が寄せられている。現在普及している太陽電池は，Si を母体材料とするものである。しかし Si 太陽電池は原材料コスト（高純度化）・製造プロセス（高温での CVD）と製造コストの面で問題があると共に，今後 Si 資源の枯渇が大きな問題点となる。そのため，Si 以外の新代替材料を用いる太陽電池系が活発に模索されている。新素材を用いた太陽電池の中の一つで，ナノ構造 TiO_2 電極を基板とした色素増感太陽電池（DSC）は，資源による制約が比較的少なくかつ廉価に作製出来ることから，Si 系に代わる新しいタイプの太陽電池として期待されている。しかし種々の制約から，現在 DSC の光電変換効率には飽和傾向が見られる。そのため従来の発想を転換し，低炭素・接続型社会実現に向けた画期的な太陽電池の研究の必要に迫られている。

　ここで量子閉込効果を示す半導体量子ドット（以下，量子ドットと略す）は新奇な物性変化を示し，基礎と応用の両面から活発な研究が推進されている。これらの量子ドットは他の系には無い特色があり，量子ドットを適用する太陽電池の研究が活発化している。量子ドットは他の系に比べて，①量子閉込効果による光吸収係数の増大，②ドット径を制御することで光吸収領域の制御が可能，③双極子モーメントが大きく電荷分離の効率が大（植物の光合成との類似性），④高エネルギー光子 1 個の入力に対し複数個の励起子を発生する多重励起子生成の可能性，等の特徴がある。これらの特徴を実現化することが技術的に可能となれば，従来の系に比べてより一層の光電変換効率向上の実現が期待出来る。

　本書は太陽電池については多くの解説書がある中で，主として化学サイドを中心とした量子ドット太陽電池・材料の最先端の話題に絞って論ずることを目的として企画された。幸い，この分野の気鋭の内外研究者の方々のご協力により執筆いただくことが出来た。本書を一読することにより，将来の高効率・高耐久性を持つ量子ドット太陽電池の実現に向けた方向性を見出すことを望む次第である。

　末筆ながら，ご多忙中執筆頂いた各位と，本書の出版に尽力されたシーエムシー出版の初田竜也氏に感謝の意を表する。

2012 年 10 月

電気通信大学
豊田太郎

普及版の刊行にあたって

本書は2012年に『量子ドット太陽電池の最前線』として刊行されました。普及版の刊行にあたり，内容は当時のままであり加筆・訂正などの手は加えておりませんので，ご了承ください。

2019年7月

シーエムシー出版　編集部

執筆者一覧（執筆順）

豊田　太郎	電気通信大学　大学院情報理工学研究科　先進理工学専攻　特命教授	
沈　　　青	電気通信大学　大学院情報理工学研究科　先進理工学専攻　助教	
山口　浩一	電気通信大学　大学院情報理工学研究科　先進理工学専攻　教授	
渡辺　勝儀	山梨大学　工学部　准教授	
宇佐美徳隆	東北大学　金属材料研究所　准教授	
寒川　誠二	東北大学　流体科学研究所　教授	
橘　　泰宏	Assciate Professor　Mechanical and Manufacturing Engineering School of Aerospace　RMIT University	
八谷聡二郎	電気通信大学大学院　先進理工学専攻　産学官連携研究員	
岡田　至崇	東京大学　先端科学技術研究センター　教授	
早瀬　修二	九州工業大学　大学院生命体工学研究科　教授	
松田　一成	京都大学　エネルギー理工学研究所　教授	
吉川　　暹	京都大学　エネルギー理工学研究所　特任教授	
上野　貢生	北海道大学　電子科学研究所／科学技術振興機構（さきがけ）　准教授	
三澤　弘明	北海道大学　電子科学研究所　所長／教授	
I. Hod	PhD students in Zaban group　Chemistry Department　Bar-llan University	
M. Shalom	PhD students in Zaban group　Chemistry Department　Bar-llan University	
Z. Tachan	PhD students in Zaban group　Chemistry Department　Bar-llan University	
S. Buhbut	PhD students in Zaban group　Chemistry Department　Bar-llan University	
S. Yahav	PhD students in Zaban group　Chemistry Department　Bar-llan University	
S. Greenwald	PhD students in Zaban group　Chemistry Department　Bar-llan University	
S. Rule	Research fellow in Zaban group　Chemistry Department　Bar-llan University	

A. Zaban	head of the research group/professor　Chemistry Department　Bar-llan University
Pralay K. Santra	Radiation Laboratory　Department of Chemistry and Biochemistry　University of Notre Dame
Prashant V. Kamat	Radiation Laboratory　Department of Chemistry and Biochemistry　University of Notre Dame
Iván Mora-Seró	Grup de Dispositius Fotovoltaics i Optoelectrònics　Departament de Física　Universitat Jaume I
Juan Bisquert	Grup de Dispositius Fotovoltaics i Optoelectrònics　Departament de Física　Universitat Jaume I
Yanhong Luo	Key Laboratory for Renewable Energy　Chinese Academy of Sciences　Beijing Key Laboratory for New EnergyMaterials and Devices　Institute of Physics　Chinese Academy of Sciences
Dongmei Li	Key Laboratory for Renewable Energy　Chinese Academy of Sciences　Beijing Key Laboratory for New Energy Materials and Devices　Institute of Physics　Chinese Academy of Sciences
Qingbo Meng	Key Laboratory for Renewable Energy　Chinese Academy of Sciences　Beijing Key Laboratory for New EnergyMaterials and Devices　Institute of Physics　Chinese Academy of Sciences
Yuh-Lang Lee	Department of Chemical Engineering　National Cheng Kung University
Sang Il Seok	Solar Energy Materials Research Group　Division of Advanced Materials　Korea Research Institute of Chemical Technology
James G. Radich	Radiation Laboratory　Departments of Chemistry & Biochemistry, and Chemical & Biomolecular Engineering　University of Notre Dame
Prashant V. Kamat	Radiation Laboratory　Departments of Chemistry & Biochemistry, and Chemical & Biomolecular Engineering　University of Notre Dame

執筆者の所属表記は，2012年当時のものを使用しております．

目　次

第1章　量子ドット太陽電池の現状　　豊田太郎

1　CdS 量子ドット増感太陽電池 …………… 1
2　CdSe 量子ドット増感太陽電池 ………… 2
3　PbS 量子ドットに増感太陽電池 ………… 3
4　複合化量子ドット増感太陽電池 ………… 3

第2章　量子ドットの作製

1　化学吸着法 ……………………………… 6
　1.1　Chemical Bath Deposition（CBD）法 ………………**沈　青** … 6
　　1.1.1　はじめに ……………………… 6
　　1.1.2　CBD による CdSe 量子ドット吸着電極の作製 ……………… 6
　　1.1.3　まとめ ………………………… 11
　1.2　Successive Ionic Layer Adsorption and Reaction（SILAR）法 ………………**沈　青** … 13
　　1.2.1　はじめに ……………………… 13
　　1.2.2　SILAR 法による CdS 量子ドットの吸着 …………………… 14
　　1.2.3　SILAR 法による CdSe 量子ドットの吸着 …………………… 16
　　1.2.4　SILAR 法による PbS 量子ドットの吸着 …………………… 18
　　1.2.5　まとめ ………………………… 19
　1.3　Direct Adsorption（DA）法と Linker-assisted Adsorption（LA）法 ………………**沈　青** … 20
　　1.3.1　はじめに ……………………… 20
　　1.3.2　CdSe コロイド量子ドットの作製 ………………………… 21
　　1.3.3　TiO$_2$ 基板への吸着 …………… 21
　　1.3.4　光吸収特性 …………………… 21
　　1.3.5　表面モルフォロジー ………… 23
　　1.3.6　まとめ ………………………… 25
2　高密度・高均一量子ドットの自己形成 ……………………………………………… 27
　2.1　InAs 量子ドット系 ……**山口浩一**… 27
　　2.1.1　はじめに ……………………… 27
　　2.1.2　SK 成長モードによる量子ドットの自己形成法 ……………… 27
　　2.1.3　InAs 量子ドットのサイズ自己制限効果による高均一形成 … 28
　　2.1.4　Sb サーファクタント効果による面内高密度化 ……………… 31
　2.2　まとめ ……………………………… 37
　2.2　ZnTe 中の CdTe の自己形成量子ドット系 …………**渡辺勝儀** … 39
　　2.2.1　はじめに ……………………… 39
　　2.2.2　量子ドット作製方法 ………… 39
　　2.2.3　量子ドットの形状と密度 …… 40
　　2.2.4　光物性 ………………………… 41
　　2.2.5　まとめ ………………………… 46
　2.3　SiGe 量子ドット系 ………………………**宇佐美 徳隆** … 48
　　2.3.1　はじめに：SiGe の特徴 …… 48
　　2.3.2　SiGe 量子ドット成長の物理

I

　　　　　　　　　　……………………… 49
　　2.3.3　ナノフォトニック結晶と量子
　　　　　　ドットが結合したナノ構造体
　　　　　　の作製と応用 ……………… 52
2.4　高効率シリコン量子ドット太陽電池
　　　実現のための量子ナノ構造作製プロ
　　　セス―エネルギー変換効率45％超
　　　太陽電池への期待―
　　　　　　　　………寒川誠二 … 55

2.4.1　要約 ………………………… 55
2.4.2　はじめに …………………… 55
2.4.3　従来の量子ドット作製技術 … 55
2.4.4　究極のトップダウンプロセス
　　　　による量子ドット構造の作製
　　　　と高密度・均一配置 ………… 56
2.4.5　未来に向けて ………………… 59

第3章　太陽電池への応用

1　量子ドット太陽電池 ……………… 62
1.1　増感型 ……………橘　泰宏 … 62
　　1.1.1　はじめに ………………… 62
　　1.1.2　量子ドット増感 vs. 色素増感
　　　　　　…………………………… 63
　　1.1.3　太陽電池の設計指針：量子ドッ
　　　　　　トと電解質について ……… 65
　　1.1.4　太陽電池の設計指針：導電性
　　　　　　ガラスと電解質について …… 70
　　1.1.5　おわりに ………………… 74
1.2　ショットキー太陽電池
　　　　………………沈　青 … 76
　　1.2.1　はじめに ………………… 76
　　1.2.2　光吸収材 ………………… 77
　　1.2.3　リガンドの選択 ………… 79
　　1.2.4　まとめ …………………… 82
1.3　空乏ヘテロ型
　　　　………………沈　青 … 84
　　1.3.1　はじめに ………………… 84
　　1.3.2　構造 ……………………… 84
　　1.3.3　動作原理 ………………… 85
　　1.3.4　太陽電池材料 …………… 86
　　1.3.5　構造上の特徴 …………… 86

　　1.3.6　コロイド量子ドットの粒径依
　　　　　　存性 ………………………… 87
　　1.3.7　まとめ …………………… 90
1.4　Extremely-Thin-Absorber（ETA）
　　　型 ……………八谷聡二郎 … 91
　　1.4.1　概略 ……………………… 91
　　1.4.2　電子輸送層 ……………… 92
　　1.4.3　増感剤 …………………… 94
　　1.4.4　正孔輸送層 ……………… 97
　　1.4.5　まとめと今後の展望 …… 98
1.5　無機-有機ヘテロ接合型
　　　　…………………八谷聡二郎 … 100
　　1.5.1　概略 ……………………… 100
　　1.5.2　有機半導体 ……………… 101
　　1.5.3　低分子有機半導体を用いた例
　　　　　　…………………………… 103
　　1.5.4　高分子有機半導体を用いた例
　　　　　　…………………………… 105
　　1.5.5　まとめと今後の展望 …… 106
1.6　中間バンド型太陽電池
　　　　………………岡田至崇 … 108
　　1.6.1　高効率太陽光発電への期待 … 108
　　1.6.2　量子ドット型太陽電池の可能性

　　　　　　　　……………… 108
　1.6.3　今後の展望 ……………… 116
2　類似型次世代太陽電池 ……………… 119
　2.1　バックコンタクト型色素増感太陽
　　　電池 ……………… 早瀬修二 … 119
　　2.1.1　平面型 TCO-less バックコンタ
　　　　　クト型色素増感太陽電池（flat
　　　　　TCO-less DSC） ……………… 119
　　2.1.2　TCO-less バックコンタクト型
　　　　　円筒形（シリンダー）色素増
　　　　　感太陽電池 ……………… 124
　　2.1.3　まとめ ……………… 129
　2.2　有機薄膜型太陽電池の高効率化
　　　……………… 松田一成，吉川　暹 … 131
　　2.2.1　はじめに ……………… 131
　　2.2.2　高効率化への道 ……………… 131
　　2.2.3　超階層ナノ構造素子の開発 … 137

　2.3　光アンテナ搭載型可視・近赤外光
　　　電変換システム ………………
　　　……………… 上野貢生，三澤弘明 … 140
　　2.3.1　はじめに ……………… 140
　　2.3.2　金属ナノ構造による光電場増
　　　　　強 ……………… 141
　　2.3.3　光アンテナ機能を有する金ナ
　　　　　ノ構造体の作製 ……………… 141
　　2.3.4　アスペクト比による共鳴波長
　　　　　の制御 ……………… 142
　　2.3.5　金ナノブロック構造による光
　　　　　電場増強 ……………… 143
　　2.3.6　光アンテナ搭載型可視・近赤
　　　　　外光電変換システム ……… 145
　　2.3.7　おわりに ……………… 147

第4章　海外の研究動向

1　Quantum Dot Sensitized Solar Cells
　Research at Bar-llan University（イス
　ラエル） … I. Hod, M. Shalom, Z. Tachan,
　　S. Buhbut, S. Yahav, S. Greenwald,
　　　　　　　S. Rule, A. Zaban … 149
　1.1　Recombination Processes ………… 150
　1.2　Counter electrode ……………… 151
　1.3　Low Photovoltage ……………… 151
　1.4　Limited Light Harvesting ……… 152
　1.5　Physical Insights ……………… 153
2　Quantum Dot Solar Cells Research at
　University of Notre Dame（アメリカ）
　　…Pralay K. Santra, Prashant V. Kamat
　　　　　　　　　　　　　　 … 156
　2.1　Injection of electrons from excited

　　　QDs to TiO_2 ……………… 157
　2.2　Supersentization of QD with
　　　organic dye ……………… 158
　2.3　Altering the recombination rate by
　　　doping ……………… 158
　2.4　Hole transfer at Irradiated QD … 159
　2.5　Redox Process at the Counter
　　　Electrode ……………… 159
　2.6　Solar Paint ……………… 159
3　Impedance characterization of Quantum
　Dot Sensitized Solar Cells（スペイン）
　　…… Iván Mora-Seró, Juan Bisquert … 162
4　Recent research progress of quantum
　dot sensitized solar cells in China（中国）
　　……… Yanhong Luo, Dongmei Li,

      Qingbo Meng ··· 176
4.1 Introduction ·············· 176
4.2 Design of the wide bandgap semiconductor film ············· 178
4.3 Quantum dots materials and deposition methods ············· 184
4.4 Electrolyte ·················· 186
4.5 Counter electrode ·········· 187
4.6 Summary and Outlook ·········· 188

5 Quantum-Dot Photovoltaic Study in National Cheng Kung University（台湾） ················Yuh-Lang Lee ··· 193
5.1 The Initiation of Study on Quantum-dot Sensitized Solar Cells ·············· 193
5.2 The early period of QDSSC study in NCKU ·············· 193
5.3 Development of electrolytes for QDSSCs ·············· 195
5.4 The utilization of QDs with border light absorption range ············· 196
5.5 The usage of CdS/CdSe co-sensitization system with cascade structure ············· 197
5.6 Current issues for QDSSCs study in NCKU ·············· 198
 5.6.1 The development of more efficient redox couples and electrolytes ············· 198
 5.6.2 The utilization of counter electrodes with higher activity ·············· 199
 5.6.3 Development of QDs systems with higher charge transport and broader light harvest characteristics ············· 199

6 Quantum dot photovoltaics in KRICT (Korea Research Institute of Chemical Technology)（韓国） ···Sang Il Seok 200
6.1 Outline ·············· 200
6.2 Research progress ············· 201
 6.2.1 PbS QDSSC ·············· 201
 6.2.2 Multiply layered PbS CQDs-sensitized photovoltaic cells ·············· 202
 6.2.3 Multiply layered HgTe CQD-sensitized photovoltaic cells ·············· 203
 6.2.4 Sb_2S_3-sensitized heterojunction photovoltaic cells ············· 204

第5章　量子ドット太陽電池の今後の展望　James G. Radich, Prashant V. Kamat

1 Quantum Dot Photovoltaics ············· 207
2 Synthesis of Quantum Dots ············· 209
3 Future Prospects ·············· 210

第1章 量子ドット太陽電池の現状

豊田太郎[*]

ここでは，比較的古くから着手されている量子ドット増感太陽電池の現状について言及する[1]。現在増感剤として適用される半導体量子ドットは，大半が CdS, CdSe, PbS によるものである。近年，これらの増感剤を適用する種々の固体太陽電池も積極的に検討されているが[2]，詳細は第3章 1.2～1.6 に譲る。

1 CdS 量子ドット増感太陽電池

CdS 量子ドットを増感剤として適用した研究は古く，1990 年代に R. Vogel らにより報告されている[3,4]。Vogel らは金属 Ti 板上に作製したフラクタル状ナノ構造 TiO_2 光電極を，$Cd(ClO_4)_2$ 溶液と Na_2S 溶液に交互に浸透することにより CdS 量子ドットの形成を図った。粒径の増加と共に，量子閉じ込め効果により光吸収領域は長波長側にシフトすると共に光化学電流が観測され，CdS 量子ドットの増感機能の出現が示された。さらに光電流変換量子効率（Incident Photon to Current Conversion Efficiency：略して IPCE）の値は，粒径の増加と共に増加し長波長側にシフト（レッドシフト）するが，ある粒径以上では IPCE 値は逆に減少している。最適粒径では IPCE の最大値は約 70％を示し，有機色素系と遜色は無い。しかし CdS のバルクのバンドギャップは 2.4eV のため，600nm 以上の長波長側では増感機能は見られない。T. Toyoda らは，Vogel らと同様の作製法で金属 Ti 板上に形成したナノ構造フラクタル状 TiO_2 電極を形成し，それに CdS 量子ドットを吸着した系の光吸収と，変調光を照射した場合の光化学電流（交流成分）の測定を行った[5]。CdS 量子ドットの粒径増加に伴い光吸収が増加しレッドシフトを示すと共に，光化学電流の増加と共にレッドシフトが見られた。しかしある粒径以上に CdS 量子ドットが成長すると光化学電流（交流成分）は次第に減少する。この結果は定性的に Vogel らの結果に対応するが，この減少の割合は従来の直流成分（IPCE 成分が対応）の場合とは異なることを見出した。S. G. Hickey らは，透明電極 FTO 上に直径 5nm 程度の CdS 量子ドットを吸着した系の光化学電流の測定を行い，最大 20％の IPCE 値を得た[6]。L. M. Peter らは，TiO_2 ナノ粒子（粒径～40nm）電極（膜厚：2～5μm）に CdS 量子ドットを吸着し，光吸収と IPCE 測定を行った[7]。Peter らは粒径を一定にして吸着量を増加させる手法を開発し，その結果 IPCE 値は吸着量と共に増加し最大 40％を示した。この事実は，CdS 量子ドットがナノ構造 TiO_2 電極内の空孔に浸透

---

[*] Taro Toyoda　電気通信大学　大学院情報理工学研究科　先進理工学専攻　特命教授

量子ドット太陽電池の最前線

していることを示唆している。

2　CdSe量子ドット増感太陽電池

　CdSe量子ドットを増感剤として適用する研究はCdS量子ドットの場合と同様に比較的古く，1993年にD. Liuらによって報告されている[8]。Liuらは，電析法により透明電極FTO上とナノ構造TiO_2電極にCdSe量子ドットを吸着し，光化学電流の詳細な評価を行った。短絡電流は照射光強度に比例するが，開放電圧は非線形応答を示した。CdSe量子ドットによる増感機能が確認され，いずれの基板においても波長700nmまで拡張されたが，最大IPCE値はFTO基板で4％，TiO_2電極で6％と低かった。J. Fangらは，ナノ構造TiO_2電極に化学溶液法によってCdSe量子ドットを吸着し，光吸収と光化学電流評価を行った[9]。その結果，光化学電流は短波長側で光吸収と一致し，最大35％のIPCE値を得た。しかしCdSe量子ドットの光吸収が見られる600-800nmでは光化学電流はほとんど流れなかった。そのため，長波長側での増感機能の向上のため，FangらはこのにZnフタロシアニンを吸着し，Znフタロシアニンの光吸収帯に対応する750nmまでの光化学電流の拡張を可能とした。M. E. Rincónらは，スプレー塗布法で作製したナノ構造TiO_2電極に化学溶液法でCdSe量子ドットを吸着し熱処理効果に関して検討を行った[10]。その結果，400℃で熱処理を施すことで，より長波長側に及ぶ増感機能の拡張と最大IPCE値の急激な向上（10％→90％），光電変換効率の向上（0.2％→1.2％）が達成された。XRD測定から，400℃での熱処理によりCdSe量子ドットの結晶性向上が示され，結晶性向上がIPCE値の向上と光電変換効率の向上に繋がるものと考えられる。O. Niitsooらは化学溶液法によるCdSe量子ドット作製において，$N(CH_2COOK)_3$の混合量を従来報告されているよりも増量した結果，ナノ構造TiO_2電極内にイオン拡散によるドット形成法を可能とした。さらに白色光照射下でCdSe量子ドットを成長させ，ナノ構造TiO_2電極中に均一に浸透することを確認した。続いて，形成した電極表面にCdS量子ドット層をわずかに吸着させることにより，光電変換効率2.8％を達成している（3電極法による電気化学的評価）[11]。

　T. Toyodaらは，光電変換効率の向上を念頭に置き，各種ナノ構造TiO_2電極に化学溶液法で吸着したCdSe量子ドットの増感機能に関する基礎研究を進めている。Toyodaらは，吸着したCdSe量子ドット系の光吸収・光化学電流評価に加えて，超高速過渡回折格子法[12,13]を適用して光励起キャリアの緩和に関する評価を行っている。光励起キャリアの緩和に関する評価からは，光励起キャリアの初期注入と移動に関する情報が得られている[14,15]。対象とした表面形態の異なるTiO_2電極として，①結晶構造の異なる（アナターゼ型，ルチル型）ナノ粒子の複合電極，②ナノチューブ・ナノワイヤー複合電極，③フォトニック結晶電極，を対象として形成している。以下に，異なる表面形態に吸着したCdSe量子ドットの増感機能特性評価について記述する。
①結晶構造の異なる（アナターゼ型，ルチル型）ナノ粒子の複合電極：アナターゼ型にルチル型を12％複合した系では，CdSe量子ドットの量子閉じ込め効果が観測されると共に，ルチル型

の複合により光吸収が増大した。また増感機能が確認されると共に，複合化によって最大IPCE値は20%増大し，光触媒機能増大との相関が示唆された[16]。

②ナノチューブ・ナノワイヤー複合電極：光吸収測定からCdSe量子ドットの量子閉じ込め効果が観測されると共に，他の系と同様に増感機能が確認された。他の系と異なり，ある時間以上のCdSe量子ドット吸着では光化学電流は急激に減少した。この事実から，CdSe量子ドットのナノチューブ・ナノワイヤー複合電極への吸着・結晶成長が異なることが示唆される。

③フォトニック結晶電極：フォトニック結晶系では光の閉じ込め効果や光子速度遅延に基づく光吸収の増大が見込まれ，応用研究が数多く行われている。TiO_2フォトニック結晶の持つ特性を生かすことを目的として，色素増感太陽電池に応用する研究が行われているが，現在光電変換効率は低い[17~20]。TiO_2フォトニック結晶電極系にCdSe量子ドットを増感剤とする研究が最近開始されている。TiO_2フォトニック結晶電極系は多孔度が大きく，そのためCdSe量子ドットの吸着量が他の系に比べて少ないにもかかわらず，比較的大きなIPCE値が得られている。最近，L. J. DigunaらはCdSe量子ドットをZnSとハロゲンイオンでコアシェル構造化を図ることで，光電変換効率2.7%を報告している[21]。

3　PbS量子ドットに増感太陽電池

CdS, CdSeについで，PbS量子ドットを増感剤として適用する研究も行われている。バルクのPbSのバンドギャップは0.41eVと小さいため，量子閉じ込め効果により光吸収範囲をより広く制御する可能性から注目されている。しかしPbS量子ドットの作製には他の系に比べて困難さがあるため（特に安定性），継続的な研究は少ない。1994年にR. Vogelらは，種々のナノ構造酸化物半導体に硫化物半導体量子ドットを吸着した系について，それらの量子ドットの増感効果について検討を行った[2]。その結果PbS量子ドット系では，最大70%のIPCE値と900nmまでの増感機能を確認した。さらにPbS量子ドット系に1層CdS量子ドットを吸着することで，光照射に対して安定になることを示した。R. Plassらはナノ構造TiO_2にPbS量子ドットを吸着して，電解質材料にspiro-OMeTADを適用した擬固体太陽電池を形成し，光電変換評価を行った[22]。その結果最大IPCE値は45%で長波長域（~800nm）までの増感機能を示したが，光電変換効率は0.49%と低かった。

4　複合化量子ドット増感太陽電池

近年，2種類の量子ドットを複合化した増感太陽電池の研究が進行している。T. ToyodaらはCdS量子ドットを吸着したナノ粒子TiO_2電極にCdSe量子ドットを吸着した系について，光吸収，IPCEと共に光電変換特性について検討を行った[23]。その結果，CdS量子ドットを吸着しない系に比べて，著しく結晶成長速度が増加し，最大IPCE値80%が達成された。IPCE値の増加

量子ドット太陽電池の最前線

に対応して短絡電流が増大し，その結果光電変換効率3.5%が得られた（CdS量子ドット吸着が無の場合は2%前後）。さらにCdS量子ドットを吸着した系では，過渡応答評価から初期注入時間の短縮化が観測され，複合化による光電変換特性向上との相関が見られる。ほぼ同時期にH.-J. Leeらも同様の系を作製し，詳細なHR-TEM像と短絡電流増加に伴う光電変換効率の向上を測定している（3.44%）[24]。Q. Zhangらは，粒径の大きなTiO_2粒子（～300nm）を散乱層として導入した電極に，CdS/CdSe複合化量子ドットを吸着した増感太陽電池を形成し，光電変換効率4.92%を得ている[25]。この値は量子ドット増感太陽電池系で最高値を示す。A. BragaらはPbS量子ドットを吸着したナノ粒子TiO_2電極にCdS量子ドットを吸着した系について，光吸収，IPCE，光電変換特性と共に電気化学インピーダンス特性評価について検討を行った[26]。その結果PbS量子ドット吸着に対応する長波長側への光吸収のシフトと増大が見られた。また適切な量子ドット径を探索した結果，光電変換効率2.21%を達成した。ここでCdS量子ドットは光吸収層としての役割の他に，表面保護効果による逆電子移動を防ぐ役割を持つと結論される。

文　献

1) I. Mora-Seró and J. Bisquert, *J. Phys. Chem. Lett.* **1**, 3046 (2010)
2) S. Emin, S. P. Singh, L. Han, N. Satoh, and A. Islam, *Solar Energy* **85**, 1246 (2011)
3) R. Vogel, K. Pohl, and H. Weller, *Chem. Phys. Lett.* **174**, 241 (1990)
4) R. Vogel, P. Hoyer, and H. Weller, *J. Phys. Chem.* **98**, 3183 (1994)
5) T. Toyoda, K. Saikusa, and Q. Shen, *Jpn. J. Appl. Phys.* **38**, 3185 (1999)
6) S. G. Hickey, D. J. Riley, and E. J. Tull, *J. Phys. Chem.* **104**, 7623 (2000)
7) L. M. Peter, D. J. Riley, E. J. Tull, and K. G. U. Wijayantha, *Chem. Commun.* 2002, **1031** (2002)
8) D. Liu and P. V. Kamat, *J. Phys. Chem.* **97**, 10769 (1993)
9) J. Fang, J. Wu, X. Lu, Y. Shen, and Z. Lu, *Chem. Phys. Lett.* **270**, 145 (1997)
10) M. E. Rincón, A. Jiménez, A. Orihuela, and G. Martínez, *Sol. Energy Mater. Sol. Cells* **70**, 163 (2001)
11) O. Niitsoo, S. K. Sarkar, C. Rejoux, S. Rühle, D. Cahen, and G. Hodes, *J. Photochem. Photobiol. A：Chem.* **181**, 306 (2006)
12) K. Katayama, M. Yamaguchi, and T. Sawada, *Appl. Phys. Lett.* **82**, 2775 (2003)
13) M. Yamaguchi, K. Katayama, Q. Shen, T. Toyoda, and T. Sawada, *Chem. Phys. Lett.* **427**, 192 (2006)
14) Q. Shen, K. Katayama, T. Sawada, and T. Toyoda, *Thin Solid Films* **56**, 5927 (2008)
15) Q. Shen, Y. Ayuzawa, K. Katayama, T. Sawada, and T. Toyoda, *Appl. Phys. Lett.* **97**, 263113 (2010)
16) T. Toyoda, I. Tsuboya, and Q. Shen, *Mater. Sci. Eng.* **C 25**, 853 (2005)

17) S. Nishimura, N. Abrams, B. A. Lewis, L. I. Halaoui, T. E. Mallouk, K. D. Benkstein, J. van de Lagemaat, and A. J. Frank, *J. Am. Chem. Soc.* **125**, 6306 (2003)
18) L. I. Halaoui, N. M. Abrams, and T. E. Mallouk, *J. Phys. Chem.* **B 109**, 6334 (2005)
19) C. L. Huisman, J. Schoonman, and A. Goosens, *Sol. Energy Mater. Sol. Cells* **85**, 115 (2005)
20) P. R. Somani, C. Dionigi, M. Murgia, D. Palles, P. Nozar, and G. Ruani, *Sol. Energy Mater. Sol. Cells* **87**, 513 (2005)
21) L. Diguna, M. Murakami, A. Sato, Y. Kumagai, T. Ishihara, N. Kobayashi, Q. Shen, and T. Toyoda, *Jpn. J. Appl. Phys.* **45**, 5563 (2006)
22) R. Plass, S. Pelet, J. Krueger, and M. Grätzel, *J. Phys. Chem.* **B 106**, 7578 (2002)
23) T. Toyoda, K. Oshikane, D. Li, Y. Luo, Q. Meng, and Q. Shen, *J. Appl. Phys.* **108**, 114304 (2010)
24) H.-J. Lee, J. Bang, J. Park, S. Kim, and S-M. Park, *Chem. Mater.* **22**, 5636 (2010)
25) Q. Zhang, X. Guo, X. Huang, S. Huang, D. Li, Y. Luo, Q. Shen, T. Toyoda, and Q. Meng, *Phys. Chem. Chem. Phys.* **13**, 4659 (2011)
26) A. Braga, S. Giménez, I. Concina, A. Vomiero, and I. Mora-Seró, *J. Phys. Chem. Lett.* **2**, 454 (2011)

第2章　量子ドットの作製

1　化学吸着法

1.1　Chemical Bath Deposition (CBD) 法

1.1.1　はじめに

沈　青*

　Chemical Bath Deposition (CBD) 法 (化学堆積吸着法と呼ぶ) は数種の化学物質を含む水溶液中に基板を浸漬させることにより，基板上に固体薄膜を形成する手法である[1]。この方法は常圧下および100℃以下の温度で反応を行う溶液プロセスの方法であり，古くから使用されたものである。1835年にLiebigは銀の鏡の作製に銀の吸着にCBD法を使用した例があり[2]，また1869年にCBD法による化合物半導体薄膜の形成の最初の報告があった[3]。CBD法は簡便なソフト溶液プロセスの一手法として近年注目を浴びつつあり，すでに酸化物，硫化物，セレン化物など様々なII-VI族やIV-VI族半導体薄膜の作製に適用されている[1]。その詳細はGary Hodesが本にまとめたので，ご参考いただければ幸いである[1]。現在，CBD法により作製したCdS膜は薄膜太陽電池に使用されている[4]。近年，半導体量子ドット増感太陽電池[5~12]の増感剤である半導体量子ドットの一つ作製手法として，CBD法が多く用いられている。CBDの形成溶液の濃度，温度，吸着時間を変化させることで，半導体量子ドットの粒径と吸着量を制御できる。本節は，CdSe量子ドットを例として，CBD法による半導体量子ドット増感電池の電極の作製プロセスと作製条件による量子ドットの光吸収特性及び平均粒径の変化について述べる。

1.1.2　CBDによるCdSe量子ドット吸着電極の作製

　一般的に，色素増感太陽電池 (DSC) と同じように，量子ドット増感太陽電池の電極はナノ構造 TiO_2，ZnO，SnO_2 薄膜を用いる。これまでは主にナノ粒子で作製した電極を用いたが，それ以外に1次元のナノチューブ電極[13~16]，ナノロッド電極[17]，また3次元規則性よい逆オパール電極[12,18~20]も使用された。ナノ構造 TiO_2 電極の表面形態の違いにより，量子ドット吸着状態及び太陽電池の電極として応用する際の光電変換特性は異なることが報告された[12,21]。

　CdSe量子ドットの吸着は基本的に Cd^{2+} イオンと Se^{2-} イオンおよび錯体agent形成物質を含めた吸着溶液中に基板を入れて行われる。CdSe量子ドットの形成速度は陽イオンと陰イオン及び錯体agentの濃度に強く依存する。以下にCdSe吸着手順の具体的な一例を示す。

① 80mMの $CdSO_4$ 溶液，120mMの $N(CH_2COONa)_3$ 溶液 (NTA溶液)，80mMの Na_2SeSO_3 溶液 (80mMのSeと200mMの Na_2SO_3 を70℃で温めながら撹拌し水を徐々に加えていく) をそれぞれ50mlに調整する。

---

*　Qing Shen　電気通信大学　大学院情報理工学研究科　先進理工学専攻　助教

第2章 量子ドットの作製

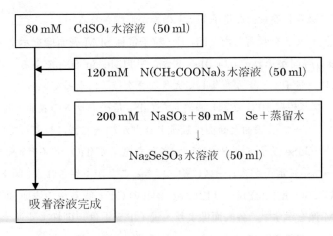

図1 CdSe 吸着溶液作製のフローチャート（一例）

② 調整した3種類の溶液を上記の順番に混合し，CdSe 吸着溶液を形成する。
③ 作製した電極基板を混合溶液に浸すことにより，基板表面において CdSe 量子ドットが形成され，浸しておく時間の増加と共に粒子のサイズが増加する。

上記の吸着方法では，CdSe 吸着溶液中に NTA により Cd^{2+} の錯体が形成され，$Cd(OH)_2$ の生成と沈殿が抑制され，溶液中のフリーな Cd^{2+} イオンの濃度が減少される。基板を吸着溶液中に浸すと，基板表面に Cd^{2+} と HSe^- が徐々に反応して CdSe の核が生成される。様々なサイズの CdSe 量子ドットを得るために，任意の時間に基板を取り出し試料を作製する。CBD 吸着プロセスは Cd^{2+} と Se^{2-} および錯体 agent の濃度以外に，吸着温度と pH 値にも強く依存する。この際，CdSe 吸着溶液の pH は10以上にすることが好ましい。pH 10以下では反応速度が遅く，CdSe 量子ドットの成長が遅くなると考えられる[5]。

以下に CdSe 量子ドットが形成されるまでの主な反応式を示す[5]。

$$2SeSO_3^{2-} + H_2O \rightarrow HSe^- + SeS_2SO_6^{2-} + OH^- \tag{1}$$

$$Cd^{2+} \xrightarrow{NTA^{3-}} Cd(NTA)^- \xrightarrow{NTA^{3-}} Cd(NTA)^{4-} \tag{2}$$

$$Cd^{2+} + HSe^- + OH^- \leftrightarrow CdSe(s) + H_2O \tag{3}$$

$$Cd^{2+} + HSe^- + OH^- + (CdSe)_m \leftrightarrow (CdSe)_{m+1} + H_2O \tag{4}$$

CBD 法では，2種類の成長メカニズムがあり，それぞれは ion-by-ion と cluster-by-cluster 成長である[5]。ion-by-ion 成長は陽イオンと陰イオンが基板に吸着し核を形成するという heterogeneous 核形成過程である。溶液中の陽イオンと陰イオンはそれぞれ基板へ拡散と吸着してそこで反応することにより，核が形成する。溶液中から基板に拡散してきた陽イオンと陰イオンより，核がさらに成長して基板の上に連続にナノ結晶（量子ドット）が形成される。一方，cluster-by-cluster 成長は本質的に均一な核形成過程である。溶液中の錯体 agent の濃度は低い時に，溶液中に陽イオンと陰イオンが反応してコロイド粒子（量子ドット）がまず生成する。コ

量子ドット太陽電池の最前線

ロイド粒子は基板に吸着し連続的な量子ドットの膜が形成される。

図2にCdSe量子ドットを吸着したTiO$_2$ナノ粒子電極SEM表面像を示す。図1で示した条件下で，20℃で吸着時間がそれぞれ(a)0h，(b)5h，(c)13h，(d)60hである[22〜24]。図2より，吸着時間の増加と共に，量子ドットが凝集して大きな2次粒子になっていることが見られる。図3にTiO$_2$ナノチューブ基板に10℃で24h吸着したCdSe量子ドットの表面と断面のSEM像を示す[24,25]。TiO$_2$ナノチューブの表面と断面に量子ドットが均一で密に吸着していることが観察される。光吸収によりCdSe量子ドット中に励起された電子がTiO$_2$ナノチューブに注入し，1次元TiO$_2$ナノチューブ中に電子がスムーズに輸送できることが予想される。図4にTiO$_2$逆オパール構造電極に10℃で(a)4h，(b)8h，(c)12h，(d)24hのCdSe吸着後の表面SEM像，(e)には8h吸着後の断面SEM像を示す[24]。各表面像より，量子ドットは規則性よく逆オパールTiO$_2$の骨格（約20nm）に沿って吸着していること，また断面図より，深さ方向へも逆オパールTiO$_2$の

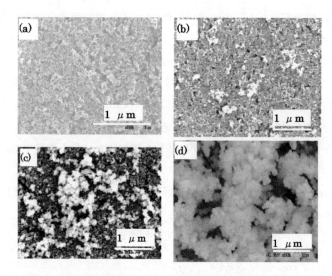

図2 TiO$_2$ナノ粒子電極に20℃でそれぞれ(a)0h，(b)5h，(c)13h，(d)60hで吸着したCdSe量子ドットのSEM写真[23,24]

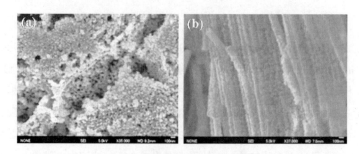

図3 TiO$_2$ナノチューブ電極に10℃で24h吸着したCdSe量子ドットの(a)表面，(b)断面SEM観察像[24,25]

第2章 量子ドットの作製

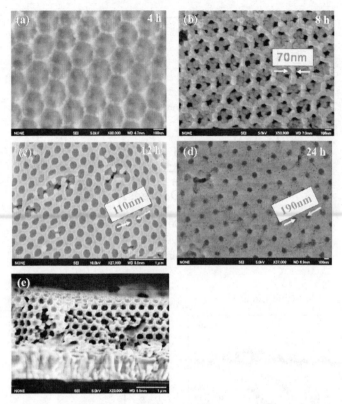

図4 CdSe 量子ドット吸着した逆オパール TiO_2 電極の表面
（吸着時間はそれぞれ(a) 4 h, (b) 8 h, (c) 12 h, (d) 24 h）
と断面の SEM 観察像(e)（8 h 吸着）[24]

骨格に沿って均一に CdSe が吸着している様子が確認される。

図5に一例として，TiO_2 基板上に CdSe 量子ドットを吸着した試料の X 線回折（XRD）パターン（吸着前と吸着後の結果）を示す。この図から $2\theta = 42°$ と 50°付近にそれぞれ CdSe の (220) 面と (311) 面からの回折ピークが確認することができ，CdSe 量子ドットは立方結晶構造であることがわかった[5,24]。またこの回折ピークの半値幅から Sherrer の式を適用したところ，CdSe 量子ドットの平均粒径が約 5～6 nm と見積もることができた。

図6に CdSe 吸着した TiO_2 電極の光音響（PA）スペクトル（光吸収スペクトルに対応するもの）の CdSe 吸着時間依存性を示す。量子ドットの成長時間が短い場合，量子サイズ効果による PA スペクトルのブルーシフトが見られた。成長時間の増加と共に PA 信号の立ち上がりが低エネルギー側へシフトし，量子閉じ込め効果に対応する。有効質量近似より CdSe 量子ドットの粒径を見積もることができ，吸着時間の増加と共に CdSe 量子ドットの粒径は成長し，吸着時間が 40 時間より長い場合ではほぼ 5.5 nm になることがわかった[25]。

図7には上記の CdSe 吸着溶液の3倍の濃度の時に，10 ℃から 40 ℃まで各温度での CdSe 粒

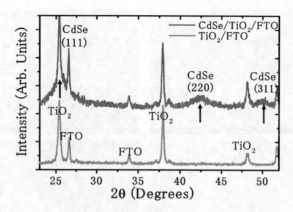

図5　TiO₂基板上にCdSe量子ドットを10℃で24時間吸着した試料の吸着前と吸着後のX線回折（XRD）パターンの違い[24]

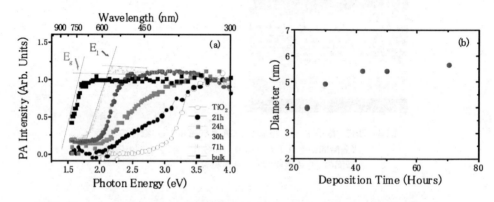

図6　(a) CdSeを吸着したTiO₂電極の光音響（PA）スペクトルのCdSe吸着時間依存性；(b) CdSe平均粒径の吸着時間依存性[25]

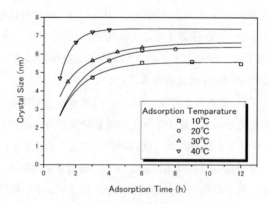

図7　10℃から40℃まで各温度でのCdSe粒径の吸着時間依存性[26]

第2章 量子ドットの作製

径の吸着時間依存性を示す[26]。一般的な結晶成長と同じで高温ほど粒径の成長が早いことが確認される。また，量子ドットの成長には0~2時間程度での急速に粒径が増加する過程と，その後の緩やかな成長過程に分離することがわかる。特に前者は臨界過飽和を経過した核形成の過程であると思われる。さらに全ての温度において，粒径はある時間以上になると飽和することが見られた。

1.1.3 まとめ

以上に示すように，CBD法で半導体量子ドットを基板上に吸着した場合では，吸着濃度，吸着温度と吸着時間をパラメータとして制御することによって，半導体量子ドットの平均粒径や吸着量を変化させることができる。そのためCBD法は量子ドット増感太陽電池の光電極の作製の有効な手法であり，CdSe以外に，CdS，PbS，Sb_2S_3など様々な増感剤の作製に適用されている。量子ドット増感太陽電池の光電変換特性は，量子ドット吸着の各種パラメータ（温度，濃度，時間)，また吸着基板のナノ構造や表面形態に強く依存して変化する。

文　献

1) G. Hodes, Chemical Solution Deposition of Semiconductor Films, Marcel Dekker, Inc. (2003).
2) J. Liebig, Ann. Pharmaz **14**, 134 (1835).
3) C. Puscher, *Dingl. J.* **190**, 421 (1869).
4) T. L. Chu, S. S. Chu, N. Schultz, C. Wang and C. Q. Wu, *J. Electrochem. Soc.* **139**, 2443 (1992).
5) S. Gorer and G. Hodes, *J. Phys. Chem.* **98**, 5338 (1994).
6) P. V. Kamat, *J. Phys. Chem. C* **112**, 18737 (2008).
7) I. Mora-Sero, S. Gimenez, F. Fabregat-Santiago, R. Gomez, Q. Shen, T. Toyoda and J. Bisquert, Acc. *Chem. Res.* **42**, 1848 (2009).
8) I. Mora-Seró and J. Bisquert, *J. Phys. Chem. Lett.* **1**, 3046-3052 (2010).
9) S. Ruhle, M. Shalom and A. Zaban, Chem. *Phys. Chem.* **11**, 2290-2304 (2010).
10) S. Emin, S. P. Singh, L. Han, N. Satoh and A. Islam, *Solar Energy* **85**, 1264-1282 (2011).
11) F. Hetsch, X. Xu, H. Wang, S. V. Kershaw and A. L. Rogach, *J. Phys. Chem. Lett.* **2**, 1879-1887 (2011).
12) T. Toyoda and Q. Shen, *J. Phys. Chem. Lett.* **3**, 1885-1893 (2012).
13) S. Chen, M. Paulose, C. Ruan, G. K. Mor, O. K. Varghese, D. Kouzoudis and C. A. Grimes, *J. Photochem. Photobiol.* **A 177**, 177 (2006).
14) J. A. Seabold, K. Shanker, R. H. T. Wilke, M. Paulose, O. K. Varghese, C. A. Grimes, and K. Choi, *Chem. Mater.* **20**, 5266 (2008).
15) D. R. Baker and P. V. Kamat, Adv. Funct. *Mater.* **19**, 805 (2009).

16) W. Lee, S. H. Kang, J. Y. Kim, G. B. Kolekar, Y. E. Sung and S. H. Han, *Nanotechnology* **20**, 335706 (2009).
17) J. M. Spurgeon, H. A. Atwater and N. S. Lewis, *J. Phys. Chem.* **C 112**, 6186-6193 (2008).
18) L. J. Diguna, M. Murakami, A. Sato, Y. Kumagi, J. Kobayashi, Q. Shen, and T. Toyoda, *Jpn. J. Appl. Phys.* **45**, 5563-5568 (2006).
19) L. J. Diguna, Q. Shen, A. Sato, K. Katayama, T. Sawada and T. Toyoda, *Mater. Sci. Eng.* **C 27**, 1514-1520 (2007).
20) L. J. Diguna, Q. Shen, J. Kobayashi, T. Toyoda, *Appl. Phys. Lett.* **91**, 023116 (2007).
21) M. Samadpoura, S. Giméneza, P. Boixa, Q. Shen, M. Calvoe, N. Taghaviniab, A. Irajizadb, T. Toyoda, H. Mígueze and I. Mora-Seróa, *Electrochimica Acta.* **75**, 139-147 (2012).
22) Q. Shen, D. Arae and T. Toyoda, *J. Photochem. Photobiol. A: Chem.* **164**, 75 (2004).
23) Q. Shen and T. Toyoda, *Jpn. J. Appl. Phys.* **43**, 2946-2951 (2004).
24) Q. Shen and T. Toyoda, Quantum Dot Devices, Chapter 13, Wang, Zhiming M. (Ed.), (Springer, 2012), ISBN 978-1-4614-3569-3.
25) Q. Shen, J. Kobayashi, L. J. Diguna and T. Toyoda, *J. Appl. Phys.* **103**, 084304 (2008).
26) T. Toyoda, J. Kobayashi and Q. Shen, *Thin Solid Films* **516**, 2426

1.2 Successive Ionic Layer Adsorption and Reaction (SILAR) 法

沈　青*

1.2.1　はじめに

　Successive Ionic Layer Adsorption and Reaction (SILAR) 法はCBD法と同様に，薄膜半導体の吸着によく使用される一つの手法である。1980年中旬頃にNicolauらにより開発された[1]。SILAR法では吸着基板を陽イオンと陰イオンの溶液に交互に浸漬させて，連続的に陽イオン層と陰イオン層の吸着と反応を行う手法であり，連続的イオン層吸着反応法という。図1に示すように[2]，基板を陽イオン溶液，蒸留水，陰イオン溶液，蒸留水に順番に浸漬させて1回の吸着工程が終了する。1回目の吸着により，基板上に陽イオンと陰イオンの反応により物質の種が形成され，その後の連続吸着によりその種が成長して大きくなっていく。SILAR法では，前節CBD法で述べたようなcluster-by-clusterメカニズムによる吸着プロセスが存在しなく，ion-by-ion成長メカニズムのみによる吸着プロセスである[3]。またCBD法と異なり，吸着溶液のイオンの濃度，pH値，吸着温度などを厳密に制御する必要がないため，実験手順は大変簡単化された[3]。近年，SILAR法はCBD法と同様に，半導体量子ドット（ナノ粒子）増感太陽電池の増感剤である半導体量子ドットの吸着によく適用されている。量子ドット増感太陽電池については，次章をご参考いただきたい。1986年に報告された一番最初の半導体量子ドット増感太陽電池はSILAR

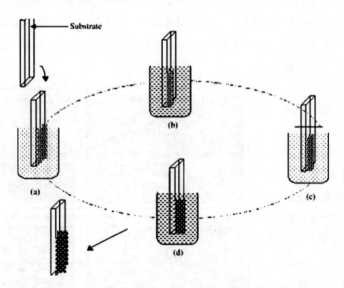

図1　SILAR法による基板への半導体薄膜の吸着の模式図
(a)–(d)はそれぞれ基板を陽イオン溶液，蒸留水，陰イオン溶液と蒸留水に浸漬させるプロセスである[2]。

---

*　Qing Shen　電気通信大学　大学院情報理工学研究科　先進理工学専攻　助教

法により作製されたものであった[4]。その後，Vogel らは SILAR 法を用いて，TiO_2, ZnO, SnO_2, Nb_2O_5 など様々な酸化物半導体電極に CdS, PbS, Ag_2S, Sb_2S_3, Bi_2S_3 量子ドットの吸着と光電変換特性について系統的に詳しく研究していた[5,6]。SILAR 法は CBD 法と同様に，多孔質基板への吸着が可能なことや安価などのメリットが挙げられる。本節では，いくつの例を挙げて，SILAR 法による半導体量子ドットの吸着手順と吸着した量子ドットのサイズや物性が吸着回数により制御できることについて説明する。

1.2.2 SILAR 法による CdS 量子ドットの吸着

まず，SILAR 法により，Ti 板の上に作製した多孔質 TiO_2 電極へ CdS 量子ドットを吸着する例を挙げる[5]。$Cd(ClO_4)_2 \cdot 6H_2O$ を蒸留水に溶かし，$Cd(ClO_4)_2$ の飽和水溶液（或いは 0.1M の $Cd(ClO_4)_2$ の水溶液）を調製し，Cd^{2+} の吸着溶液とする。$Na_2S \cdot 9H_2O$ を蒸留水に溶かし，0.1M の Na_2S を用意し，S^{2-} の吸着溶液とする。TiO_2 電極をはじめに $Cd(ClO_4)_2$ 水溶液に 1 分間浸漬させ，蒸留水に浸漬させる。続いて Na_2S 水溶液に 1 分間浸漬させ，また蒸留水に浸漬させる。アルゴン雰囲気中で乾燥した後，125℃で 5 分間加熱した。この操作を 1 回吸着とし，30 回まで吸着を行った。図 2 に(a) CdS 吸着前の，(b) 5 回，(c) 10 回と(d) 30 回 CdS 吸着を行った TiO_2 電極表面の SEM 像を示す[5]。CdS 吸着を行った後，小さい量子ドット（ナノ粒子）（SEM 像中の白い点）が TiO_2 電極表面で形成されたことが分かる。図 2 の SEM 像より，吸着回数の増加に伴い，量子ドットが大きくなっていくことが観察できる。CdS の吸着回数が 10 回までの試料では，各量子ドットが独立に存在している。しかし，CdS を 30 回吸着した電極表面では，量子ドットの Cluster 化による大きな凝集体の形成が見られた。SEM 像の分解能の限界により，10 回以上の吸着で形成した量子ドットのサイズが約 10～20 nm で見積もられたが，それより小さい量子ドットが SEM 像から識別できなかった。

図 3 に 1 回から 30 回 CdS 吸着を行った TiO_2 電極の拡散反射スペクトルを示す。CdS の吸着回数の増加にと共に，光吸収強度が大きくなること（すなわち反射強度が減少すること）が分かる。これは，SEM 像で見られたように吸着回数の増加による CdS 量子ドットの大きさが増えたためである。また，図 3 に示すように，CdS の吸

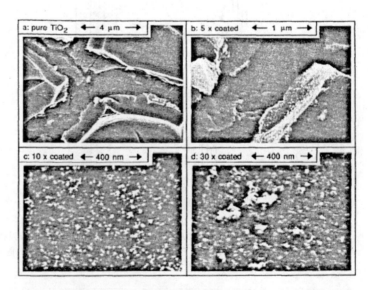

図 2 (a) CdS 吸着前，CdS 吸着回数はそれぞれ(b) 5 回，(c) 10 回と(d) 30 回の TiO_2 電極表面の SEM 像[5]

第2章　量子ドットの作製

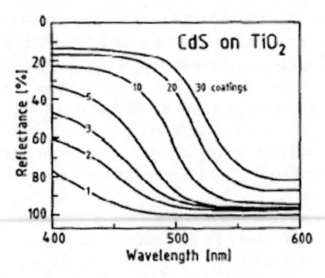

図3　CdS吸着回数（1回から30回まで）の増加に伴うTiO$_2$電極の拡散反射スペクトルの変化[5]

表1　異なるCdSのSILAR吸着回数によるCdSの平均サイズと数密度の変化[5]

Number of coatings (m)	Extrapolated onset of absorption (nm)	Estimated particle size $2R$ (Å)	Number of particles per cm^2 of electrode ($\times 10^{13}$)
1	462	40	5.8
2	486	50	5.9
3	495	60	5.1
5	505	70	5.4
≧10		100-200	

着回数の増加に伴い，拡散反射スペクトルの立ち上がりに対応する波長が470nm付近から550nmまで（この波長はほぼ報告されたバルクCdSの吸収端と一致する）にレッドシフトしたことが分かる。これらの結果については量子ドットにおける量子サイズ効果により説明できる。吸着回数が少ない時に，CdS量子ドットのサイズが小さいため，量子閉じ込め効果が強く現れ，拡散反射スペクトルのブルーシフトが顕著に見られた。一方，吸着回数の増加と共にCdS量子ドットが成長し，量子閉じ込め効果が次第に弱くなり，拡散反射スペクトルの立ち上がりが低エネルギー側へシフトしバルクのCdSの吸収端に近づいた。コロイドCdS量子ドットの光吸収スペクトルの立ち上がりとそのサイズの対応関係に基づいて[5,7,8]，拡散反射スペクトルの立ち上がりから各吸着回数で形成したCdS量子ドットのサイズが見積もられた。表1に示すように，CdSのSILAR吸着が1回から5回まではCdS量子ドットの平均サイズは4nmから7nmまで増加した。SILAR吸着は10回以上になると，CdS量子ドットの平均サイズは10〜20nmである。これにより吸着回数の増加に伴い，CdS量子ドットが成長していたことが確認できた。一方，TiO$_2$電極に吸着したCdS量子ドットの数の吸着回数依存性についても検討された[5]。TiO$_2$電極

に吸着した CdS 量子ドットを HNO$_3$ 中に溶解し，原子吸光分析法により Cd^{2+} の量を測定し，CdS 量子ドットのサイズを考慮して電極に吸着した CdS 量子ドットの数を見積もることができた（表1）[5]。表1に示すように，CdS の吸着回数が5回までは TiO$_2$ 電極上に単位面積当たりに吸着された CdS 量子ドットの密度はほぼ一定で，約 5〜6×10^{13} 個/cm^2 である。これらの結果より，SILAR 吸着プロセスにおいては，連続吸着の効果は主に1回目の吸着で形成された CdS の種を成長させていくことが理解できる。吸着回数をさらに増やすと（例えば，30回），SEM 写真から分かるように量子ドットの凝集が起こり始まる。この場合では，量子ドット増感太陽電池の性能が下がることが見られた[5]。量子ドット増感太陽電池への応用には，SILAR 吸着回数の最適なものが存在する。

1.2.3　SILAR 法による CdSe 量子ドットの吸着

次に，SILAR 法による CdSe 量子ドットの吸着例を示す。まず以下の手順で Se^{2-} エタノール溶液と Cd^{2+} エタノール溶液を作製する[9]。

① **Se^{2-} エタノール溶液の作製**

(1) 丸底フラスコ内でエタノール溶液に SeO$_2$ を溶かし，30 mM になるよう調製する。

(2) その後，撹拌子を入れ，シリンジを通して N$_2$ を流しながら SeO$_2$ が溶けるまで撹拌する。

(3) Se^{4+} を Se^{2-} まで還元するため，60 mM の NaBH$_4$ を加えます。この場合では，以下のような反応が起こる。

$$SeO_2 + 2NaBH_4 + 6C_2H_5OH \rightarrow Se^{2-} + 2Na^+ + 2B(OC_2H_5)_3 + 5H_2 + 2H_2O \tag{1}$$

(4) そして，透明になるまで N$_2$ を流したまま撹拌する（1時間程度）。以上の Se^{4+} から Se^{2-} まで還元する一連の反応プロセスにおける溶液の色の変化（SeO$_2$ エタノール溶液（透明）→ NaBH$_4$ 投入した瞬間 Se 析出（投入直後は真紅で，数10分後に暗い濃い赤色に変化）→ Se^{2-}（透明））を図4に示す。

② **Cd(NO$_3$)$_2$ エタノール溶液の調製**

N$_2$ 雰囲気下のグローブボックス内で N$_2$ バブリングしたエタノールに Cd(NO$_3$)$_2$ を溶かし，30 mM の Cd(NO$_3$)$_2$ エタノール溶液を作製する。

③ **基板への CdSe 吸着**

N$_2$ 雰囲気下のグローブボックスで，吸着基板を Cd^{2+} 溶液に浸漬し，N$_2$ バブリングしたエタノール溶液に浸漬した後，Se^{2-} 溶液に浸漬し，再び別の N$_2$ バブリングしたエタノール溶液に浸漬するという一連の作業は1回の吸着工程とする。なお，各溶液に30秒ずつ浸漬させる。

以上の手順で TiO$_2$ 基板に吸着した試料の色と吸収スペクトルの SILAR 吸着回数（1回から6回まで）による変化の一例を図5に示す[9]。SILAR 吸着回数の増加に伴い，光吸収スペクトルの立ち上がり位置が長波長側にシフトし，吸収強度は増加することが見られる。また，CdSe 量子ドットの色が吸着回数の増加に伴い変化することは明らかである。SILAR 吸着回数は1回の時

第2章 量子ドットの作製

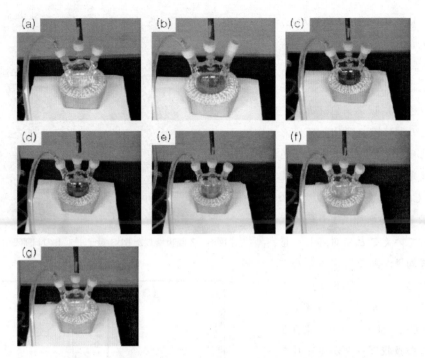

図4 Se^{2-}エタノール溶液作製プロセスにおける化学反応による溶液の色の変化
(a)：SeO_2エタノール溶液，(b)–(g)：$NaBH_4$の添加によりSe^{4+}がSe^{2-}に還元されることに伴い溶液の色の変化[9]

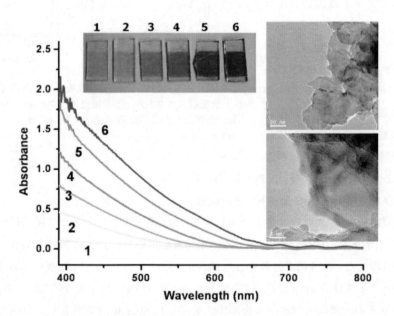

図5 TiO_2基板に吸着したCdSe量子ドット試料の吸収スペクトルのSILAR吸着回数（1〜6回）による変化
挿入図はそれぞれ作製した試料の写真と透過型電子顕微鏡（TEM）の観察像（6回吸着のもの）である[9]。

に，CdSe量子ドットは黄色を示し，量子ドットの核形成に対応するものである。SILAR回数が6回まで増加することに伴い，CdSe量子ドットの色はオレンジ色，赤色，暗い赤色の順に段々変化していくことが見られる。これらの試料色の変化は光吸収スペクトルによく一致し，CdSe量子ドットのサイズがSILAR回数の増加により段々大きくなっていくことに対応し，量子サイズ効果が顕著に現されたことがわかる。一方，図5に示した光吸収スペクトルでは，溶液中に分散したCdSe量子ドットのようなシャープな吸収ピークが見られなかった。このことから，CBD吸着法と同様にSILAR吸着法で形成した半導体量子ドットは広いサイズ分布があることが示唆される。図5に示したSILAR吸着6回の試料のTEM像より，TiO_2表面に約2.5〜5nmサイズのCdSe量子ドットが離散的に吸着していることが確認できる。作製したCdSe/TiO_2電極の光電変換特性は吸着回数に依存して変化するため[9]，最適な吸着回数の検討が重要である。

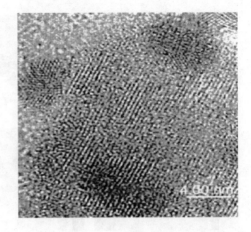

図6　7回吸着したPbS量子ドットのHRTEM像

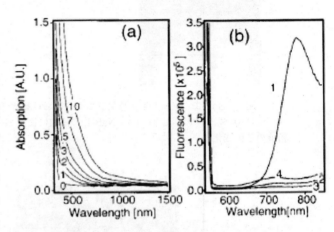

図7(a)　TiO_2基板に1から10回吸着したPbS量子ドットの光吸収スペクトル，(b)　蛍光スペクトルの比較
(1)PbS吸着したZrO_2，(2)ZrO_2のみ，(3)PbS吸着したTiO_2，(4)TiO_2のみ

1.2.4　SILAR法によるPbS量子ドットの吸着

最後に，SILAR法によるPbS量子ドットの吸着例を示す[10]。Pb^{2+}イオン源として飽和硝酸鉛水溶液，S^{2-}イオン源に0.2M硫化ナトリウム水溶液を用いた。TiO_2基板は各溶液に1分間浸した後，水で洗浄した。図6に7回吸着したPbS量子ドットのHRTEM観察像であり，PbS量子ドットの平均サイズは約6nmであることが分かる。図7(a)にTiO_2基板に1から10回吸着したPbS量子ドットの光吸収スペクトルを示す。前述したSILAR法で吸着したCdSとCdSe量子ドットと同様に，吸着回数の増加に伴い，PbS量子ドットの吸収強度が大きくなり，また吸収スペクトルは長波長側にシフトしたことが確認できる。これはPbS量子ドットの量子サイズ効果

第2章 量子ドットの作製

によるものである。PbSの吸着回数の増加によりPbS量子ドットのサイズが大きくなるため，量子ドットのバンドギャップが小さくなることに対応する。図7(b)にTiO_2基板とZrO_2基板にそれぞれ5回吸着したPbS試料及びTiO_2とZrO_2基板のみの蛍光スペクトルを示す。蛍光スペクトルの測定に用いた励起光の波長は520nmである。ZrO_2基板に吸着したPbS試料では，強い蛍光が見られたが，TiO_2基板に吸着したPbS試料では，蛍光が観察されなかった。この結果より，PbSに励起された電子がTiO_2基板に注入して電子とホールの電荷分離が起こったためであると考察できる。さらに，過渡吸収測定や光電流測定より，PbSに励起された電子がTiO_2基板への電子注入が確認できた[10]。CdSとCdSe量子ドット吸着したTiO_2電極と同様に，増感太陽電池への応用にはPbSの最適な吸着回数の検討が必要である。

1.2.5 まとめ

以上紹介したCdS，CdSeとPbSの吸着例からわかるように，SILAR吸着法は半導体量子ドット吸着の有効な手法である。CdS，CdSeとCdTeのようなⅡ-Ⅵ族半導体とPbSなどⅣ～Ⅵ族半導体量子ドット以外，$CuInS_2$[2,11]，In_2S_3[12]などの吸着例も報告された。また，複合化量子ドット，例えばCdS/CdSe[13]，PbS/CdS[6,14]，CdSe/CdTe[9]など，の電極への吸着と量子ドットの複合化による光電変換特性の向上が報告され，現在では注目されつつある。

文　献

1) Y. F. Nicolau, *Appl. Surf. Sci.* **22**, 1061 (1985)
2) H. M. Pathan and C. D. Lokhande, *Appl. Surf. Sci.* **239**, 11 (2004)
3) G. Hodes, Chemical Solution Deposition of Semiconductor Films, Marcel Dekker, New York (2003)
4) H. Gerischer and M. Lubke, *J. Electroanal. Chem.* **204**, 225 (1986)
5) R. Vogel, P. Hoyer, and H. Weller, *Chem. Phys. Lett.* **174**, 241 (1990)
6) R. Vogel, P. Hoyer, and H. Weller, *J. Phys. Chem.* **98**, 3183 (1994)
7) L. Spanhel, M. Haase, H. Weller, and A. Henglein, *J. Am. Chem. Soc.* **109**, 5649 (1987)
8) H. Weller, H.M. Schmidt, U. Koch, A. Fojtik, S. Baral, A. Hengleign, W. Kunath, K. Weiss and E. Diemann, *Chem. Phys. Lett.* **124**, 557 (1986)
9) H. Lee, M. Wang, P. Chen, D. R. Gamelin, S. M. Zakeeruddin, M. Gratzel, and Md. K. Nazeeruddin, *Nano Letters* **12**, 4221 (2009)
10) R. Plass, S. Pelet, J. Krueger, and M. Grätzel, *J. Phys. Chem.* **106**, 7578 (2002)
11) Y. F. Nicolau, *Appl. Surf. Sci.* **22**, 1061 (1985)
12) C. Herzog, A. Belaidi, A. Ogacho, and T. Dittrich, *Energy Environ. Sci.* **2**, 962 (2009)
13) Y. L. Lee and Y. S. Lo, *Adv. Funct. Mater.* **19**, 604 (2009)
14) V. González-Pedro, X. Q. Xu, I. Mora-Seró, and J. Bisquert, *ACS Nano* **4**, 5783 (2010)

1.3 Direct Adsorption (DA) 法と Linker-assisted Adsorption (LA) 法

沈　青[*]

1.3.1 はじめに

これまでの1.1章CBD法や1.2章SILAR法のような金属酸化物電極上で半導体量子ドットを in situ に吸着し固体薄膜を形成する手法とは異なり，Direct Adsorption (DA) 法（直接吸着法と呼ぶ）は，あらかじめ形成されたコロイド量子ドットを金属酸化物基板上に吸着させる方法である[1,2]。CBD法やSILAR法では基板上に量子ドットが吸着時間と共に核形成から成長していくため，量子ドットの吸着量とその粒径を別々に制御することができない。これに対して，DA法では，あらかじめ合成された量子ドットを用いるため，粒径をそろえた量子ドットの吸着ができ，量子ドットの吸着量のみを変化させることが可能である。DA法ともう一つ，リンカーと呼ばれる双官能基（bifunctional）を持つ分子を用いてコロイド量子ドットを金属酸化物基板上に吸着させる，Linker-assisted Adsorption (LA) 法が存在する[3~5]。図1に示すように，リンカーは金属酸化物に対して量子ドットを固定する役割，すなわち分子的なケーブルのような役割を果たす[3]。これまでの研究より，用いるリンカー分子の化学的な性質や長さが量子ドットから金属酸化物への電子注入に決定的な役割を果たすことが分かっている。Kamatらの論文では，メルカプトプロピオン酸（MPA）がリンカーとして使用される場合（図2），それまで用いられていたチオ乳酸（thiolactic acid）やメルカプトヘキサデカン酸（mercaptohexadecanoic acid）

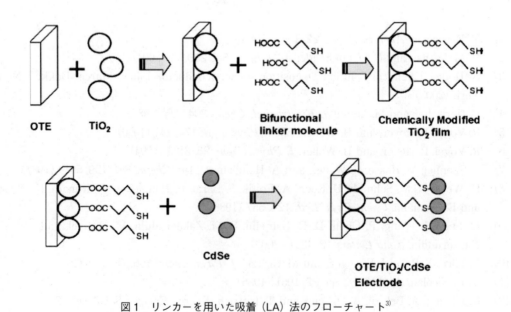

図1　リンカーを用いた吸着 (LA) 法のフローチャート[3]

---

[*]　Qing Shen　電気通信大学　大学院情報理工学研究科　先進理工学専攻　助教

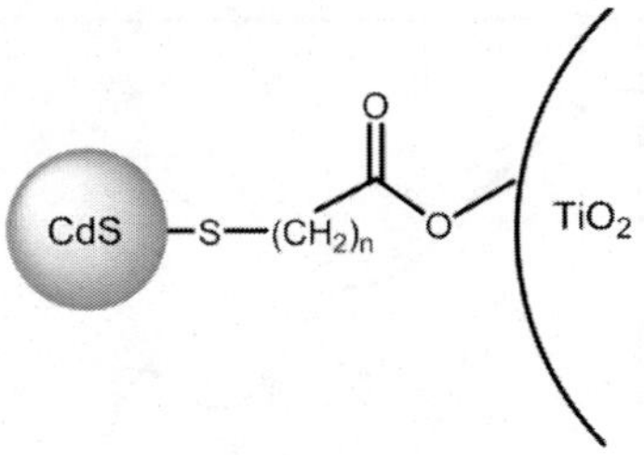

第2章 量子ドットの作製

Name	n
2-mercaptoacetic acid	1
3-mercaptopropionic acid	2
6-mercaptohexanoic acid	5
8-mercaptooctanoic acid	7
11-mercaptoundecanoic acid	10
16-mercaptohexadecanoic acid	15

図2 MPA (mercaptopropionic acid) をリンカーとして用いた吸着の模式図[6]

等よりも良い特性を示すことが報告された[3,6]。一方，DA法やLA法による量子ドットの吸着は一般に電極表面被覆率は低いことが知られている[1]。本節では，CdSe量子ドットをDA法とLA法によってナノ構造TiO$_2$基板に吸着させた具体的な例を挙げることにより，DA法とLA法の実験手順と特徴を紹介する。

1.3.2 CdSeコロイド量子ドットの作製

DA法とLA法により吸着されるCdSe量子ドットは，ソルボサーマル（solvothermal）法により合成され，粒径が揃った状態でトリオクチルホスフィン（TOP）により覆われている[7]。その作製法を簡単に示す。セレン（Se）はオレイン酸とTOP存在下で，トルエン溶媒中のカドミウム（Cd）ミリスチン酸塩と反応する。この反応は180℃の密閉されたオートクレーブ中で行われる。この反応時間を調節することにより，量子ドットの粒径，すなわち量子ドットのバンドギャップを制御できる。今回の報告では，量子ドットは粒径がよく揃っている15時間反応させたものを用いた。調製されたCdSe量子ドットはエタノール中で最低3回遠心分離にかけて沈殿させ，精製されてから電極への吸着が行われる。

1.3.3 TiO$_2$基板への吸着

DA法とLA法の2つの方法を用いて，作製したコロイドCdSe量子ドットをナノ構造TiO$_2$基板への吸着を行う。

DA法では，CH$_2$Cl$_2$を溶媒としたCdSe量子ドット分散液を用いた。この分散液は先ほどエタノール存在下でトルエンコロイド分散液を遠心分離にかけた後沈殿物として得たCdSe量子ドットを，CH$_2$Cl$_2$に再分散させたものである。ナノ構造TiO$_2$基板はこの分散液に15秒から48時間浸漬させた。

一方，LA法では，まずナノ構造TiO$_2$基板をアセトニトリルで10倍希釈した3-メルカプトプロピオン酸（3-MPA）に24時間浸漬させ，TiO$_2$基板表面をMPAにより修飾する[3,8]。純粋なアセトニトリルで十分洗浄した後，トルエン中に30分間浸漬させ，最後にCdSe量子ドットを含むトルエン分散液に浸漬させた。その浸漬時間は40分間から42時間とした。

1.3.4 光吸収特性

図3AとBにDAとLA両吸着法に用いたコロイドCdSe量子ドットの光吸収スペクトルを示

量子ドット太陽電池の最前線

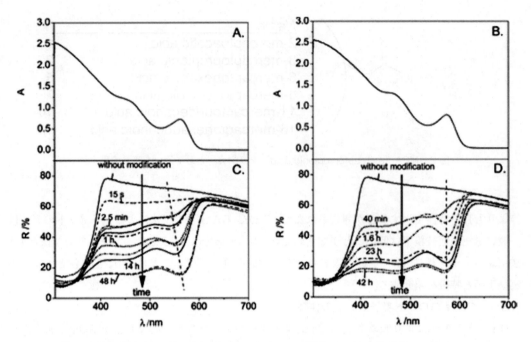

図3 (A)DA法と(B)LA法に用いたコロイドCdSe量子ドットの光吸収スペクトル；(C)DA法と(D)LA法によりCdSe量子ドットを吸着したナノ構造TiO₂の拡散反射スペクトル

す。どちらのCdSe量子ドットでも，光吸収ピーク（第一励起エネルギーに対応するもの）は560-570nmにあり，使用したCdSe量子ドットの粒径分布は狭い（平均粒径：3.4±0.1nm）ことがわかる[9]。DA法とLA法によりCdSe量子ドットを吸着したナノ構造TiO₂基板は，吸着時間の増加に伴い試料の赤色が濃くなっていく。これにより，吸着時間の増加に伴い量子ドットの吸着が進んでいくことがわかる。図3CとDに，DAとLA法を用いてTiO₂基板に異なる時間で吸着したCdSe試料の拡散反射スペクトルを示す。図3CとDより，吸着時間の増加に伴い，光吸収強度が大きくなる（反射光強度が小さくなる）ことが確認できる。これは吸着時間の増加により，吸着されたCdSe量子ドットの量が増加したためである。また，図3CとDの拡散反射スペクトルでは，コロイドのCdSe量子ドットの第一励起子の吸収ピークに対応して，光吸収の肩や最大値が見られた。さらに詳しく比較すると，LA法により吸着した試料における光吸収のピーク位置（第一励起エネルギー）は一定であるが，DA法により吸着した試料の光吸収のピーク位置は吸着時間の増加とともに20nmほど長波長領域にシフトしている。後者の光吸収ピークのシフトは興味深いことであり，その原因は吸着された量子ドットの凝集によるものだと考えられる。

量子ドット増感太陽電池の変換効率を向上させるために，酸化物表面を量子ドットで効率的に被覆されることが不可欠である[8]。DAとLA法により吸着されたCdSe量子ドットの被覆率が検討された。硝酸や過酸化水素水などを含む酸性酸化物溶液にTiO₂電極に吸着したCdSe量子

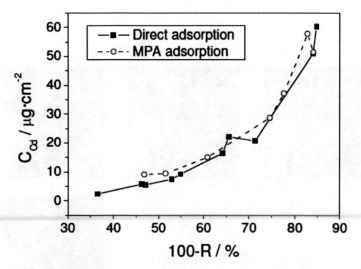

図4 異なる吸着時間の時に，TiO$_2$電極表面に吸着した単位面積あたりの
Cdの量と光吸収率（100-反射率）の対応性

ドットを溶かし，カドミウムの量を原子発光分光法により測定した。吸着時間の増加に伴い，CdSe量子ドットの吸着量が増加することが確認され，これは拡散反射スペクトルによく一致した（図4）。また，DA法とLA法両方共に，42時間以上吸着させた試料のCdSe吸着量は飽和した。その結果，DA法とLA法両方共に，吸着したCdSe量子ドットによるナノ構造TiO$_2$電極の最大被覆率はわずか14％であることが分かった。図3の拡散反射スペクトルから，DA吸着プロセスの初期ではLA吸着よりも速く進行していくことがわかり，DA法により吸着した量子ドットが最終的にTiO$_2$電極の最表面に積もることが示唆される。また，DA法によるナノ構造TiO$_2$電極への量子ドットの吸着では，量子ドット，溶媒と基板表面との相互作用が重要である。そのため，DA法による量子ドットの吸着は実験の条件（量子ドットの分散溶媒や表面修飾分子）に強く依存する。例えば，TOPに覆われたCdSe量子ドットがトルエン中に分散されているとき，DA法による吸着は起こらないが，今回のように，分散液にはCH$_2$Cl$_2$を用いる場合では，DA法による吸着が順調に行われる。また，トルエン中に分散されたTOPOで覆ったCdSe量子ドットはナノ構造TiO$_2$薄膜上にほとんど吸着されないことも報告された[5]。

1.3.5 表面モルフォロジー

DA法とLA法によりナノ構造TiO$_2$薄膜上とニオブをドープしたTiO$_2$ルチル（110）単結晶に吸着したCdSe量子ドットの状態について，タッピングモードAFM像から観察した（図5と図6）。図5Aにナノ構造TiO$_2$薄膜の表面形態を示す。リンカー(MPA)を用いてCdSe量子ドットの飽和吸着（LA法による吸着）を行った試料の表面形態を図5Bに示す。図5Bは図5Aとよく似ていて，小さな粒子が明確に見られる。一方，DA法による吸着の場合では，粒子がはっきりと見えなくなる（図5C）。図5Dは図5Cの拡大図であり，図5Dより異なる大きさの粒子が

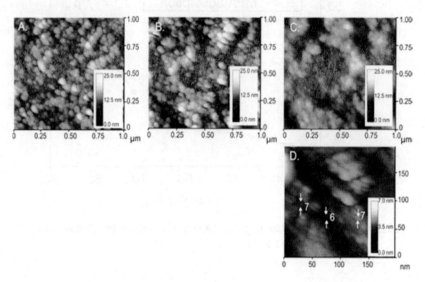

図5 ナノ構造 TiO$_2$ 薄膜表面の AFM 像 (A)TiO$_2$ 薄膜のみ；(B)LA 法により CdSe 量子ドットを吸着した TiO$_2$ 薄膜；(C)DA 法により CdSe 量子ドットを吸着した TiO$_2$ 薄膜；(D)(C)の拡大像

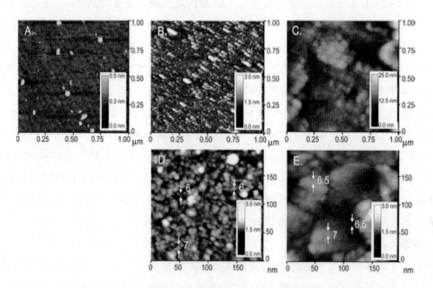

図6 Nb をドープした (110) ルチル TiO$_2$ 単結晶の表面 AFM 像 (A)TiO$_2$ 単結晶のみ；(B)LA 法により CdSe 量子ドットを吸着した TiO$_2$ 単結晶；(C)DA 法により CdSe 量子ドットを吸着した TiO$_2$ 単結晶；(D)(B)の拡大像；(E)(C)の拡大像

第2章　量子ドットの作製

観察される。観察できる一番小さい粒子の大きさは約6-7nm程度であり，CdSe量子ドットであると同定できるが，光吸収のピークから見積もった粒径（3.4±0.1 nm）より大きい。これらの粒径の違いは恐らく，CdSe量子ドットを覆っていたキャッピング剤のTOPが原因であると考えられる。タッピングモードAFMで観察した際，TOPによる影響でCdSe量子ドットが大きく観察される。また，AFM像は小さい粒子のサイズを過大評価してしまう傾向がある。図6AにTiO_2単結晶のなめらかな表面形態のAFM像である。TiO_2単結晶はリンカー（MPA）に修飾された後，CdSe量子ドットの分散液に吸着が飽和するまで浸漬させた。そのAFM像を図6BとDに示す。TiO_2単結晶表面に，ほぼ全面に充填したCdSe量子ドットの層が観察された。図6D中に観察される粒子のサイズはほとんどは6-7nmであり，TOPに覆われたCdSe量子ドットの大きさに対応していると思われる。しかしながら少し大きな粒子も観察される。これらの結果から，LA法による量子ドットの吸着では，多少の凝集あるいはbilayer形成の傾向はあると考えられる。一方，CH_2Cl_2中に分散したCdSe量子ドットをDA法により48時間吸着させたTiO_2単結晶表面のAFM像を図6CとEに示す。単一の量子ドットも観察されたが，表面はほとんど単一の量子ドットより大きい粒子が見られ，高い度合いで量子ドットが凝集している様子が示された。TiO_2単結晶のAFM像から得られる情報は，先ほどのナノ構造TiO_2上に吸着した結果と一致し，DA法による量子ドットの吸着はLA法による吸着と比べて凝集しやすいことがわかった。

1.3.6　まとめ

以上の結果からわかるように，DA法による量子ドットの吸着は溶媒の種類や量子ドットの表面修飾などに強く依存し，また吸着時間が長いときに凝集しやすい。また，DA法とLA法により量子ドットを吸着した酸化物電極を量子ドット増感太陽電池に応用する際に，如何に量子ドットの吸着量を増加させることが課題である。その1つの方法としては，従来のナノ粒子で作製したナノ構造よりも孔の大きなナノ構造，たとえばナノロッド構造，キャッピング剤（TOPなど）に覆われた量子ドットでも十分に奥まで浸透できるようなものを用いることは有効であろう。

文　　献

1) N. Guijarro, T. L. Villarreal, I. Mora-Sero, J. Bisquert, R. Gomez, *J. Phys. Chem. C* **113**, 4208 (2009).
2) S. Gimenez, I. Mora-Sero, L. Macor, N. Guijarro, T. Lana-Villarreal, R. Gomez, L. J. Diguna, Q. Shen, T. Toyoda, J. Bisquert, *Nanotechnology* **20**, 295204 (2009).
3) I. Robel, V. Subramanian, M. Kuno, P. V. Kamat, *J. Am. Chem. Soc.* **128**, 2385 (2006).
4) I. Mora-Sero, S. Gimenez, T. Moehl, F. Fabregat-Santiago, T. Lana-Villareal, R. Gomez, J. Bisquert, *Nanotechnology* **19**, 424007 (2008).

5) H. J. Lee, J. H. Yum, H. C. Leventis, S. M. Zakeeruddin, S. A. Haque, P. Chen, S. I. Seok, M. Gratzel, M. K. Nazeeruddin, *J. Phys. Chem. C* **112**, 11600 (2008).
6) S. D. Rachel, F. W. David, *J. Phys. Chem.C* **113**, 3139 (2009).
7) Q. Wang, D. Pan, S. Jiang, X. Ji, L. An, B. Jiang, *J. Cryst. Growth* **286**, 83 (2006).
8) A. Kongkanand, K. Tvrdy, K. Takechi, M. Kuno, P. V. Kamat, *J. Am. Chem. Soc.* **130**, 4007 (2008).
9) W. W. Yu, L. H. Qu, W. Z. Guo, X. G. Peng, *Chem. Mater.* **15**, 2854 (2003).
10) S. K. Sarkar, G. Hodes, *J. Phys. Chem. B* **109**, 7214 (2005).
11) C. A. Leatherdale, M. G. Bawendi, *Phys. Rev. B* **63**, 165315 (2001).
12) R. Koole, B. Luigjes, M. Tachiya, R. Pool, T. H. J. Vlugt, C. deMello Donega, A. Meijerink, D. Vanmaekelbergh, *J. Phys. Chem. B* **111**, 11208 (2007).
13) T. Berger, T.Lana-Villarreal, D. Monllor-Satoca, R. Gomez, *Electrochem. Commun.* **8**, 1713 (2006).

2 高密度・高均一量子ドットの自己形成

2.1 InAs 量子ドット系

山口 浩一*

2.1.1 はじめに

3次元量子閉じ込め効果を有する量子ドットは，零次元電子系に特有な完全に離散化したデルタ関数的エネルギー状態密度を持つため人工原子とも呼ばれている。量子ドットの光電子デバイスへの応用は多岐に渡るが，各種デバイスに必要なナノメートルサイズの結晶構造を制御性高く作製する技術が重要である。量子ドットを用いた中間バンド型太陽電池への応用[1]においては，離接する量子ドット間での強い電子的結合による量子準位のバンド化が必要であり，そのためには高均一な量子ドットを高密度に作製し，かつ周期的に配列した超格子構造の作製技術が必要とされている。

半導体量子ドットの作製法としては，比較的簡便なストランスキー・クラスタノフ（SK）成長モードを利用した自己組織化（自己形成）法があり，1990年頃から活発な研究開発が進められてきた。本節では，GaAs 基板上の InAs 系量子ドットの SK 成長モードを利用した自己形成法の基礎について説明し，筆者らが開発を進めてきたサイズ自己制限現象による量子ドットの高均一自己形成法および Sb サーファクタント効果による面内高密度化と2次元配列化について解説する[2]。

2.1.2 SK 成長モードによる量子ドットの自己形成法

SK 成長モードは古くから知られている薄膜成長における成長モードの一つで，成長初期の2

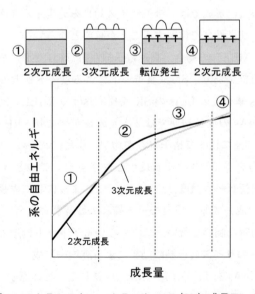

図1 ストランスキー・クラスタノフ（SK）成長モード

＊ Koichi Yamaguchi　電気通信大学　大学院情報理工学研究科　先進理工学専攻　教授

量子ドット太陽電池の最前線

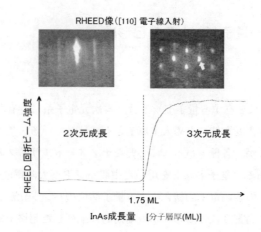

図2　GaAs 基板上の InAs 成長中における RHEED 観測

次元成長から3次元成長へと自然に遷移する現象であり，そのナノメートルサイズの3次元島構造を量子ドットとして応用することが可能である．図1は，SK 成長モードにおける成長量に対する系の自由エネルギーの変化を示したもので，①の成長初期では，エネルギー的に安定な2次元的な層状成長が起こるが，基板結晶と成長結晶の格子定数や熱膨張係数に差があると，その格子歪による界面（歪）エネルギーが成長量の増加とともに増大するために，2次元成長から3次元成長へと遷移する（②）．さらに成長量を増すとエネルギーの増大により界面転位が発生し（③），また界面転位の発生によりエネルギー緩和が起こると再び2次元成長へと戻る（④）．したがって，量子ドットの自己形成では，量子サイズ効果を発現する3次元島構造でかつ転位のない②の成長過程において制御性高く作製することが重要となる[3]．

分子線エピタキシー（MBE）の場合，高速電子線回折（RHEED）を用いた成長中におけるリアルタイムでの観測が可能であり，SK 成長モードによる量子ドットの形成制御において有用である[4]．図2には，GaAs 基板上の InAs の SK 成長における RHEED 回折像と回折ビーム強度の成長量依存性を示す．InAs の成長初期では2次元成長が起こり，RHEED パターンはストリーク状となる．InAs は GaAs に比べて格子定数が約 7% も大きいため，成長量の増加により InAs は GaAs からの圧縮応力を受け，3次元成長へと遷移する．このときの RHEED パターンはスポット状へと変化し，回折ビーム強度は急増する．このようにして成長モードの遷移を確認することができ，このときの成長膜厚を成長モード遷移の臨界膜厚と呼ぶ．この RHEED によるその場観察から成長量の精密な制御を行い，転位のない量子ドット構造の作製が可能となる．

2.1.3　InAs 量子ドットのサイズ自己制限効果による高均一形成

図3(a)は，GaAs 上に InAs を 1.8 分子層（ML）成長したときの原子間力顕微鏡（AFM）像で，この成長量は成長モード遷移の臨界膜厚付近であるために2次元島と3次元島が混在している．この AFM 像では表面の凹凸構造を見やすくしたもので，成長表面に観察される筋状の線はステップ端を表している．ステップ端部付近では格子歪が緩和されやすく，ステップ端近傍に多数

第 2 章　量子ドットの作製

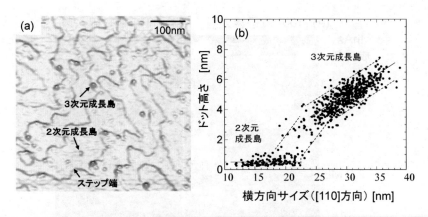

図 3　GaAs 層上の InAs 成長島の AFM 像(a)と成長島のサイズ分布(b)

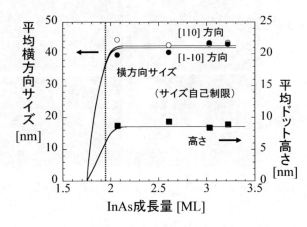

図 4　InAs 量子ドットのサイズの成長量依存性

の 3 次元島構造が形成されているのが分かる。InAs の様々な成長量で作製した島構造の横方向サイズと高さの関係を図 3(b)にまとめて示す[5]。2 次元成長の段階では，2 次元島の高さはあまり変化せず，横方向サイズが 20nm 付近まで拡大した後，高さが急増して 3 次元化していることが分かる。この 2 次元島から 3 次元島への変化の様子は SK 成長条件で異なり，3 次元島（量子ドット）のサイズ分布の均一性にも大きな影響を与える。特に，成長速度が低く，As 圧の低い条件では，マイグレーションが促進され，高均一化しやすいことが分かった。

図 4 には，低成長速度，低 As 圧条件の場合の InAs 量子ドットの高さと横方向サイズの InAs 成長量依存性を示す。この成長条件では，3 次元化した後のドット高さ，横方向サイズは急激に増大し，約 2ML 以上の成長量になると高さ，横方向サイズ共に飽和する現象が見出された。この現象をドットサイズの自己制限効果と呼んでいる[6]。図 5 は，InAs 成長量が 2.1ML から 2.5ML の間の RHEED パターンの変化を調べたもので，[100] 方向に電子線を入射させると，2.2ML 以上の成長において（001）基板表面に対して 45°傾いたシェブロンパターンが観測される。こ

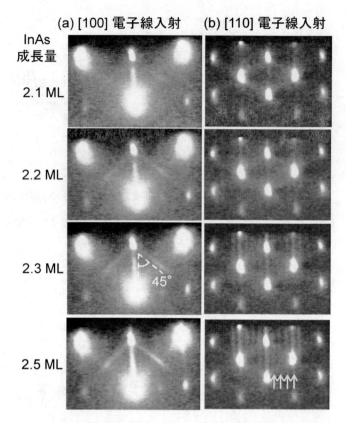

図5 InAs量子ドット側面のファセット面(a)と成長層表面構造(b)の変化

のときのドット構造はピラミッド状を呈し，そのドットの側面には {110} 面の微小ファセット面が形成されたことを示している。また [110] 電子線入射では，2.3ML付近から4倍周期のストリークパターンが現れ，2次元成長層表面上に In 安定化面（(4×2) 構造）が形成されていることが分かった[7]。したがって，図6(a)に示すように，3次元化した InAs 量子ドットの4つの側壁面が安定な低指数面（{110} 面）のファセット面で覆われることでサイズが制限され，サイズ制限後は，In 原子のドットへの取り込みが抑制されているために，In 表面濃度が高くなり，In 安定化面が形成されたものと考えられる。このサイズ自己制限効果は，量子ドットの高均一化において重要な効果であり，図6(b)に示すような高均一の InAs 量子ドットの自己形成が可能となった。この場合のドット密度は約 $3 \times 10^{10} cm^{-2}$ で，ドットサイズの揺らぎは高さで約8%，横方向サイズで約4%の高均一化が達成された[5,6]。

図7は，低成長速度，低 As 圧の条件で成長した高均一 InAs 量子ドットを GaAs 層で埋め込んだ試料の14Kでのフォトルミネッセンス（PL）スペクトルで，その InAs 成長量依存性を示す。InAs 成長量を増加させると，サイズの小さい高エネルギー発光の量子ドットが減少し，高エネルギー側の PL 強度は小さくなるが，サイズ自己制限効果によりサイズの大きい低エネルギー側

第2章 量子ドットの作製

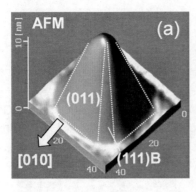
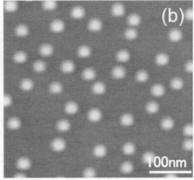
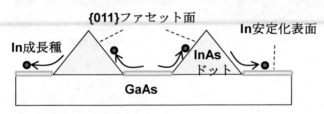

図6　{011} ファセット面で囲まれた InAs 量子ドット(a)と高均一 InAs 量子ドット(b)の AFM 像

の発光が支配的になり，高均一化するために PL スペクトル幅は狭くなる。この場合には約 18 meV まで狭線化することが分かった[5,6]。

さらに，量子ドットのサイズ揺らぎを抑制する方法として，筆者らは，InAs 量子ドットを2重に近接積層させた構造の作製手法を開発した。1層目と2層目の InAs 量子ドットの間の薄い GaAs スペーサー層にナノホールを自己形成し[8]，ナノホールを通して直接量子ドット同士が結合した構造を作製するもので，低温（12K）での弱励起 PL 測定において，約 13meV の極めて狭い半値幅を観測した。複雑な構造ではあるが，サイズ自己制限効果による高均一 InAs 量子ドット層よりもさらにサイズ揺らぎを抑制できる手法である[9]。

2.1.4　Sb サーファクタント効果による面内高密度化

量子ドットのデバイス応用においては，量子ドットの高均一化だけでなく高密度形成も重要である。量子ドットを用いた中間バンド型太陽電池の作製では，図8に示すような量子ドットを多重に積層成長した構造がしばしば応用されている。これは下層の量子ドットが及ぼす埋め込み層への歪効果により，次の量子ドットも下層ドットのほぼ直上に自己形成される現象を利用するものである[10]。一方，面内での高密度形成も重要な課題であるが，従来の SK 成長法では，高密度でかつ高均一な量子ドットの自己形成は難しい。前節で述べたように，低成長速度・低 As 圧条件では，サイズ自己制限効果による高均一な InAs 量子ドットの形成は可能であるが，この場合のドット密度は $2〜6\times10^{10} cm^{-2}$ 程度と低い。高密度化（$1\times10^{11}cm^{-2}$ 以上）には，その逆の条件である高成長速度・高 As 圧が必要となるが，図9に示すようにドットの均一性は低くなる。また，量子ドット間の接近によりドット同士が合体（コアレッセンス）し，巨大化することで歪に

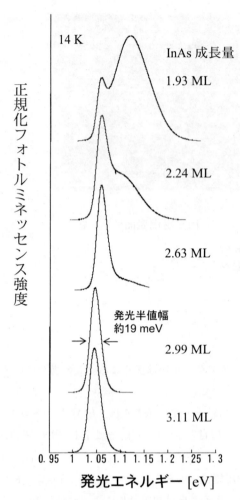

図7 InAs量子ドットのPLスペクトル
（InAs成長量依存性）

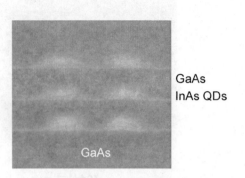

図8 InAs量子ドットの積層成長
（断面STEM像）

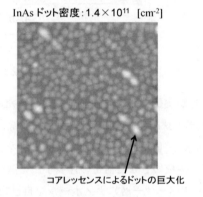

図9 通常のSK成長法による高密度
InAs量子ドットのAFM像

よる結晶欠陥を引き起こす問題も生じる．そこで筆者らは，Sb原子を導入したサーファクタント効果によるInAs量子ドットの高密度でかつ高均一な自己形成手法を開発したので以下に紹介する[11]．

図10(a)に示すように，GaAs(001)バッファ層表面上にSb分子線を照射し，その後に低成長速度，低As圧の高均一のSK成長条件でInAs量子ドットの自己形成を行う手法である．図10(b)には，X線CTR（Crystal Truncation Rod）散乱法によるSb照射GaAs表面層におけるSb組成を解析した結果を示す．GaAs表面上にはSb組成が30％と60％のSb原子層が2層形成されており，その下層にはGaAsSb層（Sb組成10-30％）が3層ほど形成されていることが分かった[12]．このSb/GaAs表面上にInAs成長を行うと，図11のAFM像に示すように，通常のGaAs層上とは異なる表面構造およびドット構造の形成が観察される．特にInAs成長量が

第2章 量子ドットの作製

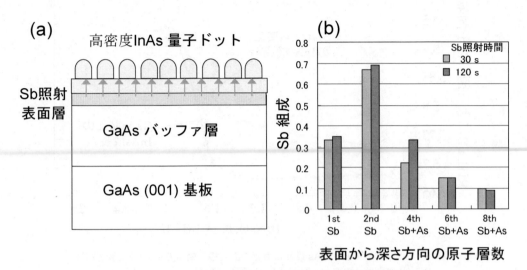

図10 Sb照射GaAsバッファ層上への高密度InAs量子ドットの成長(a)およびSb照射GaAs表面層のSb組成プロファイル(b)

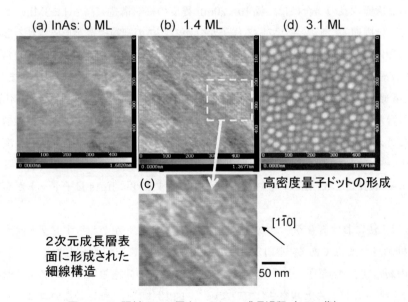

図11 Sb照射GaAs層上へのInAs成長過程（AFM像）

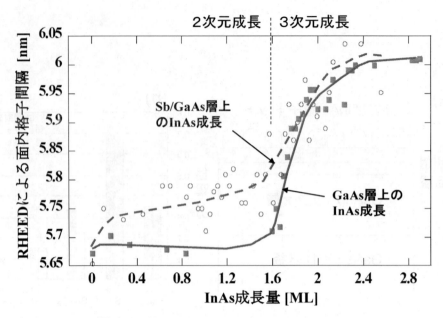

図12　Sb/GaAs層上のInAs成長における面内格子間隔のInAs成長量依存性
（比較のためのGaAs層上のInAs成長（実線））

1.4ML(b)の2次元成長の場合には，幅10〜20nm程度の細線構造（高さ1〜3ML）が[1-10]方向に沿ってほぼ周期的に形成されている様子が分かる。この細線構造が形成される2次元成長段階における面内格子間隔をRHEEDによって解析すると，図12に示すように，通常のGaAs上のInAs成長層に比べて格子間隔が約17%も増大していることが分かった[13]。つまり，下地Sb層からのSb原子が表面偏析し[14,15]，InAs成長時に表面層に取り込まれ，InAsSb化による格子不整合量の増大によって歪エネルギーが増大するために歪緩和を起こすように細線構造が形成されたものと考えられる[13,16]。このように多数の細線構造が形成された表面では，3次元核形成の起こりやすいステップ端の密度が高くなり，さらに表面マイグレーションを抑制する効果もあるために，InAs成長量を3.1MLに増すと，図11(c)に示すようにInAs量子ドットが高密度に形成される[17]。

またSb導入法におけるもう一つの特徴は，高密度形成にもかかわらずドット同士のコアレッセンスが抑制される点である。図13(a)には，Sb/GaAs上に自己形成したドット密度が約1×10^{11}cm^{-2}の高密度InAs量子ドットのAFM像を示す。この観察領域ではコアレッセンスによる巨大ドットの形成はほとんど観察されていない[11]。図13(b)には，転位のないコヒーレント・ドット密度とコアレッセンスにより巨大化したドット密度のInAs成長量依存性を示す。通常のGaAs上のInAs量子ドット形成に比べてSb/GaAs上では，コヒーレント・ドット密度は約3倍も高いが，コアレッセント・ドット密度は約1桁も抑制されている。ドットの高密度形成機構でも述べたように，GaAs層上のSb原子はInAs成長時に表面偏析が起こりやすく，この成長表面

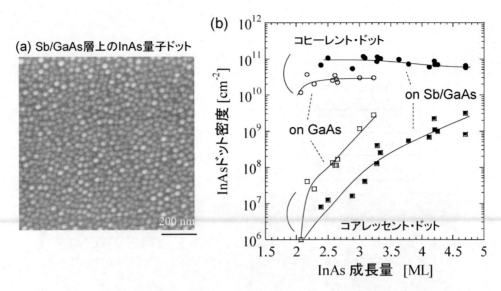

図13 Sb/GaAs層上の高密度InAs量子ドットのAFM像(a)とドット密度のInAs成長量依存性(b)

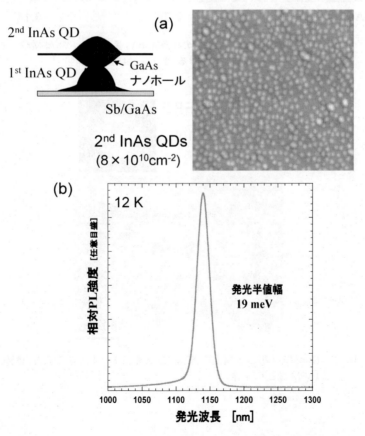

図14 Sb導入法とナノホール近接積層成長法による高密度・高均一InAs量子ドットの自己形成（AFM像(a)とPLスペクトル(b)）

量子ドット太陽電池の最前線

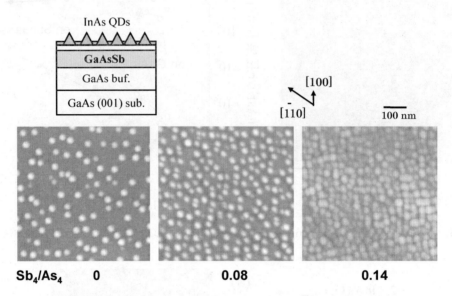

図 15　GaAsSb バッファ層上の高密度 InAs 量子ドットの AFM 像
　　　（GaAsSb 層成長における Sb_4/As_4 供給比依存性）

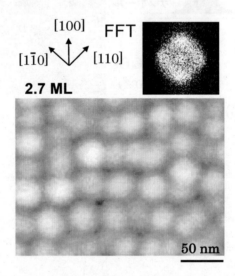

図 16　GaAsSb バッファ層上の高密度 InAs 量子ドットの 2 次元自己配列
　　　（AFM 像と FFT 像）

に偏析したSb原子によってドット同士のコアレッセンスが抑制されたものと考えられる[18]。

　Sb導入法により高密度化したInAs量子ドットの均一性を向上するために，前節で述べたサイズ自己制限効果を適用するとPL半値幅は30meV程度の狭線化を示した。また，図14(a)に示すように，自己形成ナノホールを用いた近接積層成長法をSb/GaAs上の高密度InAs量子ドット成長に適用した場合は，低温（15K）で19meVの狭いPL半値幅（図14(b)）を得ることができ，高密度でかつ高均一なInAs量子ドットの作製が可能となった。

　上述したSb導入法による高密度化は，Sb照射GaAsバッファ層だけでなく，GaAsSb混晶バッファ層上においても観察されている[19]。GaAs基板上のGaAsSbバッファ層（10ML厚）のSb組成（Sb_4/As_4供給比）を変化させたときのInAs量子ドットのAFM像を図15に示す。GaAsSb層の成長中にSb表面偏析現象が起こり，成長表面には比較的高い濃度のSb原子が現れる。Sb供給比を増すほど表面Sb濃度は高くなり，GaAs層上へのSb照射の場合と同様にInAs量子ドットの高密度化とコアレッセンスの抑制効果を起こすことができる。さらに，GaAsSb混晶バッファ層上の高密度InAs量子ドット形成の場合には，図16に示すようにInAs量子ドットが［100］方向に沿って正方格子状に自己配列する現象も部分的に観察されている[17]。そのメカニズムの詳細は未解明であるが，GaAsSb層表面に自己形成された［100］方向の微細な筋状の溝に沿ってInAs量子ドットが形成され，それが横方向に配列するように広がったものと考えられている。この面内高密度のInAs量子ドットが均一性高く2次元的に周期配列構造を形成することが可能になれば，量子ドットの面内超格子構造の実現の期待も高まるであろう。

2.2 まとめ

　SK成長モードを利用した量子ドットの自己形成の基本的な成長過程について概説し，InAs系量子ドットのMBE成長による高均一化および高密度化について紹介した。高均一形成では，量子ドットサイズの自己制限効果を利用した方法について説明し，高密度化については，Sbサーファクタント効果による手法について紹介した。

　量子ドットを用いた中間バンド型太陽電池への応用においては，高均一で面内高密度の量子ドットを多重積層成長した構造が必要とされるが，量子ドット構造の精密な構造制御にはまだ残された課題も多く，今後も自己形成機構の解明を含む基礎研究の推進が重要である。

文　　献

1) A. Luque, and A. Marti: *Phys. Rev. Lett.*, **78**, 5014 (1997).
2) 山口浩一：応用物理, **74**, 307 (2005).
3) D. J. Eaglesham and M. Cerullo: *Phys. Rev. Lett.* **4**, 1943 (1990).

4) A. Marti Ceschin, and J. Massies: *J. Cryst. Growth* **114**, 693 (1991).
5) K. Yamaguchi, T. Kaizu, K. Yujobo, and Y. Saito: *J. Cryst. Growth* **237-239**, 1301 (2002).
6) K. Yamaguchi, K. Yujobo, and T. Kaizu: Jpn. *J. Appl. Phys.* **39**, L1245 (2000).
7) T. Kaizu and K. Yamaguchi: Jpn. *J. Appl. Phys.* **42**, 4166 (2003).
8) T. Satoh and K. Yamaguchi: *J. Appl. Phys.* **44**, 2672 (2005).
9) N. Tsukiji and K. Yamaguchi: *J. Crystal Growth*. **301/302**, 849 (2006).
10) Y. Suzuki, T. Kaizu, K. Yamaguchi: *Physica E* **21** (2004) 555.
11) K. Yamaguchi and T. Kanto: *J. Cryst. Growth*, **275**, e2269. (2005).dd
12) T. Kaizu, M. Takahasi, K. Yamaguchi and J. Mizuki: *J. Cryst. Growth*, **310**, 3436 (2008).
13) 山口浩一,菅藤徹,太田雅彦:表面科学, **27**, 36 (2006).
14) R. Magri and A. Zunger: *Phys. Rev. B* **65**, 165302 (2002).
15) T. Nakai and K. Yamaguchi: Jpn. *J. Appl. Phys* **44**, 3803 (2005).
16) B. R. Bennett, B.V. Shanabrook, P. M. Thibado, L. J. Whitman, and R. Magno: *J. Cryst. Growth*, **175/176**, 888 (1997).
17) T. Ohta, T. Kanto, and K. Yamaguchi: Jpn. *J. Appl. Phys.* **45**, 3427 (2006).
18) N. Kakuda, T. Kaizu, M. Takahasi, S. Fujikawa and K. Yamaguchi: Jpn. *J. Appl. Phys.* **49**, 095602 (2010).
19) T. Kanto and K. Yamaguchi: *J. Appl. Phys.* **101**, 094901 (2007).

2.2 ZnTe 中の CdTe の自己形成量子ドット系

渡辺勝儀*

2.2.1 はじめに

　量子ドット構造は各種デバイスへの応用が期待されている。それに応えるためには，量子ドットの形状やサイズ，それらの均一性や個数密度などに対する多くの要請を満たさねばならない。しかしながら，ナノメートルスケールでそれらを実現するのは容易ではなく，その作製に工夫が求められる。量子ドットの作製法は大きく2つに分けられる。一つ目はリソグラフィーやエッチングなどの微細加工技術を用いて薄膜を切り分けるように作製するトップダウン的方法，二つ目は物質の特性などを利用してボトムアップ的に作製する方法である。後者の作製法で最も有名なものが自己形成法である。自己形成法はトップダウン的方法に比べると，形状やサイズを意図して変えることや規則正しく並べることでは不利だが，リソグラフィーやエッチングなどによるドットへのダメージは無く，高密度にも作りやすい等の利点がある。

　自己形成量子ドットは GaAs 中の InAs 量子ドットなど，III-V 族化合族の組み合わせでよく研究されている。一方，II-VI 族化合物の自己形成量子ドットも，III-V 族化合物のものとは異なる物性や特徴を持つこともあり研究されるようになった。量子ドットを作製する場合，量子ドットとなる物質と母体結晶となる物質の組み合わせが限られる。その中で，CdTe と ZnTe を組み合わせると，CdTe の自己形成量子ドットが成長可能で注目されている。両結晶はともに閃亜鉛鉱型構造で，CdTe の格子定数（6.483Å）は ZnTe のもの（6.103Å）に比して 6% 程大きいことが，自己形成を可能にしている。CdTe はよく知られた半導体で，n と p 両方の伝導型があり，そのエネルギーギャップは室温（300K）で 1.529eV，低温（4K）で 1.606eV である[1]。太陽電池や X 線やガンマ線の検出器の材料としても用いられている。

　量子ドットとしての物性を確認するのに有力な手段はフォトルミネッセンスの測定である。CdTe/ZnTe 量子ドットはよく発光することが，いくつかの研究グループから報告されている[2～5]。この試料は分子線エピタキシー（MBE）法で作製されることが多いが，我々はホットウォールエピタキシー（HWE）法で作製している。この節では CdTe/ZnTe 量子ドットの作製法や形状，量子ドットからのフォトルミネッセンス，光物性を紹介する。

2.2.2 量子ドット作製方法

　フォトルミネッセンス測定用の試料は，図1のように量子ドットが形成される CdTe 層が ZnTe 層に挟まれた構造になっている。この構造で CdTe 層が均一な厚さの薄膜になっているものは量子井戸である。ただし，量子ドットが形成されていても，その構造から量子井戸あるいは量子井戸構造と呼ばれることもある。図1は単一量子井戸構造だが，CdTe 層と ZnTe 層を繰り返し成長させた多重量子井戸構造も作られている。基板は多くの場合（100）-GaAs であるが，（100）-ZnTe を用いた例もある。図1の ZnTe 層と基板の間に歪みを緩和するためにバッファ層

　＊　Katsuyoshi Watanabe　山梨大学　工学部　准教授

を挟む場合もある。量子ドットが形成される
CdTe層の表面形状測定用試料はZnTeの
キャップ層がない形になる。

同じMBE装置で作成されるものでも，
CdTe層の成長時にCdフラックスとTeフ
ラックスを制御して各層を1原子層ずつ交互
に成長させる手法を原子層エピタキシー
（ALE）法として，CdフラックスとTeフラッ
クスを同時に蒸発して成長させるものをMBE
法として区別する。量子ドットを自己形成さ
せたとき，もはや厚さが均一な薄膜ではなく
なるので，必要に応じて薄膜成長時の厚さを
公称厚さ（nominal thickness）と呼ぶ。薄
膜が原子間距離レベルまで薄いときやALE
法の場合，厚さを単原子層（monolayer＝
ML）単位で表すことが多い。CdTeの（100）
方向では1ML≒0.324nmである。

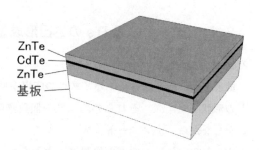

図1　CdTe/ZnTe量子井戸構造の模式図

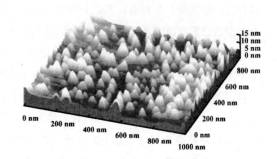

図2　CdTe層表面の原子間力顕微鏡像
文献8）より引用した。

MBE法ではCd，Zn，Teが蒸発源だが，
我々はHWE法でZnTeとCdTeを化合物の状態で蒸発源として作製している[6]。この方法では，
真空槽内にCdTe成長用のホットウォール炉[7]，ZnTe成長用のホットウォール炉がそれぞれ設
置されている。基板はアンドープ（100）-GaAsで，蒸発源のZnTe，CdTeは粉末状で，どちら
も純度が99.9999％のものを使用した。基板を取り付けたヘッド部をそれら2つの炉の真上，炉
から外れた場所に適宜スライドさせることによって成長を制御する。試料は単一量子井戸構造
で，典型的な成長条件は以下の通りである。成長開始前に基板を520℃でベーキングした。
CdTe層の公称厚さは1MLから8ML，ZnTeバッファ層の厚さは2μm，ZnTeキャップ層の厚
さは50nm，薄膜成長速度はZnTeが0.3nm/sでCdTeが0.2nm/s，CdTe成長時の基板温度は
300℃，成長時の背圧はおよそ3×10^{-5}Paである。

作製法によらず，量子ドットまたは量子井戸となるCdTe層を成長させた直後にZnTe層を成
長させる場合と，時間を空けてから成長させる場合がある。時間を空けることを成長中断
（growth interruption）と呼ぶ。以下では基板温度は特に断らない限り，CdTe層成長時の基板
温度とする。

2.2.3　量子ドットの形状と密度

CdTe量子ドットの形状は原子間力顕微鏡（AFM）で観測できる。しかしながら，CdTe層を
表面とした試料を高真空槽から取り出すと，ダメージを受けてしまう。そこで高真空槽に入った
まま測定するのが望ましいが，AFMの場合は反射高速電子回折のようにその場観察はできない。

第2章 量子ドットの作製

図2はTinjodら[8]が高真空中から取り出すことなくAFMで表面を測定したもので，希少なデータである。試料はMBE法で作製され，基板は(100)-ZnTe，CdTe層の公称厚さは4.5ML，基板温度は280℃である。ドットの形状はベースの径51 ± 14nm，高さ2 ± 1.2nmで，個数密度は3.75×10^{10}cm^{-2}であるとされている。彼らはALE法でも作製しており，基板温度280℃で公称厚さ6.5MLの試料では，ドットはベースの径73.5 ± 15nm，高さ6 ± 1.4nm，密度2.3×10^{10}cm^{-2}としている。Teraiら[2]は公称厚さ3.5ML，(100)-GaAs基板温度300℃，ALE法で作製した試料を原子間力顕微鏡で測定し，典型的なドットは直径20 ± 2nm，高さ2.7 ± 0.3nm，密度8×10^{10}cm^{-2}と報告している。HWEで作製した8MLの試料でも量子ドットは10^{10}cm^{-2}の桁の密度になっている[6]。

2.2.4 光物性

この系では基板温度や成長中断時間などの成長条件によって，CdTe層が量子井戸になるか量子ドットが形成されるかが決まる。それはフォトルミネッセンススペクトルに反映される。CdTe/ZnTe量子ドットのフォトルミネッセンスは，CdTe/ZnTe量子井戸のものと密接に関連し，合わせて考える必要があるので，まず厚さが均一な量子井戸の方を述べる。図3に公称厚さが異なる5つCdTe/ZnTe量子井戸試料のフォトルミネッセンススペクトルを示す。HWE法で基板温度300℃，成長中断なしの条件で作製したものである。薄いものほど高エネルギー側に発光ピークが現れ，鋭い形状になっている。これらのピークはCdTe量子井戸における励起子遷移による発光とみられる。発光の特徴はMackowskiら[9]がMBE法で基板温度320℃，成長中断なしで作製した試料のものと一致している。それらのピーク位置を図4にプロットした。同様のスペクトルはALE法で作製された試料でも観測されており，比較のため図4に加えた。Marsalら[4]のデータは基板温度280℃でMBE法とALE法の両方で作製したもの，Teraiら[2]のデータはALE法で基板温度300℃の試料のものである。

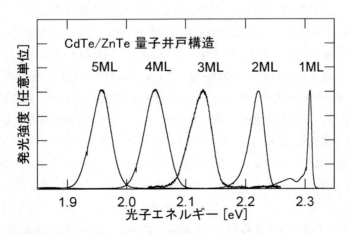

図3　CdTe/ZnTe量子井戸構造のフォトルミネッセンススペクトル
試料の公称厚さは1MLから5MLである。励起はアルゴンイオンレーザーの488nm線で行い，測定温度は10K前後である。

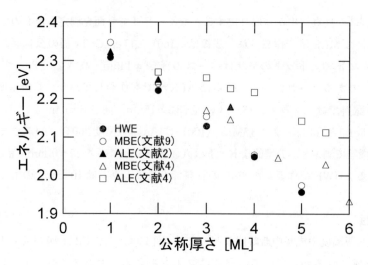

図4　励起子遷移エネルギーの厚さ依存
CdTe/ZnTe量子井戸構造のフォトルミネッセンススペクトルに現れる励起子遷移のエネルギー位置から求めた。文献2, 4, 9)による値も載せた。測定温度は全て10K前後である。

HWE法の試料と両方のMBE法の試料の励起子エネルギーはほぼ一致している。Mackowskiら[9]とMarsalら[4]はそれぞれで，一様な厚さの量子井戸にCdTeの伝導電子と正孔が閉じ込められるとして，励起子遷移エネルギーの厚さ依存を理論的に計算し，実験結果とほぼ一致することを示している。これらの結果から，図3のルミネッセンスピークは，典型的なCdTe量子井戸からの励起子発光とみられる。量子井戸の厚さが6ML程度以上になるとエネルギーバンドが歪みの影響を受け発光しないことが知られている[10]。HWE法の試料でも基板温度300℃，成長中断なしの条件では，公称厚さ6ML以上の試料は発光せず，これと符合する。

一方，ALE法で作製されたものは，MBE法やHWE法の試料に比べ励起子エネルギーがやや高エネルギー側に来ている。このことについて，Marsalら[4]はALE法で作製したものは，MBE法に比べゆっくり成長したために，CdTe層とZnTe層の界面でCdとZn各原子の交換が起こり，元のエネルギーギャップが大きいZnTeがCdTe層に混ざったためと解釈している。さらにMarsalら[4]によれば，ALE法の場合，均一な厚さの通常の量子井戸なら発光しないはずの，厚さ6.5MLの試料が発光している。そのフォトルミネッセンススペクトルを図5に示す。このように量子井戸に比べ幅が広い発光ピークが観測されるのが，一般に量子ドットからの発光の特徴である。彼らは顕微フォトルミネッセンスも測定している。顕微分光では測定スポット径を0.5μmまで絞ると，量子ドットからの発光に特徴的な単一ドットからの鋭いピークが観測されることから，これを量子ドットからの発光と同定している。顕微分光の結果からも量子ドットの密度が$10^{10}\mathrm{cm}^{-2}$の桁であると推定している。

CdTe/ZnTe量子構造のスペクトルでは量子ドットからの発光と量子井戸からの発光が共存す

第2章 量子ドットの作製

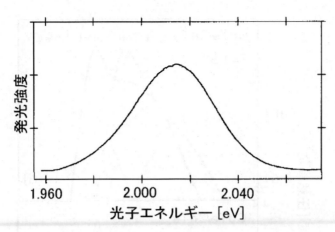

図5 CdTe/ZnTe量子ドットのフォトルミネッセンススペクトル
文献4)より引用した。公称厚さは6.5MLである。

ることがある。Karczewskiらが報告した[11]フォトルミネッセンススペクトルを図6に示す。試料はALE法で(100)-GaAs基板を用い，Cd層成長後の中断20秒，基板温度420℃で作製されたものである。同図(a)の1.5ML, 2.0ML, 2.5MLの試料のスペクトルは何れもダブルピーク形状になっていて，高エネルギー側のピークは量子井戸からの発光，低エネルギー側のピークは量子井戸からの発光と同定している。(b)には2.0MLの試料のスペクトルの温度変化が示されている。

　HWE法では成長中断を行うことによって，スペクトルが大きく変化し，複数の発光ピークも観測された。図7は基板温度300℃，公称厚さ5MLで，成長中断時間を変化させて作製した試料のスペクトルである。成長中断なしから，70秒，300秒と増やすとスペクトルが劇的に変化している。ピークが高エネルギー側にシフトするのは，CdTe層が原子の昇華によって，量子井戸層が薄くなったためと考えられる。300秒の試料では，ピークが3つ重ね合わさった形状となっている。このピーク形状を3つのガウス関数型ピークの和としてフィッティングを行った。最も低エネルギー側のP3は幅が広く，半値全幅は74meVで，P1の44meVやP2の47meV，そして図3の量子井戸のものに比べ大きい。このような広いピーク幅は，そのサイズに分布がある量子ドットからの発光の特徴である。

　成長中断300秒の試料のフォトルミネッセンススペクトルの温度変化を図8に示す。温度上昇と共に強度が減っただけではなく，スペクトル形状が変化した。高エネルギー側のピークほど温度上昇に伴う発光強度の減少が著しく，P1は約90Kで消光した。P3の発光強度は17Kでは3つの中で最も弱いが，93K以上では最も強くなっている。各ピークのエネルギー位置及び積分発光強度の温度依存を求めるため，ガウス関数型ピークの和でフィッティングを行った。求められた各ピークのエネルギー位置を図9に示す。P1のエネルギー位置の温度によるシフトは，バルク結晶のエネルギーギャップの温度によるシフトと[12]一致している。P1の形状や温度シフトは図3の2MLの試料のものに近い。CdTe/ZnTe系では均一な厚さの量子井戸中の励起子発光遷

量子ドット太陽電池の最前線

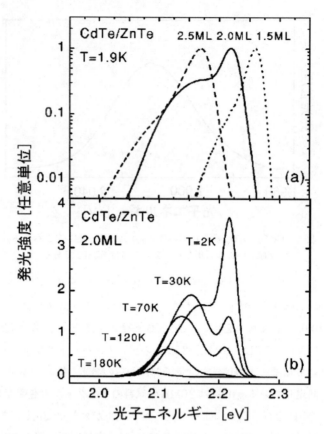

図6　CdTe/ZnTe量子ドットのフォトルミネッセンススペクトル
文献11）より引用した。

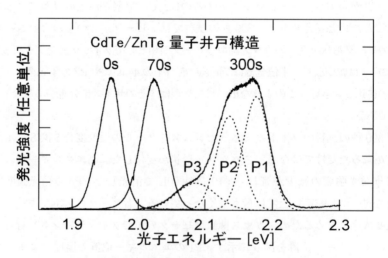

図7　CdTe/ZnTe量子井戸構造のフォトルミネッセンススペクトル
励起はアルゴンイオンレーザーの488nm線で行った。公称厚さ5MLで成長中断なし，成長中断時間70sと300sの試料のスペクトルである。300sの試料で破線は分解した3つのピークを示し，高エネルギー側からP1，P2，P3と名付けた。

第2章 量子ドットの作製

移エネルギーの温度シフトとバルク結晶のエネルギーギャップの温度シフトがほぼ一致すること[9]を考え合わせると，P1は量子井戸からの発光と考えられる。

P3の温度変化は量子井戸のものとは異なる振る舞いをした。量子ドットにおける励起子発光の遷移エネルギーの温度によるシフトは，バルク結晶のエネルギーギャップの温度によるシフトよりもかなり大きいとされ，この現象はInAs/GaAs量子ドット系でも観測されている[13]。これは量子ドット中の励起子が，熱による活性化を介して再分布し，相対的に低い励起子エネルギー準位のドット，つまり大きめのドットから発光しやすくなるためである。この現象は図6のスペクトルの低エネルギー側のピークに

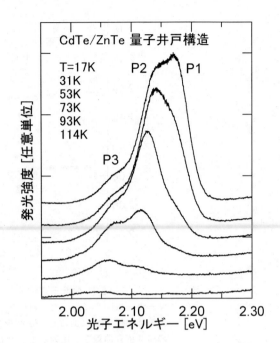

図8　フォトルミネッセンススペクトルの温度変化
公称厚さ5ML，成長中断時間300sの試料のものである。

も現れ，量子ドットからの発光と同定されている。以上のことから，P3は量子ドットからの励起子発光とみられる。

多くの場合，励起子発光が温度上昇と共に消光するのは，輻射遷移が可能な状態にあった励起子が熱エネルギーによって活性化され，温度に応じた確率で非輻射状態に移動してしまうことで説明される。ピークP3も概ねそれにあてはまるが，温度上昇と共に発光強度が増加する温度領域があった。これはP1やP2の状態にあった励起子が熱励起される過程を経て，相対的にエネルギー準位が低いP3に緩和してから発光したものと思われる。これは量子井戸の状態から量子ドットの状態へ励起子が移動できることを示唆している。

以上HWE法で成長中断した試料について述べてきたが，Mackowskiも[3]MBE法で基板温度300℃，公称厚さ4ML，成長中断時間70sの試料で量子ドットからの発光を報告している。このように，均一な厚さの薄膜を成長させてキャップする前に時間をおくことによっても，ドットが形成されることになる。またAFMで測定されている試料は，そもそもキャップ層が無いので，成長中断したことと同じである。

CdTe/ZnTe量子井戸構造において，量子ドットからの発光と量子井戸からの発光が共存する場合，量子ドットからのものが低エネルギー側に位置する。これは，量子ドットがかなり扁平な形をしており，量子井戸面に平行な方向の量子閉じ込め効果は垂直な方向に比べ弱く，量子ドットが自己成長する高さの分，量子井戸面に垂直な方向の厚みが増し，むしろ量子閉じ込め効果が弱まったものとみられる。

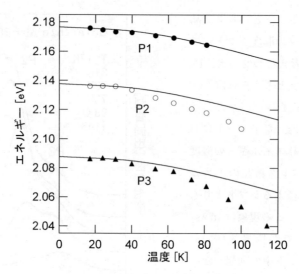

図9 励起子遷移エネルギーの温度依存
マーカーは図8に示した試料のスペクトルから求めたもので，実線は文献12）にあるCdTeバルク結晶のエネルギーギャップの温度依存曲線を，比較のためそれぞれのエネルギー位置までシフトさせたものである。

フォトルミネッセンスを低温で測定するためには，試料を高真空槽から出さねばならない。CdTe層が表面にあってはダメージを受け，量子ドットや量子井戸からの発光を観測できないため，フォトルミネッセンスはZnTeのキャップ層を成長させた試料で測定されている。一方，AFMで表面形状を測定している試料はキャップ層がないものである。このため，フォトルミネッセンスが測定されている量子ドットとAFM像の量子ドットの形状が，正確に一致している保証はない。それに対して，図6のスペクトルの文献には同様に作製した2MLの試料のZnTe層に挟まれたCdTe層に垂直な断面の透過型電子顕微鏡像がある。それによるとドットの直径は約3nm，密度は$10^{12}\mathrm{cm}^{-2}$に達するとしている[11]。これはCdTe表面を測定している訳ではないので，図2のようなAFM像の場合ほど厳密な値を求められないが，AFM像のものに比べサイズは小さく高密度である。

2.2.5 まとめ

CdTe/ZnTe量子ドットは単一ドットからのフォトルミネッセンスが観測されているほど強く発光する。ドットの個数密度は$10^{10}\mathrm{cm}^{-2}$から$10^{11}\mathrm{cm}^{-2}$程度だが，$10^{12}\mathrm{cm}^{-2}$に達するという報告[11]もある。CdTe/ZnTe系では成長条件によって，量子井戸からの発光と量子ドットからの発光の一方が現れるか両者が共存する場合もあるが，発光の形状やその温度依存性から大抵どちらか判断できる。量子井戸と量子ドットの発光が共存する場合の量子井戸は，InAs/GaAs自己形成量子ドットなどの濡れ層（wetting layer）にあたると言える。ただしCdTe/ZnTe系では，濡れ層における励起子発光の遷移エネルギーは公称厚さや成長中断時間の少しの違いで変化する。

第2章 量子ドットの作製

また，ALE法でゆっくり成長した場合に加え，均一な厚さの薄膜から成長中断によっても量子ドットが形成されることを考え合わせると，InAs/GaAs系のS-Kモード成長のように，2次元成長から3次元成長へ急峻に成長モードの変化が起こってドットが成長しているとは言えない．

文　　献

1) Camassel, D. Auvergne, H. Mathieu, R. Triboulet, and Y. Marfaing, *Solid State Commun.*, **13**, 63 (1973)
2) Yoshikazu Terai, Shinji Kuroda, Kôki Takita, Tsuyoshi Okuno, and Yasuaki Masumoto, *Appl. Phys. Lett.*, **73**, 3757 (1998)
3) S. Mackowski, *Thin Solid Films*, **412**, 96 (2002)
4) L. Marsal, L. Besombes, F. Tinjod, K. Kheng, A. Wasiela, B. Gilles, J.-L. Rouvière, and H. Mariette: *J. Appl. Phys.*, **91**, 4936 (2002)
5) H. S. Lee, K. H. Lee, J. C. Choi, H. L. Park, T. W. Kim, and D. C. Choo, *Appl. Phys. Lett.*, **81**, 3750 (2002)
6) K. Watanabe, *Jpn. J. Appl. Phys.*, **48**, 112301 (2009)
7) K. Watanabe, and N. Miura, *J. Appl. Phys.*, **88**, 4245 (2000)
8) F. Tinjod, B. Gilles, S. Moehl, K. Kheng, and H. Mariette, *Appl. Phys. Lett.*, **82**, 4340 (2003)
9) S. Mackowski, G. Karczewski. F. Kyrychenko, T. Wojtowicz, and J. Kossut, *Thin Solid Films*, **367**, 210 (2000)
10) J. Cibert, Y. Gobil, Le Si Dang, and S. Tatarenko, G. Feuillet, P. H. Jouneau, and K. Saminadayar, *Appl. Phys. Lett.*, **56**, 292 (1990)
11) G. Karczewski, S. Maćkowski, M. Kutrowski, T. Wojtowicz, and J. Kossut, *Appl. Phys. Lett.*, **74**, 3011 (1999)
12) G. Fonthal, L. Tirado-Mejíaa, J. I. Marín-Hurtadoa, H. Ariza-Calderóna, and J. G. Mendoza-Alvarezc, *J. Phys. Chem. Solids*, **61**, 579 (2000)
13) S. Sanguinetti, M. Henini, M. Grassi Alessi, M. Capizzi, P. Frigeri, and S. Franchi, *Phys. Rev. B*, **60**, 8276 (1999)

2.3 SiGe量子ドット系

2.3.1 はじめに：SiGeの特徴

宇佐美 德隆[*]

　Siは，半導体産業や太陽光発電産業の基盤材料であり，現代社会を根底で支えている。太陽電池の年間生産量は，2010年において，数十GWになるまでに成長しているが，それでもこれまでに導入された太陽光発電の電力需要に対する割合は微々たるものにすぎない。太陽光発電が，エネルギー・環境問題へ真に貢献するには，大幅な生産拡大が必要であり，積算導入量を現在の100倍以上のTW級の発電量にまで高めなくてはならない。

　このような大規模普及には，太陽電池の高効率化をベースとして，太陽光発電の飛躍的な低コスト化に繋がるようなイノベーションが希求されている。また，その市場規模を考慮すると，太陽電池に用いる材料としては，資源的な制約がなく，安全で，社会的受容性の高いことが必要であろう。このような背景を考えると，実用太陽電池の大半を占めるSi系の太陽電池が，次世代においても重要な役割を担うことに疑いの余地はない。Siをベースとする材料でのイノベーションは，実用化や大規模普及への障害が少なく，即効性があると期待される。

　本章で取り扱うSiGeは，Siと同族元素であるGeとの固溶体であり，Siベースの材料という上記の要請を満たす。その状態図は，図1に示すように，全率固溶体型[1]であり，全ての組成範囲で固溶体を形成する。よって，組成を変化させることで，その性質を広い範囲で変化させることが可能である[2]。例えば，格子定数は，Siの0.5431nmから，Geの0.5658nmの範囲で連続的に変化する。バンドギャップの変化は，SiとGeのバンド構造が異なるために，やや複雑な振る舞いをする。SiとGeは，いずれも間接遷移型の半導体であるが，伝導体底の位置が異なる。Siの伝導体底は，<100>軸上の6重に縮退したΔ点に，Geの伝導体底は，<111>軸上の8重に

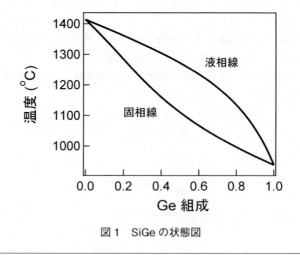

図1　SiGeの状態図

---

[*] Noritaka Usami　東北大学　金属材料研究所　准教授

第2章 量子ドットの作製

縮退したL点に位置する。$Si_{1-x}Ge_x$のバンド構造は，組成に依存して，Ge組成xが約0.85付近で，Si-likeな構造からGe-likeな構造へ遷移する。バンドギャップE_gの値は，液相から成長したSiGe結晶の低温フォトルミネッセンス測定によって，経験的に

$$E_g(x) = 1.155 - 0.43x + 0.206x^2 \quad (\text{eV}) \quad (\text{Si-like})$$
$$E_g(x) = 2.010 - 1.270x \quad\quad\quad (\text{eV}) \quad (\text{Ge-like})$$

であることが知られている[3]。上記は，バルク（無歪み）SiGeの場合であるが，Si基板にエピタキシャル成長させたSiGe薄膜などでは，SiGe/Si系が，結晶構造は同じであるが格子不整合系であることに起因して発生する「歪み」によって，バンド構造が影響を受ける。例えば，Si（100）基板上に，pseudomorphicにエピタキシャル成長させたSiGeでは，格子が弾性変形し，立方晶から正方晶となる。それに伴う，結晶の体積変化や対称性の変化が，バンドギャップのシフトや，縮退したバンドの分裂をもたらし，バンドギャップが無歪みの場合と比較して低下し，全ての組成範囲においてSi-likeなバンド構造となる[4]。本稿で紹介するSiGe量子ドットの作製技術や，ナノフォトニック結晶と量子ドットが結合した新規ナノ構造の作製技術においても歪みが重要な役割を果たしている。

2.3.2 SiGe量子ドット成長の物理

　SiGe量子ドットは，薄膜の成長モードの一つである層状成長した二次元層（濡れ層）の上に三次元の島状結晶が成長するStanski-Krastanov（SK）モード（図2a）を利用することによって作製できる。島状結晶の大きさが，量子効果を発現するほど小さくなれば，量子ドットがリソグラフィによるダメージを伴うことなく結晶成長によって実現できる。

　SKモードの発現には，歪みが大きく関与している。SiGe薄膜をSi単結晶基板上に成長させる場合を例に，なぜSKモードが発現するかを説明する。SiGeの膜厚が薄いときや，Geの組成が小さいときは，SiGeが成長面内でSiと格子整合するように弾性変形（成長面に垂直な方向には伸長する）しても，歪みによる自由エネルギーの増加量が大きくない。そのため，ヘテロ界面におけるミスフィット転位の発生や，表面凹凸の発生といった現象を伴わずに，層状に成長する。

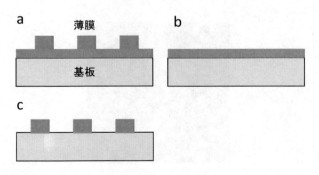

図2　薄膜の成長モード
a：SKモード，b：FMモード，c：VWモード

このような成長モードは，Frank-van der Merwe（FM）モードとよばれている（図2b）。一方で，成長膜厚が厚いときや，Geの組成が大きいときは，歪みによる自由エネルギーの増加が相対的に大きくなる。このような場合，SKモードになりやすい。SKモードでは，表面積がFMモードの場合と比較して増加するため，表面エネルギーは増加する。しかし，表面形状が島状になることにより，結晶内部で弾性的な歪み緩和が生じる。そのため，FMモードと比較すると歪み量が減少するため，歪みエネルギーでは利得がある。もし，歪みエネルギーによる利得が，表面エネルギーの増加を補償するような場合は，全自由エネルギーでは利得があることとなる。このように，成長モードは，熱平衡状態では，全自由エネルギーが最も小さくなるように決定される。成長モードには，島状結晶が，二次元層を伴わずに成長するVolmer-Weber（VW）モードも知られている。VWモードは，性状が大きく異なり界面エネルギーの大きい材料系で起こりやすい成長モードである。

　全自由エネルギー計算を行うことにより，熱平衡状態における成長モードや，量子ドットの形状変化を予測することができる。Darukaら[5]やNakajimaら[6]は，格子不整合量と膜厚の関数として全自由エネルギー計算を行い，どの成長モードが最もエネルギー的に安定かを調べることにより成長モード状態図を作製した。Rossらは，量子ドットを形成するファセットの角度 α と，量子ドットの体積 V の関数として，全自由エネルギーが形状や体積によってどのように変化するかをモデル化した[7]。その結果，ある体積 V を境にして，小さい体積ではファセットで囲まれたピラミッド状の量子ドットが安定であり，大きい体積ではドーム状の量子ドットが安定であることを示した。このような形状の変化は，図3に例を示すように，実際にさまざまな材料系において観測されており，単純なモデルではあるが，量子ドットの安定形状の体積依存性を上手く説明している。

　Ge量子ドットが，Si基板上に，臨界膜厚を超えるGe薄膜を成長させることにより自己形成される現象は，Sunamuraら[8]とSchittenhelmら[9]により独立に，フォトルミネッセンス（PL）スペクトルの変化から非破壊的に確かめられた。彼らは，いずれも薄いGe層をSiで挟んだ量子構造をGeの供給量を系統的に変化させて成長し，PLスペクトルのGe供給量依存性を調べた。

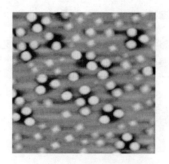

図3　典型的なGeドット（Ge供給量は8原子層）の原子間力顕微鏡像
スキャンサイズは2μm×2μm ピラミッドとドームが混在している

第2章 量子ドットの作製

その結果，ある臨界膜厚までは，Geからのピークの系統的なピークシフト（量子閉じ込め効果による）が観測されるが，臨界膜厚を超えるとピークシフトが消失し，低エネルギー側にブロードな発光が発現することを観測した。これは，FMモードからSKモードへの遷移にほかならない。Ge膜厚が薄い場合の発光は，二次元層からの発光に対応し，臨界膜厚を超えた場合に発現する低エネルギー側の発光はGe量子ドットからの発光に対応する。量子ドットからの発光がブロードになるのは，サイズや歪みの分布を反映したものである。

また，量子ドットを縦方向に適度な膜厚のスペーサ層を介して積層した場合，自己組織化的に縦方向に配列する現象が知られている[10]。Si基板上にGe量子ドットを成長した場合を例に，歪みの空間分布が，スペーサ層となるSi薄膜の膜厚に依存してどのように変化するかを考えよう。Ge量子ドット中の歪みは，量子ドット頂上部では，弾性緩和によりバルクのGeの状態（無歪みの状態）に近い。一方で，濡れ層に近い部分では，Si基板の影響が大きく，成長面内で圧縮歪みを受けている場合が多い。このような歪み分布を持つGe上に，さらにSi薄膜を成長すると，Ge量子ドットの直上のSiは，弾性変形を起こし，面内で引っ張り歪みを受け，その面内格子定数はバルクSiの値よりも大きくなる。一方で，濡れ層上のSi薄膜の面内格子定数は，バルクのSiに近い値をとる。このような歪み分布を持つSi薄膜上に，Geを供給すると，その吸着確率は，面内格子定数がバルクGeの値に近いGe量子ドット直上のSi薄膜の近傍で高くなる。そのため，Ge量子ドットの直上にSiスペーサ層を介して，Ge量子ドットが形成される確率が高くなり，結果として，図4に示すように，量子ドットが縦方向に配列されることとなる。

このような配列現象を利用して，高品質な量子ドットの積層構造を実現するには，スペーサ層厚や量子ドットの体積などの構造パラメータの制御が重要である。スペーサ層が薄すぎる場合には，大きな歪みエネルギーが塑性変形により緩和され，転位などの結晶欠陥が発生してしまう。また，スペーサ層が厚すぎる場合には，スペーサ層の再表面の歪み分布が一様となるため，量子

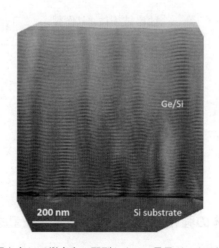

図4　Siスペーサ層を介して縦方向に配列したGe量子ドットの透過電子顕微鏡写真

ドットを構成する原子の吸着確率の異方性がなくなり，ランダムに量子ドットが形成されることになる。

2.3.3 ナノフォトニック結晶と量子ドットが結合したナノ構造体の作製と応用

著者らは，最近，ナノフォトニック結晶と量子ドット積層構造とが結合したユニークなナノ構造体をリソグラフィを用いることなく簡便に作製する手法を考案した。さらに，「ナノ構造体・結晶シリコン融合太陽電池」を提案[11]し，結晶シリコン系太陽電池のエネルギー変換効率を極限にまで高めることを目指している。その基本コンセプトを図5に示す。この太陽電池は，ナノ構造体として，表面にナノフォトニック結晶を有し，さらに表面近傍に量子ドット積層構造を有することを特徴としている。両者の相互作用によって入射電磁波を表面近傍に強く局在させ，光吸収を増大できる。さらに量子ドットにより吸収可能な波長域を拡大できる。また，量子ドットの電子的カップリングと内部電界の最適化，電子と正孔を空間的に分離した輸送により，キャリア再結合を抑制できる。よって，光とキャリアの有効利用が可能である。

ナノフォトニック結晶の作製には，化学溶液に対するエッチング速度の試料面内での周期的な分布を利用している。このエッチング速度の分布は，量子ドット積層構造によって発生する結晶内部の周期的な歪み分布を反映したものである。以下に，具体的な実験例を紹介する。

Si（100）基板上に，ガスソース分子線エピタキシー法を用いて成長温度700℃で，Ge供給量が2～16原子層のGeと20nm膜厚のSiスペーサー層のGe/Si積層構造を50周期成長した。なお，この成長温度でのGe量子ドット形成の臨界膜厚は，3～4原子層である。成長した試料を，ふっ酸と硝酸の混合溶液をベースとする溶液によりウェットエッチングを行い，その構造について調べた。

図6は，Ge供給量が（a）8原子層，（b）2原子層，（c）16原子層の試料をウェットエッチングした場合の表面SEM像である。Ge供給量が8原子層の場合，試料表面にサイズのほぼ均一

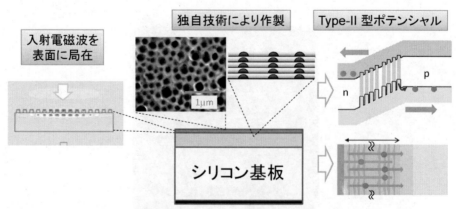

図5　ナノ構造体・結晶シリコン融合太陽電池の基本コンセプト

第2章 量子ドットの作製

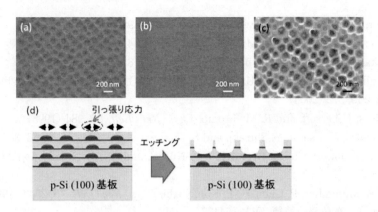

図6 Ge/Si 積層構造をウェットエッチングした試料の表面 SEM 写真
Ge の供給量は，a：2原子層，b：8原子層，c：16原子層，d：エッチングのメカニズム

なディップが見られ，ウェットエッチングのみによりナノフォトニック構造が形成できていることが分かる。これは，図6（d）のように，Ge ドット直上の引っ張り応力が導入されている Si 領域において，局所的にエッチングが促進され，ディップを形成したためと考えている。Ge 供給量が2原子層の場合，エッチング後においても表面は，ほぼ平坦である。これは，量子ドットが形成されなかったため，応力分布が発生せず，エッチングが等方的に進行したためと考えられる。図6（c）に示すように，Ge 供給量が16原子層の試料では，エッチング後のディップは不均一となった。この原因として，Ge 量子ドットが面内方向および，成長方向に不規則に配列していることが考えられる。これらの結果は，周期的なナノフォトニック構造形成には，Ge 量子ドットの面内均一性と，成長方向の配列の規則性が重要であることを示している。

このような手法で形成したナノ構造体が太陽電池の高効率化に有用であることは，小面積（約 $2cm^2$）の太陽電池により実証している[12]。今度，そのポテンシャルを最大限に引き出すには，マクロスケールで均質なナノ構造体作製技術，ナノ構造体と光の相互作用・キャリア輸送メカニズムの根源的解明，実用サイズのデバイス創製というマルチスケールの課題に対して研究を進める必要がある。現在，異分野研究者の有機的連携体制により，これらの課題に取り組んでいるところである。

文　献

1) R. W. Olesinski and G. J. Abbaschian, *Bull. Alloy Phase Diagram* **5**, 180 (1984)
2) Silicon-Germanium Nanostructures, Production, Properties, and Application in Electronics edited by Y. Shiraki and N. Usami, Woodhead Publishing (2011)

3) J. Weber, and M. I. Alonso, *Phys. Rev.* **B 40**, 5683 (1989)
4) C. G. Van de Wall, and R. M. Martin, *Phys. Rev.* **B 34**, 5621 (1986)
5) I. Daruka, J. Tersoff, A. L. Barbási, *Phys. Rev. Lett.* **82**, 2753 (1999)
6) K. Nakajima, T. Ujihara, N. Usami, K. Fujiwara, G. Sazaki, and T. Shishido, *J. Crystal Growth* **260**, 372 (2004)
7) F. M. Ross, J. Tersoff, and R. M. Tromp, *Phys. Rev. Lett.* **80**, 984 (1998)
8) H. Sunamura, N. Usami, Y. Shiraki, and S. Fukatsu, *Appl. Phys. Lett.* **66**, 3024 (1995)
9) P. Schittenhelm, M. Gail, J. Brunner, J. F. Nützel, and G. Abstreiter, *Appl. Phys. Lett.* **67**, 1292 (1995)
10) Q. Xie, A. Madhukar, P. Chen, N. P. Kobayashi, *Phys. Rev. Lett.* **75**, 2542 (1995)
11) 宇佐美徳隆，藩伍根，特願 2011-154472
12) N. Usami, W. Pan, T. Tayagaki, S. T. Chu, J. S. Li, T. H. Feng, Y. Hoshi, and T. Kiguchi, *Nanotechnology* **23**, 185401 (2012)

2.4 高効率シリコン量子ドット太陽電池実現のための量子ナノ構造作製プロセス―エネルギー変換効率45％超太陽電池への期待―

寒川誠二[*]

2.4.1 要約

　蛋白質による加工マスクと超低損傷中性粒子ビームエッチングを組み合わせることで，理想的なシリコン量子ドット構造の作製が実現でき，サイズによるバンドギャップ制御と高効率光吸収を実現できた。今後この構造を積層化あるいはタンデム化をして安全で資源が豊富なSiを用いた高効率量子ドット太陽電池を試作し，理論値45％を目指す。

2.4.2 はじめに

　3月11日の東日本大震災を受けて，私たちの日常生活は一変した。特に原子力発電所の問題は日本のエネルギー戦略・政策を大きく変えるものであった。そのような中で再生可能エネルギー技術の開発が注目され，特に太陽光発電に大きな期待が寄せられている。しかし，現在の結晶シリコン型太陽電池での効率は理論限界値29％に迫ってきており，2015年には限界が来ると言われている。これを決める最大の要因はシリコン固有のバンドギャップである。つまり発電に寄与する光の波長を限定してしまうため効率を抑えてしまうのである。そこで，この限界をブレークスルーする太陽電池として量子ナノ構造を用いた新しい原理の量子ドット太陽電池の開発が急務となっている。

　量子ドットは直径が数nmと小さい半導体ナノ構造で，このサイズを制御することで物質固有のバンドギャップを制御することが可能となる。そのため，同じ材料で複数のバンドギャップを持つ量子ドットを組み合わせると広範囲な太陽光の吸収が可能となる[1]。また，2次元あるいは3次元に量子ドットを制御して配置することで量子ドット間の波動関数が重なり合い，新たなバンド（中間バンドあるいはミニバンド）が形成されるため更に吸収波長が広がり，また，そのバンドを介して生成された励起子がトンネルできるため，励起子の高効率輸送を実現できるという利点がある[2]。この量子ドット太陽電池が実現できれば，理論的な変換効率は45％以上になる[3]。この理想的な特性を実現するためには量子ドットを図1に示す様な超格子構造に配置することが必要不可欠である。しかし，自己組織化を基本とする現状の作製プロセスでは理想的な超格子構造の作製は困難を極め，量子ドット太陽電池実現に向けて大きな障害となっている。そこで，私どもは超低損傷・中性粒子ビームプロセス技術を用いて高効率Si量子ドット太陽電池を実現するために必要な理想的な光吸収層（量子ドット超格子構造）作製プロセスを確立した。

2.4.3 従来の量子ドット作製技術

　従来，量子ドットは自己組織化技術を用いて作製する技術が主流であった。アニール効果を用いたCo-スパッタリング法[3]や格子歪を利用して3次元的な島を成長させ量子ドットを形成するS-K法[4]がある。Co-スパッタリング法ではSi量子ドットをSi酸化膜中に作製する手法である。

---

[*] Seiji Samukawa　東北大学　流体科学研究所　教授

量子ドット太陽電池の最前線

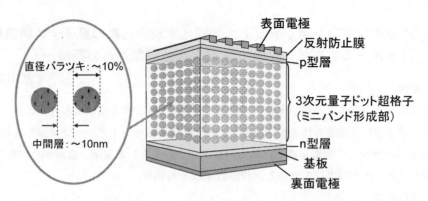

図1　理想的な量子ドット超格子構造による高効率太陽電池概念図

しかし，量子ドットのサイズや間隔が制御されておらず，配列も非常に不均一である。また，十分な量子ドット密度も得られない。そもそも量子ドットの間隔制御も難しく，ミニバンドの形成が難しく，量子ドットで発生したキャリアの輸送が困難であるという大きな問題も存在する。S-K法は歪を用いた自己組織化法であり，欠陥の抑制は難しい。また，Sub-10nmで均一サイズ，高密度な量子ドットを作製するのが非常に困難である。そもそも，量子効果を十分に発揮できるほどのサイズまで小さい量子ドットの形成は難しく，配置や間隔制御も難しい。このように，従来のボトムアップ方式だけでは理想的な量子効果を発揮できる構造を形成することは難しい。成熟し究極のトップダウン加工が実現できる状況になってきた今こそボトムアップと融合した全く新しい量子ドット作製手法が求められている。

2.4.4　究極のトップダウンプロセスによる量子ドット構造の作製と高密度・均一配置

従来，半導体微細加工プロセスとしてはプラズマエッチングプロセスが広く使われて来た。しかし，プラズマから放射される荷電粒子は加工精度を劣化させ，また，紫外線は薄膜中に10-100nm程度まで深く進入して結晶欠陥を形成するという問題を抱えており，特に欠陥生成は電気的あるいは光学的にナノデバイスの特性を劣化させることが現在問題となっている。そこで，この問題を解決できる手法としてプラズマから荷電粒子および紫外線を排除し，プラズマ中で加速したイオンを運動エネルギー及び方向性を保ったままカーボン電極内で中性化した中性粒子ビームを用いた究極のトップダウン加工技術を開発してきた（図2）[5]。この中性粒子ビームエッチングを用いて鉄微粒子含有蛋白質により自己組織的に配置した7nm径で均一な鉄微粒子をマスクに高効率Si量子ドット太陽電池に使われる10nm径で2〜8nm厚のSi量子ナノ円盤構造を無欠陥で等間隔に高密度に作製することに世界で初めて成功した[6]。蛋白質をテンプレートとして用いる理由は，遺伝子情報を基に複製される蛋白質のサイズの均一性は±0.1nm以下と極めて高いためである。

図3にSi量子ナノ円盤構造作製プロセスを示す。10nmの均一で高密度な無欠陥量子ナノ円盤構造を中性粒子ビームで形成するために，まずテンプレートとして，蛋白質のフェリティンに内

第2章　量子ドットの作製

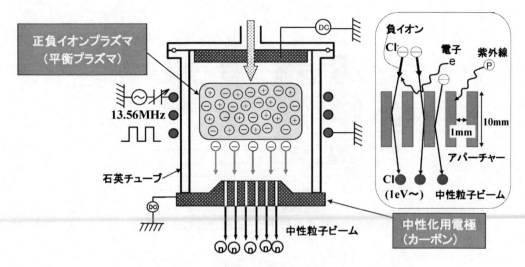

図2　プラズマからの荷電粒子及び紫外線を抑制した実用的な中性粒子ビームエッチング装置の概要図

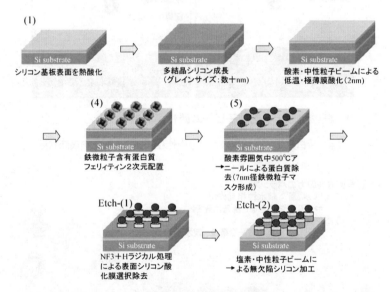

図3　バイオテンプレート極限加工による均一・高密度・等間隔配置・2次元シリコン量子ナノ円盤アレイ構造作製フロー

包された鉄微粒子を蛋白質が自己組織化で規則正しく並ぶ性質を用いて周期配置し，それをマスクにSiを無欠陥加工した。フェリティンをSi上に細密充填配置するために，Si表面に酸素・中性粒子ビームを用いて極薄Si酸化膜を低温で形成する[7]。この酸化膜はビームエネルギーの制御により膜表面のダングリングボンド密度を制御でき，その結果図4に示すように負の電位と高い親水性を持っており，図5に示すように親水性によりフェリティン溶液が酸化膜上に広がろうと

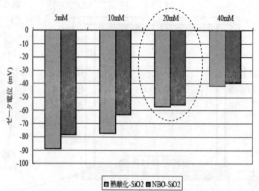

(a) 熱酸化膜と中性粒子ビーム酸化膜の表面電位

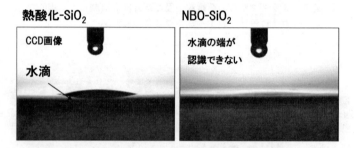

(b) 熱酸化膜と中性粒子ビーム酸化膜の親水性

図4 蛋白質2次元配置のための中性粒子ビーム酸化膜表面状態

① 垂直方向の力のバランス
- 基板との吸着：疎水性相互作用
  ⇒ 但し、強すぎると乱雑に配列
- 吸着を弱める作用
  ：負のゼータ電位、親水性表面

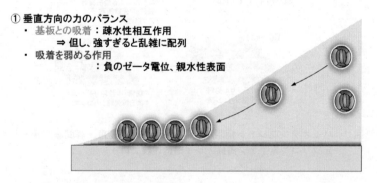

② 平面方向の力
- 親水性表面を広がる溶媒の流れに乗って
  広がろうとする効果
- 疎水性相互作用によりフェリチン同士が
  吸着しようとする効果

図5 中性粒子ビーム酸化膜上へのフェリチン2次元配置メカニズム

第 2 章　量子ドットの作製

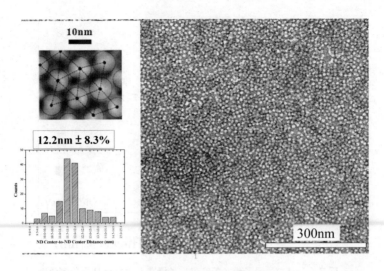

図6　蛋白質フェリティンに内包された均一鉄微粒子をマスクに中性粒子ビームエッチングした Si 量子ナノ円盤アレイ構造の SEM 写真とその周期性

する水平方向の力と，負の電位によるフェリティンとの反発力とのバランスでフェリティンが酸化膜上を自由に動けるため，基板上に最密充填配置される[8]。熱処理で外周のフェリティンを除去後，周期的に高密度に配置された均一な鉄微粒子をマスクに塩素・中性粒子ビームによるエッチングを行ない，Si 薄膜に無欠陥 Si ナノ円盤構造（円盤構造 1 個あたり欠陥が 0.08 個以下）を転写した。この時，図 6 に示すように，Si ナノ円盤構造の中心間の距離が 12.2nm±8.3％と極めて均一で高い周期性を持ち，Si 量子円盤構造の面密度が $10^{12}cm^{-2}$ と高密度で 2nm の等間隔に配置することができた[9]。

この無欠陥 Si 量子ナノ円盤構造は欠陥に由来しない円盤構造自体からの強い発光が観察され，量子閉じ込め効果は直径と厚さの 2 つのパラメータで制御でき，図 7 のように，バンドギャップを 1.3-2.2eV の間で高精度に広範囲に変化させることができた[6]。また，間隔や周期性，中間層材料を制御することで円盤構造間の波動関数の重なりを制御でき，Si 量子ナノ円盤構造と中間層のバンドギャップの間に新たなバンドを形成することが可能となる。特に，Si 量子円盤アレイ構造と SiC 中間層を組み合わせることで，量子ナノ円盤構造間に複数のバンドが形成されていると予測され，高効率光吸収と高移動度キャリア輸送が両立できた。

このようなナノ構造作製技術は，まさにナノ構造，ナノ材料の本質を導き出す技術であり，画期的な量子ドット太陽電池を実現できる可能性を秘めている。

2.4.5　未来に向けて

私どもが提案したバイオテンプレートと中性粒子ビーム加工を組み合わせることで，理想的なシリコン量子ドット構造の配置が実現できた。今後この構造を図 8 に示すように積層化あるいはタンデム化をして安全で資源が豊富な Si を用いた量子ドット太陽電池を試作し，理論値 45％を

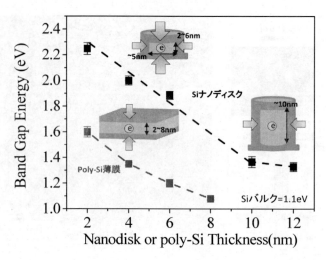

図7 シリコン量子ナノ円盤アレイ構造およびシリコン薄膜構造におけるバンドギャップエネルギーの膜厚依存性

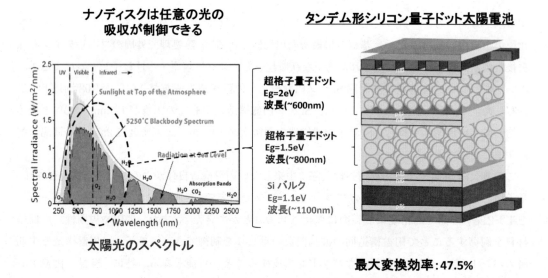

図8 目指すタンデム型シリコン量子ドット太陽電池

目指すこととなる。また，光マネージメントとも組み合わせることでエネルギー変換効率45％超の量子ドット太陽電池の実現も目指す。変換効率を45％超にできると，太陽電池は「究極の太陽電池」として新たな進化を遂げる。発電コストは7円/kWh以下となり，発電コストは原子力発電をも凌ぐこととなる。そのとき太陽電池は，あらゆる発電方式の中で最大の電力供給源となる可能性が高い。さらに，新しい応用を拓くことができる。しかし，材料としてはあくまでもシリコンにこだわるべきであろう。それは，将来の太陽電池市場があまりにも巨大になるから

第 2 章　量子ドットの作製

だ。また，材料の環境負荷も重要となりそうだ。変換効率だけをみれば，セル変換効率 30%超を現時点で実現している化合物太陽電池が存在する。しかし，As などを使っているため環境負荷を考えると地上での利用は難しいと言われている。そういう点で，私どもの進めているシリコン量子ドット太陽電池は大きな期待が寄せられている。

文　　献

1) M. Yamaguchi, *Solar Energy Materials and Solar Cells*, **75** (2003) 261.
2) A. Luque and A. Marti, *Phys. Rev. Lett.*, **78** (1997) 5014.
3) E. Cho, S. Park, X. Hao, D. Song, G. Conibeer, S. Park and M. A Green, *Nanotechnology* **19** (2008) 245201.
4) Y Okada *et al.*, *Appl. Phys. Lett.*, **93**, (2008) 083111.
5) S. Samukawa, *Jpn. J. Appl. Phys.*, Vol. 45, No. 4A (2006) 2395.
6) C. Huang, X. Wang, M. Igarashi, A. Murayama, Y. Okada, I. Yamashita, and S. Samukawa, *Nanotechnology*, Vol. 22 (2011) 105301.
7) C. Huang, M. Igarashi, T. Kubota, M. Takeguchi, K. Nishioka, Y. Uraoka, T. Fuyuki, I. Yamashita and S. Samukawa, *Japanese Journal of Applied Physics*, Vol. 48 (2009) 04C187.
8) M. Igarashi, R. Tsukamoto, C. Huang, I. Yamashita, and S. Samukawa, *Applied Physics Express 4* (2011) 015202.
9) Chi-Hsien Huang, Xuan-YuWang, Makoto Igarashi, Akihiro Murayama, Yoshitaka Okada, Ichiro Yamashita, and Seiji Samukawa, *Nanotechnology*, Vol. 22 (2011), pp. 105301.

第3章　太陽電池への応用

1　量子ドット太陽電池

1.1　増感型

橘　泰宏[*]

1.1.1　はじめに

　太陽電池を化学反応を用いた機構で構築する最も大きな利点は，材料調製並びに電池作製が安価であることである。中でも増感型太陽電池は，光電気化学太陽電池を代表するレベルまで成長し，近年実用化に向けて，その開発は，非常に大きな注目を浴びている[1]。これまでのところ，色素増感太陽電池[2]の開発は，過去20年以上活発に行われ，構成材料，構造，作動メカニズムの理解・最適化が行われた。その結果，光電変換効率は11％以上に達し[3,4]，また更なる性能向上へのアイデアも提案されている[5]。

　色素増感太陽電池の増感色素を半導体量子ドットに置き換えた量子ドット増感太陽電池は，これまで色素増感太陽電池において欠点と考えられてきた要素を払しょくする画期的な太陽電池として位置づけられ[6~8]，特に結晶シリコン太陽電池などに代表される1つの半導体から構成される太陽電池の理論効率（～31％）[9]を上回る効率の達成が期待されることから大きな期待が注がれている。半導体量子ドットは，そもそも30年ほど前から合成やその光・電子物性に注目され研究が行われてきた。例えば，多色蛍光材料並びにバイオラベリング材としての応用がこれまで推進されてきた[10]。一方，ナノ材料の開発に必要なナノテクノロジー分野が近年非常に大きな注目を浴びている。精密な材料合成技術・精密測定技術の革新的な進歩により，原子レベルで構造を制御することが可能になってきている。このため半導体量子ドットを次世代太陽電池の材料として提案するだけでなく[1]，実際に構築し，基礎科学的な研究を行うことが可能となってきた[11]。

　従来の理論効率（31％）を上回り，かつ安価な製造が可能な太陽電池は，第三世代太陽電池と称される。半導体量子ドットは，第三世代太陽電池を開発するために必要とされる材料の1つであると考えられており，中でも，その高効率を可能にする物理現象として，量子ドットの多励起子生成現象の発見が挙げられる。一般的な太陽電池の概念では，一つの光子が半導体によって吸収されると一つの励起子（電子-ホール対）が生成し，内部形成電場によって電荷が分離され，2つの電極でそれぞれの電荷が収集される。ところが，最近半導体量子ドットに光照射すると，一つの吸収された光子に対して多数の励起子が生成する多励起子生成現象が発見された[12]。仮に，生成された多励起子が全て電荷分離過程を経て，多数の電荷が電極によって収集されれば，

---

　[*]　Yasuhiro Tachibana　Associate Professor　Mechanical and Manufacturing Engineering School of Aerospace　RMIT University

内部量子効率が100%を越える夢のような太陽電池を実現することが可能になる[11]。

量子ドット増感太陽電池は，色素増感太陽電池と同様のメカニズムで発電する。量子ドットが光励起された後，電荷がバンドギャップの大きい半導体に移ることにより，電子とホールが分離される。その後電荷が収集されることによって光電流が検出される。本稿では，この半導体量子ドット増感太陽電池について，色素増感太陽電池との違いに着目し，構成材料並びに作動メカニズムの観点から解説する。

1.1.2 量子ドット増感 vs. 色素増感

半導体量子ドット増感太陽電池は，色素増感太陽電池の増感色素を量子ドットに置き換えただけなので同様の構造を示す。図1にその構造図を示す。色素増感太陽電池と同様に，その最も大きな特徴は，酸化チタンナノ粒子（平均粒径：10～20nm）から成る多孔質膜から構成される。各ナノ粒子表面上に増感剤が吸着している。色素増感太陽電池と量子ドット増感太陽電池の最も大きな相違点は，増感色素だけでなく，レドックス電解質が異なることである。ただこの2点の変化により，電池内の材料界面における電子移動反応速度並びに効率は根本的に色素増感太陽電池と全く異なる。

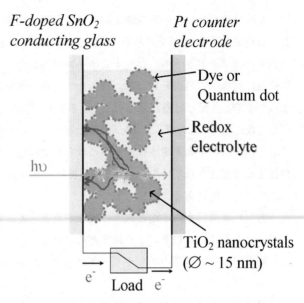

図1　色素または半導体量子ドット増感太陽電池の構造図

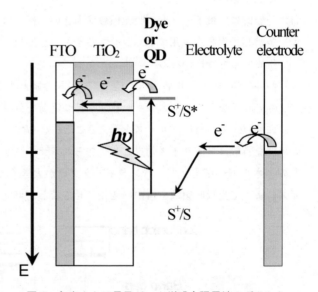

図2　色素または量子ドット増感太陽電池のポテンシャルエネルギーダイアグラム

量子ドット太陽電池のポテンシャルエネルギーダイアグラムも基本的には，色素増感太陽電池と同様になる。図2に色素または量子ドット増感太陽電池のポテンシャルエネルギーダイアグラムを示す。作動原理を以下に簡単に説明する。色素または半導体量子ドットが光を吸収し，励起色素または量子ドット内に励起子が形成される。励起状態または励起子状態が失括する前に，隣

量子ドット太陽電池の最前線

接する酸化チタンなどの金属酸化物ナノ結晶膜に電子が移動する。電子は，金属酸化物内を拡散し，最終的に導電性ガラス基板（FTO）で収集される。電荷分離反応後に生成した酸化された色素または量子ドット内に存在するホールは，レドックス電解質に移動し，酸化された電解質は最終的に対極上で再還元される。このため，ホールは最終的に対極に移動する。もし外部回路によってFTO基板と対極が結ばれると，FTO上に集められた電子が対極のホールと外部回路を通して反応する。この際に，外部回路で電子とホールのポテンシャルエネルギー差が光電圧として取り出される。太陽電池作動中のこれらの全反応をまとめると，どの材料も正味の反応として酸化または還元されていない。つまり，材料自体は再生可能であり，副反応が起こらない限りは，永久に動作可能である。

一方，色素増感太陽電池と大きく異なる点として，増感色素として半導体量子ドットを利用する魅力のある利点は以下のようにまとめられる。

ⅰ）価電子帯と伝導帯のエネルギーギャップを，ドットサイズによって制御することが可能である[13,14]。

ⅱ）量子ドットは，バンドギャップエネルギーよりも高いエネルギーを持つ光を吸収することが可能である。

ⅲ）一般的に，量子ドットの吸光係数は大きい（例えば，$>10^5 dm^3 mol/particle/cm$）[15]。

ⅳ）多励起子過程を利用すれば，1つの光子から，量子収率100％を超える電子またはホールを生成する可能性がある[11,16,17]。

ⅴ）バルク半導体と比較して，量子ドットの励起状態緩和過程が遅くなることから，"hot electron"などの高エネルギー状態を持つ電荷を分離することが可能である[1]。

特に利点(ⅰ)のように，サイズを変えることによって，電子・光学特性を自由に変化させることが可能な特徴は量子サイズ効果として知られ，サイズが小さくなればなるほど，価電子帯と伝導帯のエネルギーギャップ（バンドギャップ）が大きくなる特性を示す（図3）。このことは，サイズによって光吸収領域を自由に変化させることが可能であることを意味する。また，量子ドッ

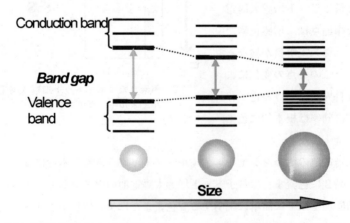

図3　半導体量子ドットのサイズとバンドギャップエネルギーとの関係

第3章 太陽電池への応用

トの価電子帯と伝導帯のポテンシャルがサイズによって変化することから，量子ドット界面における他材料の有効な電子準位とのギブズ自由エネルギー差が変化し，電子移動反応速度も変化することが期待される。光電流量子収率は，量子ドットによる光吸収効率・電荷分離効率・電荷輸送効率の積によって求まる。このため，効率向上のためには，量子ドットのサイズだけでなく，界面電子移動反応を制御する材料の界面ナノ構造を最適化する必要がある。

1.1.3 太陽電池の設計指針：量子ドットと電解質について
(1) 量子ドット・有機色素間の光誘起電子移動反応

量子ドット増感太陽電池の構造設計において，最も重要な材料としてレドックス電解質が挙げられる。色素増感太陽電池では，ヨウ素電解質が最も高い効率を与えることが知られているが，量子ドット増感太陽電池においてはヨウ素電解質が必ずしも最高効率を与えるとは限らない。このことから量子ドットとの電子移動反応が比較的速く進行し，イオン伝導度が高く，かつ量子ドットを分解しないようなレドックス電解質の探索が必要となる。本項では，レドックス電解質に必要な要素・条件を探るために，構造が比較的簡単であり，かつ離散した様々な電子準位を持つ電子供与・受容体色素を選択し，量子ドット・色素間における光誘起電子移動反応を検討した。

図4に今回用いた色素の酸化電位または還元電位をCdS量子ドット価電子帯・伝導帯準位とともに示す。なお，量子ドットについては，サイズが直径約3.8nm（励起子波長ピーク：約410 nm）の平均粒径を持つCdS量子ドットを合成し，精製して用いた。量子ドットの価電子帯端と

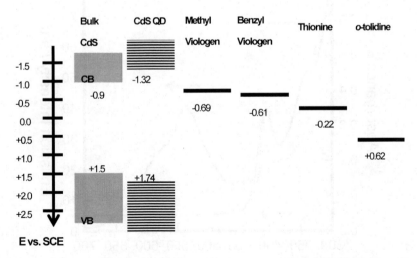

図4 CdSバルク半導体並びにCdS量子ドットと4つの電子供与体・受容体分子のポテンシャルエネルギーダイアグラム。メチルビオロゲン（MV），ベンジルビオロゲン（BV）とチオニンは還元電位であり，o-トリディンは酸化電位を示す。図中の数字は，SCEに対する電位に換算してある。量子ドットの価電子帯端と伝導帯端の準位は，有限深さ正方井戸型モデルを用いて見積もった。

伝導帯端の準位は，有限深さ正方井戸型モデルを用いて，バルクCdS半導体の最低励起準位からのポテンシャルシフト量を計算することによって見積もった[18]。色素の酸化準位と還元準位は，文献値を用いた。還元される色素として，メチルビオロゲン（MV）[19~21]，ベンジルビオロゲン（BV）[19]，チオニン[22]を用い，それぞれの還元電位は，−0.69，−0.61 and −0.22V vs. SCEである。一方，酸化される色素として，o-トリディンを用い，その酸化電位は，+0.62V vs. SCE[23,24]である。量子ドット・色素間における光誘起電子移動反応は，CdS量子ドット発光スペクトルにおいて，色素添加による発光強度の減少度によって評価した。

CdS量子ドット溶液の吸収スペクトルと発光スペクトルを図5に示す。吸収スペクトルでは，第一励起子ピークが410nmに現れ，第二励起子ピークを由来とする吸収バンドが340nmに出現していることが分かる。この第一励起子吸収ピーク（410nm）を励起すると，530nmにピークを持つ発光スペクトルが現れ，その発光はトラップサイトからの電子遷移に由来すると考えられている[25]。ちなみに，第二励起子吸収ピーク（340nm）を励起した場合でも，同じスペクトルが観測された。発光スペクトルピークである530nmで観測した励起スペクトルも図5に併せて示す。このトラップサイトからの発光は主に第一励起子吸収バンドから由来し，第二励起子からの寄与が少ないことが分かった。これらの結果を踏まえ，色素添加による発光強度の変化を第一励起子バンド（410nm）を励起することによって観測することにした。

CdS量子ドット溶液にo-トリディン並びにメチルビオロゲン（MV）を添加したときの発光ス

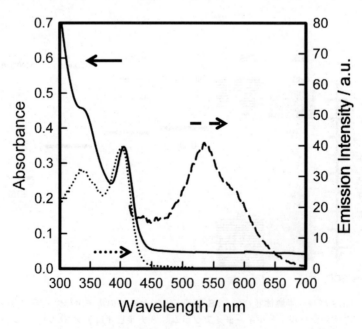

図5 クロロホルム中に分散したCdS量子ドットの吸収スペクトル（実線），発光スペクトル（破線）と励起スペクトル（点線）。発光スペクトルの励起波長は410nmであり，励起スペクトルの観測波長は，530nmである。

第3章　太陽電池への応用

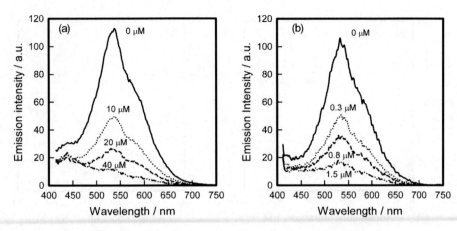

図6　色素分子添加によるCdS量子ドットの発光スペクトル変化。(a) o-トリジン添加と (b)メチルビオロゲン添加。添加した分子の濃度を図にそれぞれ示す。

ペクトルの変化を図6に示す。どちらの分子を添加しても，添加濃度の上昇とともに発光強度が減少した。この発光の減少は，量子ドットと電子供与・受容体間の光誘起電子移動反応に起因すると考えられる。これら添加分子による発光減少の挙動を比較すると，発光の減少度合いは明らかに添加する分子に依存することが分かる。

発光減少挙動をより厳密に比較するために，発光スペクトルの変化をStern-Volmer式（式1）[26]を用いて解析した。

$$\frac{I_0}{I} = 1 + K_{sv}[Q] \tag{1}$$

ここでI_0は色素分子を添加していない時のCdS量子ドットの発光強度，Iは色素分子をそれぞれの濃度で添加した時の発光強度，$[Q]$は色素分子の添加濃度，K_{SV}はStern-Volmer定数である。もし，色素分子が量子ドット表面に吸着しないならば，動的消光挙動が観測されることが期待される。つまり，プロットの傾きからStern-Volmer定数を決定することが可能である。

図7aに4種の電子供与・受容体と組み合わせ，発光挙動についてStern-Volmerプロットを作成した結果を示す。発光の変化は明らかに添加する分子に依存することが分かる。メチルビオロゲン（MV），ベンジルビオロゲン（BV），チオニン，o-トリジンのStern-Volmer定数を計算したところ，それぞれ，$3.7 \times 10^6 M^{-1}$，$3.7 \times 10^6 M^{-1}$，$6.0 \times 10^5 M^{-1}$，$2.1 \times 10^5 M^{-1}$となった。松本らによると[27]，メチルビオロゲン（MV）とベンジルビオロゲン（BV）に関しては，静的消光が起こることが確認されている。既存の研究結果で明らかとなっている吸光係数を用いてCdS量子ドット溶液濃度を計算し，添加色素濃度との関係を調べると，量子ドット1つに対し，色素1分子が存在する状態で，発光強度が半分に減少することが分かった。この結果は，量子ドット・色素間で効率のよい光誘起電子移動反応が進行していることを意味し，色素が量子ドット表面に

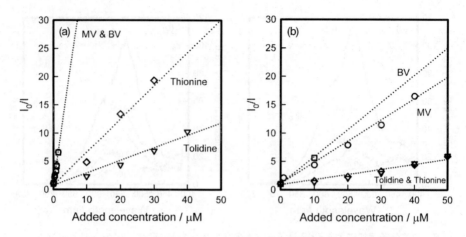

図7 CdS量子ドットの添加分子による発光強度変化のStern-Volmerプロット。
量子ドット表面へのブチルアミンコートがない時(a)とコートがある時(b)。

吸着する静的消光が起こっている可能性を示唆する。一方，チオニンとo-トリジンに関しては，図から明らかに動的消光が進行していることが分かる。さらにo-トリジンに関しては電子移動反応の効率が最も低いことが分かる。このことから，CdS量子ドット価電子帯からのホール移動が，伝導帯からの電子移動よりも遅く進行することが予想される。

これらの結果から，半導体量子ドットと電子供与・受容体との間の電子準位の位置と光誘起電子移動反応に関して，明確な相関性がないことが明らかとなった。つまり，電子移動反応は，電子準位に関連するギブズ自由エネルギー差によって制御されていないことが分かる。

量子ドットと色素間の電子移動反応に関して，量子ドットへの表面コート剤の影響について検討した。表面コート剤としては，量子ドット表面への吸着による発光強度への影響がほとんど見られないブチルアミンを選んだ。ブチルアミン存在下における発光強度の変化を図7bに示す。ベンジルビオロゲン（BV），メチルビオロゲン（MV），チオニン，o-トリジンのStern-Volmer定数を計算したところ，それぞれ$4.8 \times 10^5 M^{-1}$，$3.6 \times 10^5 M^{-1}$，$8.8 \times 10^4 M^{-1}$，$8.8 \times 10^4 M^{-1}$の結果が得られた。図7aと比較すると，消光効率が明らかに減少していることが分かる。この比較は，ブチルアミンの量子ドット表面への吸着が光誘起電子移動反応において，ある一定のバリア層として機能していることが分かる。

これらの比較は，電子移動反応が，量子ドットと電子供与・受容体間の距離によって制御されていることを示唆する。まとめると，最も効率の良い電子移動反応は，電子供与・受容体が量子ドット表面に吸着されたときに期待される。一方，表面コート剤などの導入により，量子ドット表面と電子供与・受容体間の距離の増加とともに効率が減少すると考えられる。

(2) **量子ドット・無機レドックス種間の電子移動反応**

以上の項目から，量子ドット・レドックス電解質間に必要な条件は，還元体が量子ドットに吸着する，またはできるだけ高濃度で量子ドットの近傍に位置することが，効率よくホール移動さ

第3章 太陽電池への応用

せるために重要であることが分かった。ここでは，様々なタイプの電解質が太陽電池の性能に与える影響について検討した結果を解説する。

金属酸化物として色素増感太陽電池で最も高い効率を示す酸化チタンを用いた。酸化チタンナノ結晶膜は，フッ素ドープした酸化スズコート導電性ガラス（FTO）上に市販の酸化チタンナノ粒子ペーストをスクリーン印刷法により転写し，500度で焼成することにより作製した。焼きあがった酸化チタン膜は，平均粒径15nmのナノ粒子からなり，表面積は見かけの面積と比較して，約500～1000倍ほど向上することが知られている。このため，表面に吸着する量子ドットの量が増加することから，光吸収効率の向上，さらに光電流量の増加が期待される。また，焼成工程によってナノ粒子間の電気伝導性が向上し，半導体電極としての機能が発揮される。

量子ドット増感膜に関しては，金属酸化物ナノ結晶膜内に，直接量子ドットを合成することによって作製した。Successive Ionic Layer Adsorption and Reaction（SILAR）法と呼ばれている方法で，実際に太陽電池において高性能を示している[28]。以下にCdS量子ドット作製手順を示す。室温で，酸化チタン膜を0.1M過塩素酸カドミウム水溶液に一分間浸漬し，その後超純水によって洗浄する。次に，その膜を0.1M硫化ナトリウム水溶液に浸漬し，その後超純水によって洗浄する。これらの操作を1浸漬回数とし，必要に応じて数回の浸漬を繰り返す。

量子ドット増感太陽電池を作製するために，以下の代表的な4種のレドックス電解質を選択した。

1) ヨウ素電解質（I_3^-/I^-）：0.6 M dimethyl propyl imidazolium iodide, 0.05M I_2, 0.1M LiI, 0.5M tert-butylpyridine in dried acetonitrile（色素増感太陽電池で用いられている電解質）
2) 塩化鉄電解質（Fe^{3+}/Fe^{2+}）：0.1M $LiClO_4$, 0.1M $FeCl_2$, 0.05M $FeCl_3$ in H_2O
3) ヘキサシアノ鉄電解質（$Fe(CN)_6^{3-}/Fe(CN)_6^{4-}$）：0.1M $LiClO_4$, 0.1M $K_4Fe(CN)_6$, 0.05M $K_3Fe(CN)_6$ in H_2O
4) 多硫化物電解質（Na_2S_x/Na_2S）：2M Na_2S and 3M S in H_2O

これらの電解質のレドックスポテンシャルは，それぞれI_3^-/I^-：+0.45V vs. NHE，Fe^{3+}/Fe^{2+}：+0.6V vs. NHE，$Fe(CN)_6^{3-}/Fe(CN)_6^{4-}$：+0.47V vs. NHE，$Na_2S_x/Na_2S$：-0.45V vs. NHEであることが知られている。それぞれの電解質を用いてCdS量子ドット増感太陽電池を作製し，性能を評価した。

図8aに5回浸漬を行ったCdS量子ドット増感酸化チタン膜に対して，様々な電解質を用いて太陽電池を作製し，IPCEスペクトル（外部量子収率分光感度スペクトル）を測定した結果を示す。ヨウ素電解質を用いたときには，可視光領域（>400nm）においてほとんど応答感度が見られないことが分かる。同様の結果が塩化鉄電解質を用いた場合にも観測された。一方，ヘキサシアノ鉄電解質を用いた時には，感度は小さいが，可視光領域に応答が見られた。それに対して，多硫化物電解質を用いた場合には，応答の著しい向上が観測された。以上の結果から，分光感度

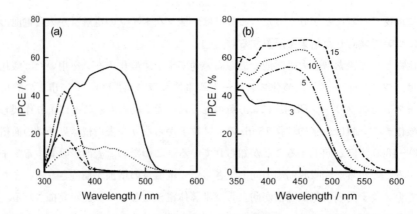

図8 (a)様々な電解質を用いたときのCdS量子ドット増感太陽電池のIPCEスペクトル。電解質は，それぞれ Na_2S_x/Na_2S（—），I_3^-/I^-（-··），Fe^{3+}/Fe^{2+}（--），$Fe(CN)_6^{3-}/Fe(CN)_6^{4-}$（---）である。(b)多硫化物電解質を用いたときの量子ドット浸漬回数のIPCEスペクトルに与える影響。図中の数字は浸漬回数を示す。

の応答は，電解質のレドックス準位に依存していないことが分かる。

図8bに多硫化物電解質を用いて，CdS量子ドット作製のための浸漬回数を変化させたときのIPCEスペクトルに与える影響を調べた結果を示す。浸漬回数が増加するにつれて，光吸収効率が増加することから，IPCE値が向上することが分かる。15回の浸漬で，最大のIPCE値（70％）を示すことが分かった。興味深いことに，IPCEの立ち上がりの波長は，浸漬回数の増加と共に長波長側にシフトすることが分かった。このシフトは，浸漬回数の増加とともにドットサイズが増加することによるバンドギャップの減少に起因すると考えられる。

図9に450nm単色光で測定した太陽電池の電流電圧曲線を示す。ヨウ素電解質と塩化鉄電解質に関しては，小さい光電流値が観測された。ヘキサシアノ鉄電解質を用いた場合には，電流値と電圧値がほぼ比例関係を示していることから，電池がオーミック特性を示している（交換電流が大きい）ことが分かる。一方，多硫化物電解質においては，検討した電解質の中で最も優れたダイオード特性を示すことが分かった。

電解質のレドックス準位と硫化カドミウム量子ドットの価電子帯端を比較すると，熱力学的にはすべての電解質において硫化カドミウム・酸化チタン界面での電荷分離後，硫化カドミウム量子ドットを再還元することが可能である。しかし，予想に反して，太陽電池の光応答性は電解質レドックス準位だけで説明できないのは明らかである。

1.1.4 太陽電池の設計指針：導電性ガラスと電解質について

これまでの結果から，太陽電池の性能は，電解質レドックス準位に大きく依存していないことが明らかとなった。ただ量子ドット増感太陽電池の電解質は，色素増感太陽電池で用いられているヨウ素電解質とは，根本的に特性が異なる。このことから新規電解質を検討する場合には，電解質が接触する全ての界面の電子移動反応を考慮する必要がある。例えば，FTOと金属酸化物ナノ結晶膜界面では，完全にナノ結晶には覆われず，電解質に露出しているFTO表面が必ず存

第3章 太陽電池への応用

在する。この界面における電子移動反応に関しては、色素増感太陽電池に用いられるヨウ素電解質を用いている限りでは、ほぼ一方的に進行することが知られている。つまり、酸化チタンなどの金属酸化物からFTOに電子が移動し、外部回路において出力として検出される。これに対して、FTOから電解質に電子が移動する確率は（短絡状態において）非常に低い。これは、ヨウ素電解質のFTO上での電極反応における標準速度定数が比較的小さいことに由来する。しかし、半導体量子ドット増感太陽電池においては、この界面が性能に非常に大きな影響を与える可能性がある。つまり、図9のヘキサシアノ鉄電解質を用いた場合のように、太陽電池に用いる電解質の標準速度定数が比較的大きい可能性があり、量子ドットから酸化チタンを通して

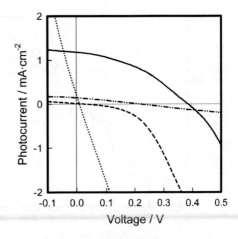

図9 量子ドット増感太陽電池の電流電圧特性のレドックス電解質による依存性。測定は、450nm単色光照射下で行われた。レドックス電解質は、Na_2S_x/Na_2S（——）、I_3^-/I^-（—··—）、$FeCl_3/FeCl_2$（— —）、$Fe(CN)_6^{3-}/Fe(CN)_6^{4-}$（····）を用いた。

効率よく電子をFTOに収集しても、FTOから電解質に電子が漏れてしまう。このため、この界面の電子移動反応速度を制御することが太陽電池の効率向上に非常に重要なポイントとなる。本項目では、この界面に電子バリア層として緻密な酸化チタン膜を形成し、電池性能に与える影響を検討した結果を示す。

緻密な酸化チタン膜は、Kavanらの報告を参考にして、スプレー熱分解法によってスライドガラス上またはFTO上に作製した[29]。洗浄した基盤を450度に暖めたホットプレート上に置き、0.38M ジイソプロポキシド-ビスアセチルアセトナートチタンを含む2-プロパノール溶液を調製し、0.12MPaで加圧したスプレー器で1秒間溶液を吹き付けることにより作製した。必要に応じて、1分間隔で数回スプレー工程を繰り返した。スプレーによりコートされた膜は、空気中で15分間450度で焼成した。

作製された緻密酸化チタン膜について、複数のサンプルを作製して膜の厚さを測定し、平均を算出することによって平均膜厚を導いた。その結果を図10に示す。明らかにスプレー工程回数に比例して酸化チタン膜の膜厚が増加することが分かる。これらの結果は、薄膜構造がそれぞれのスプレー工程後すぐに形成されることを示している。このため、緻密な膜の厚さは、スプレー工程回数により容易に制御可能であることが分かる。以下に、バリア層の厚さと緻密性の電子移動反応速度に与える影響を定量的に示す[28]。電解質としては、典型的なモデルレドックス種として、電極表面反応の標準速度定数が比較的大きなヘキサシアノ鉄系を用いた。

電子バリア層の厚さと界面電子移動反応との関係を以下のふたつの方法を用いて検討した。(ⅰ)FTO上にバリア層を形成し、その電極を三電極式セルに組み込んで、レドックス電解質存在下

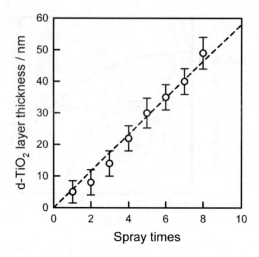

図10 緻密酸化チタン膜の膜厚とスプレー工程回数との関係。

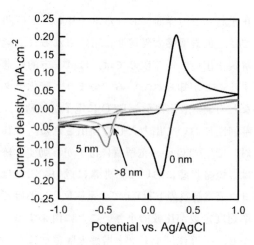

図11 1mM $Fe(CN)_6^{3-}/Fe(CN)_6^{4-}$ と0.1M $LiClO_4$ を含む水溶液中における緻密酸化チタン電極のサイクリックボルタモグラム。走査速度：20mV/s。図中の数字は，緻密層の厚さを示している。

でサイクリックボルタモグラム測定を行った。(ii)バリア層電極上に更に酸化チタンナノ結晶膜(nano-TiO_2/d-TiO_2/FTO) を形成し，白金対極と共にサンドイッチセルを作製し，より実際の太陽電池に近い構造で電流－電圧曲線を描くことにより評価を行った。

まず評価法(i)による結果について紹介する。図11にバリア層厚さを変化させて作製した電極のサイクリックボルタモグラムを示す。電解質として，1mM $K_3[Fe(CN)_6]$，1mM $K_4[Fe(CN)_6]$，0.1M $LiClO_4$ を含んだ水溶液を用いた。また，対極と参照電極に関しては，白金電極と銀・塩化銀電極をそれぞれ用いた。緻密酸化チタン層を作製していない導電性ガラスのみを用いた電極では，ヘキサシアノ鉄レドックス対に由来するアノード電流とカソード電流が観測された。電流ピーク間の電位差は，約170mVとなったが，過去の報告[30]と合致して，十分標準速度定数が大きいことを示している。しかし，これらの電流は，緻密酸化チタン層の形成に伴い，急激に減少した。さらに，-0.3Vより負の印加電位では，カソード電流ピークが観測されたが，その電流値は緻密膜の厚さに依存しない傾向が現れた。このカソード電流は，酸化チタンの伝導帯を通して電子が輸送され，酸化チタン上でフェリシアン化物イオンが還元されるために生じたと考えられる。

図12に，緻密酸化チタン電極上に酸化チタンナノ結晶膜を形成した電極と白金対極を用いて作製したサンドイッチ電極の暗時における電流－電圧特性を示す。電解質としては，0.1M $Fe(CN)_6^{3-}$ and 0.1M $Fe(CN)_6^{4-}$を含む水溶液を用いた。緻密酸化チタンをコートしていない電極を用いた場合には，直線のオーミック特性を示した。つまり電子は，導電性ガラスから電解質へ速やかに移動している（漏れている）ことが分かる。しかし，緻密層が厚くなるにつれて，徐々

第3章 太陽電池への応用

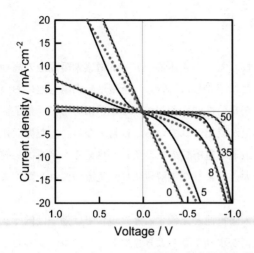

図12 nano-TiO$_2$/d-TiO$_2$/FTO電極と白金電極を用いて作製したサンドイッチセルの電流—電圧特性。走査速度：20mV/s。電解質：0.1M Fe(CN)$_6^{3-}$/Fe(CN)$_6^{4-}$水溶液。実線：測定値。点線：1ダイオードモデルを用いて実験値をフィッティングした結果。図中の数字は，緻密酸化チタン層の平均厚さ（単位：nm）を示す。

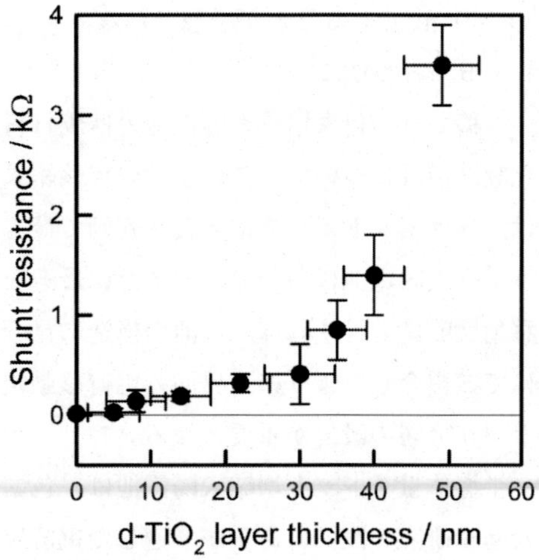

図13 緻密酸化チタン層の厚さと並列抵抗との関係。

にダイオード特性を示すようになった。つまり，導電性ガラスから電解質への電子の漏れは徐々に抑制され，酸化チタンからフェリシアン化物イオンへの電子移動反応が，−0.7Vより負側の電位印加によってより明らかに観測されるようになった。これらの電流—電圧特性曲線は，以下の式2に示す1ダイオードモデルの理論式に従ってフィッティングを行うことにより解析した[31,32]。

$$J = -J_0 \left[\exp \frac{q(V+JR_s)}{nkT} - 1 \right] - \frac{V+JR_s}{R_{sh}} \quad (2)$$

ここで，J_0は交換電流密度，qは電気素量，Vは電圧，Jは電流密度，R_sは直列抵抗，nは理想因子，kはボルツマン定数，Tは温度，R_{sh}は並列（シャント）抵抗である。図13に，緻密膜の厚さと並列抵抗R_{sh}との関係を示す。並列抵抗は，緻密膜の厚さに大きく依存することが分かった。ただ，その増加には，2つの傾向があると思われる。一つは，緻密膜の膜厚が30nm以下では，並列抵抗が徐々に増加していることが分かった。これは，膜厚が小さければ，ピンホールが存在し，膜の緻密性が電子をブロックするためには不十分であると考えられる。もしくは，膜厚が小さいので，電子がトンネル現象により漏れ出すことを意味すると考えられる。一方，緻密膜の厚さが30nmより大きくなれば，電子の漏れが急激に抑えられることが分かった。この結果から，直列抵抗が最小になり，並列抵抗が最大になる電子バリア層の最適な厚さは，およそ

30～40nm であることが予想される。

1.1.5 おわりに

本稿では，色素増感太陽電池の構成材料と比較して，半導体量子ドット増感太陽電池の高効率化設計指針について，これまでの実験結果をもとに紹介した。特に，色素増感太陽電池においては，ヨウ素レドックス電解質が安価で最も効率が良い性能を示していることに対して，量子ドット増感太陽電池においては，未だに最適な電解質が見出されているとは言えない。ただ界面電荷移動反応に着目すれば，電池の構造に見合った最適な電解質の必要条件が見える。例えば，前項にてご紹介したように，界面の電荷移動定数が大きいような電解質には，電流の漏れを防ぐようなバリア層の設計が重要となる。

半導体量子ドット増感太陽電池は，色素増感太陽電池と比較すると，現状では効率は低く，まだ基礎研究の段階にあるが，適した電解質の候補が現れると，大きなブレークスルーをもたらす可能性がある。これからの発展に期待していきたい。

文　献

1) Nozik, A. J.; Memming, R. *J. Phys. Chem.* **1996**, *100*, 13061-13078.
2) O'Regan, B.; Grätzel, M. *Nature* **1991**, *353*, 737-740.
3) Han, L.; Islam, A.; Chen, H.; Malapaka, C.; Chiranjeevi, B.; Zhang, S.; Yang, X.; Yanagida, M. *Energy Environ. Sci.* **2012**, *5*, 6057-6060.
4) Grätzel, M. *Chem. Lett.* **2005**, *34*, 8-13.
5) Nattestad, A.; Mozer, A. J.; Fischer, M. K. R.; Cheng, Y. B.; Mishra, A.; Baeuerle, P.; Bach, U. *Nat. Mater.* **2010**, *9*, 31-35.
6) Lee, H. J.; Yum, J.-H.; Leventis, H. C.; Zakeeruddin, S. M.; Haque, S. A.; Chen, P.; Seok, S. I.; Grätzel, M.; Nazeeruddin, M. K. *J. Phys. Chem. C* **2008**, *112*, 11600-11608.
7) Tachibana, Y.; Akiyama, H. Y.; Ohtsuka, Y.; Torimoto, T.; Kuwabata, S. *Chem. Lett.* **2007**, *36*, 88-89.
8) Plass, R.; Pelet, S.; Krueger, J.; Grätzel, M.; Bach, U. *J. Phys. Chem. B* **2002**, *106*, 7578-7580.
9) Shockley, W.; Queisser, H. J. J. *Appl. Phys.* **1961**, *32*, 510-519.
10) Gerion, D.; Parak, W. J.; Williams, S. C.; Zanchet, D.; Micheel, C. M.; Alivisatos, A. P. *J. Am. Chem. Soc.* **2002**, *124*, 7070-7074.
11) Semonin, O. E.; Luther, J. M.; Choi, S.; Chen, H.-Y.; Gao, J.; Nozik, A. J.; Beard, M. C. *Science* **2011**, *334*, 1530-1533.
12) Schaller, R. D.; Sykora, M.; Pietryga, J. M.; Klimov, V. I. *Nano Lett.* **2006**, *6*, 424-429.
13) Trindade, T.; O'Brien, P.; Pickett, N. L. *Chem. Mater.* **2001**, *13*, 3843-3858.
14) Alivisatos, A. P. *Science* **1996**, *271*, 933-937.

第3章　太陽電池への応用

15) Yu, W. W.; Qu, L.; Guo, W.; Peng, X. *Chem. Mater.* **2003**, *15*, 2854-2860.
16) Murphy, J. E.; Beard, M. C.; Norman, A. G.; Ahrenkiel, S. P.; Johnson, J. C.; Yu, P.; Micic, O. I.; Ellingson, R. J.; Nozik, A. J. *J. Am. Chem. Soc.* **2006**, *128*, 3241-3247.
17) Nozik Arthur, J. *Nano Lett.* **2010**, *10*, 2735-2741.
18) Tachibana, Y.; Umekita, K.; Otsuka, Y.; Kuwabata, S. *J. Phys. Chem. C* **2009**, *113*, 6852-6858.
19) Borman, C. D.; Dobbing, A. M.; Salmon, G. A.; Sykes, A. G. *J. Phys. Chem. B* **1999**, *103*, 6605-6610.
20) Impellizzeri, S.; Monaco, S.; Yildiz, I.; Amelia, M.; Credi, A.; Raymo, F. M. *J. Phys. Chem. C* **2010**, *114*, 7007-7013.
21) Priyadarsini, K. I.; Dennis, M. F.; Naylor, M. A.; Stratford, M. R. L.; Wardman, P. *J. Am. Chem. Soc.* **1996**, *118*, 5648-5654.
22) Rao, P. S.; Hayon, E. *J. Phys. Chem.* **1973**, *77*, 2753-2756.
23) Chan, M. S.; Bolton, J. R. *Sol. Energy* **1980**, *24*, 561-574.
24) Zamponi, S.; Czerwinski, A.; Marassi, R. *J. Electroanal. Chem. Interfacial Electrochem.* **1989**, *266*, 37-46.
25) Kuczynski, J. P.; Milosavljevic, B. H.; Thomas, J. K. *J. Phys. Chem.* **1984**, *88*, 980-984.
26) Landes, C.; Burda, C.; Braun, M.; El-Sayed, M. A. *J. Phys. Chem. B* **2001**, *105*, 2981-2986.
27) Matsumoto, H.; Uchida, H.; Matsunaga, T.; Tanaka, K.; Sakata, T.; Mori, H.; Yoneyama, H. *J. Phys. Chem.* **1994**, *98*, 11549-11556.
28) Tachibana, Y.; Umekita, K.; Otsuka, Y.; Kuwabata, S. *J. Phys. D : Appl. Phys.* **2008**, *41*, 102002/102001-102002/102005.
29) Kavan, L.; Grätzel, M. *Electrochim. Acta* **1995**, *40*, 643-652.
30) Saji, T.; Yamada, T.; Aoyagui, S. *J. Electroanal. Chem. Interfacial Electrochem.* **1975**, *61*, 147-153.
31) Murayama, M.; Mori, T. *Jpn. J. Appl. Phys., Part 1* **2006**, *45*, 542-545.
32) Boschloo, G.; Lindstrom, H.; Magnusson, E.; Holmberg, A.; Hagfeldt, A. *J. Photochem. Photobiol. A* **2002**, *148*, 11-15.

1.2 ショットキー太陽電池

沈　青*

1.2.1 はじめに

　ショットキー型太陽電池は金属－半導体界面におけるショットキー接合を利用するもので，非常に単純な構造で形成できる太陽電池である。そのようなショットキー接合を用いたコロイド量子ドット太陽電池は，溶液プロセスにより作製されたコロイド量子ドットを適用することで，低コスト化が期待されている[1]。ショットキー型量子ドット太陽電池が注目される主な理由は2つがある。1つは，コロイド量子ドットが分散されている溶液からのスプレーコーティングやインクジェットプリントにより簡便に作製可能であること。もう1つは，太陽電池の光吸収体となる量子ドット層が100nmほどと非常に薄いことである。

　図1に典型的なショットキー型量子ドット太陽電池の構造を示す。この太陽電池は金属とp型半導体量子ドット薄膜から形成され，その界面でのバンドベンディングによって働く。電子吸引性接触からp型量子ドット層への電荷移動により生じるバンドベンディングが，空乏領域を生み出す。結果として生じるショットキーバリアは，デバイスから電子を引き抜くのに有利に働く一方，ホール抽出に関しては障壁として働く[2]。これらのデバイスの動作において，電荷・キャリア輸送の観点から，ドリフトと拡散が重要な役割を担っている。

　太陽電池の高効率を達成するためには，キャリアが再結合してしまう前に電子とホールを抽出

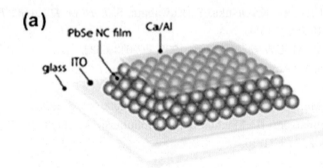

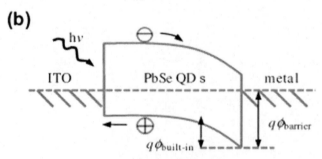

図1　ショットキー太陽電池の模式図(a)構成図(b)バンド図[3]

＊　Qing Shen　電気通信大学　大学院情報理工学研究科　先進理工学専攻　助教

第3章 太陽電池への応用

する必要がある。実験結果より，キャリアの移動度はせいぜい $2\times10^{-3}\mathrm{cm^2/Vs}$ であれば，ショットキー型量子ドット太陽電池の性能を引き出すことが可能であることがわかった。そのため，ショットキー型量子ドット太陽電池は大きな注目を浴びている。

これまでに，ショットキー型量子ドット太陽電池デバイスは明らかな欠点がいくつかある。1つは，多くの少数キャリア（ここでは電子）が，目的地となる電極に到達するまでに，膜全体を移動せねばならず，それ故に再結合の可能性が高くなること。もう一つは，金属と半導体の界面での欠陥状態によってフェルミ準位が固定（pinning）され，しばしば開放電圧が制限されてしまうことである。デバイスの構造により決定される開放電圧が制限されてしまうことは大きな課題である。

以下では，ショットキー型量子ドット太陽電池の重要な構成要素の光吸収材であるp型半導体量子ドット膜およびその表面修飾に用いたリガンドに注目して，実例とともに詳しく述べる。

1.2.2 光吸収材

ショットキー型太陽電池では金属とショットキー接合を形成するp型半導体量子ドット膜に光が吸収される。光吸収によりp型半導体量子ドット内で発生した電子と正孔は，それぞれショットキー接合を形成する金属と量子ドット膜の基板である透明導電性ガラス（ITOやFTO）に輸送される（図1(b)）。現在，ショットキー型量子ドット太陽電池の多くは，Si[4]，CdTe[5]，PbS[6,7]，PbSe[8]といった，近赤外光を吸収するナノ材料を光吸収材として使用されている。特に，光吸収材の多くが鉛カルコゲナイド量子ドットであることも見逃せない。主要な鉛カルコゲナイドは励起子ボーア半径が大きいこと（PbS：18nm；PbSe：47nm）がその理由である。ボーア半径が大きいほど電子は非局在化し，量子ドット間の電気的な結合はより強固なものとなる。結果として，量子ドット表面でのトラップの軽減や電荷輸送の促進につながる[3]。これらの光吸収材は，量子ドットのコロイド溶液をスピンコーティング，インクジェットプリント，ディッピングすることにより基板に吸着される。一例として，CdTeナノロッドショットキー型太陽電池を挙げる[3]。この太陽電池はこの分野においてほぼ最大の効率を示しており，以下でその詳細について述べる。

まず，CdTeナノロッドコロイド（$5\times2\mathrm{nm^2}$）を透明導電性ガラス（ITO）上にスピンコートすることにより，光吸収膜が形成される。得られたCdTe膜を$CdCl_2$で覆い，400℃で焼結，余分な$CdCl_2$を洗い流した後に，Alを蒸着した。CdTeはドープによりn型にもp型にもなることが可能であるが[9]，本デバイスに用いたCdTeナノロッドはp型であった。

CdTeナノロッド吸着膜の作製プロセスにおいては，$CdCl_2$蒸気下の熱処理したため，CdTeナノロッドのサイズが増大することが報告されている[10~14]。このような粒径増大により，粒子間のエネルギー障壁が取り除かれることが期待される[15]。最終的な粒径は50~100nmとなった。他の真空堆積法で見られる粒径に比べて，この作製法で見られる粒径はおよそ一桁小さい。これは，真空堆積法により吸着されたCdTeが，$CdCl_2$処理前で，すでにマイクロスケールの粒子であったためである[13]。

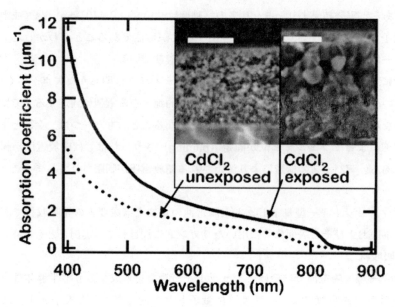

図2 CdTeショットキー太陽電池における，CdCl$_2$処理前と処理後の光吸収スペクトル[5]

図2に，CdCl$_2$処理前後のCdTeナノロッド吸着膜の光吸収スペクトルを示す。図2に示すように，CdCl$_2$処理により光吸収スペクトルが変化した。まず，量子閉じ込め効果の軽減による光吸収のレッドシフトが観察される。そして，全体の光吸収強度の向上が見られる。これは，熱処理の前とその後で，CdTeナノロッドの状態が変わったことに関係すると考えられる。すなわち，CdTeナノロッドが，熱処理前の弱い量子閉じ込めにある状態から，熱処理後のバルク状態へ変化したということである。CdTeがバルク状態となることで，バンドギャップが減少し，光吸収のレッドシフトが引き起こされる。また，CdCl$_2$処理は外部量子効率（EQE）の向上にも影響する。CdTe/Al界面から離れたところで発生した励起電子は，CdTe/Al界面付近で発生した励起電子に比べ，移動距離が長く，再結合しやすい。この再結合がEQE損失の要因となってしまう。ところが，本節でも紹介したように，熱処理により粒径の増大が起きる。この粒径の増大により，膜の密度が大きくなり，励起電子が移動すべき距離が短縮される。その結果，キャリアの収集率が向上し，特に長波長領域でのEQEに向上が見られる。このような効果は本デバイス以外にも，Ringelらによっても報告された[16]。

作製されたCdTeショットキー型太陽電池の電流－電圧（I-V）特性を図3aに示す。I-V特性はAM1.5G, 100mWcm^{-1}の条件で測定された。短絡電流密度は21.6mA/cm^{2}で，開放電圧は540mVで，変換効率は5.3％であった[3]。このデバイスのCdTeの膜厚は360nmであり，これは少数キャリア拡散長のオーダーと一致する。したがって，高い確率でのフォトン収集と膜厚方向全体での少数キャリア輸送が達成される。また，図3bの容量-電圧特性より，このデバイスがショットキーバリアを形成していることが確認できる。Mott-Schottoky解析より，内蔵ポテ

第3章　太陽電池への応用

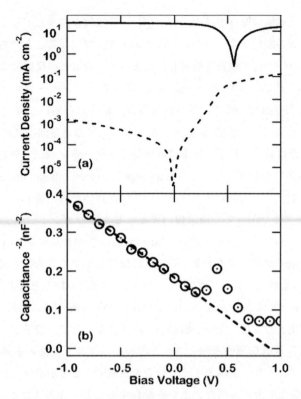

図3　CdTeショットキー型太陽電池の(a)光照射下及び暗所での電流−電圧特性(b)暗所での容量−電圧特性[5]

ンシャル（built-in potential），空乏層の幅，キャリア密度を見積もることができる。空乏領域の容量 C は，アクセプター密度 N_a と内在ポテンシャルより，以下のように（式(1)）計算される[5]。

$$\frac{1}{C^2} = \frac{2}{A^2 e \varepsilon_o \varepsilon N_a}\left(\phi_{\text{built-in}} - \frac{k_B T}{e} - V\right) \quad (1)$$

ここで A はデバイス面積，V は印加電圧，N_a はアクセプター密度，ε は真空の誘電率，ε_o は半導体の静的誘電率である。図3b に示されるように，式(1)のフィッティングを行い，キャリア密度は $7 \times 10^{16} \text{cm}^{-3}$ と計算できる。

1.2.3　リガンドの選択

ショットキー型量子ドット太陽電池の光電変換機能を向上させるために，量子ドットの表面修飾のためのリガンドの選択は重要な課題である。一般的に，コロイド量子ドット（例えばPbS，PbSe）を用いた太陽電池は空気と反応してしまうため，作製や評価は不活性な環境の下で行う必要がある[17〜19]。しかしながら，不活性状況下でのセル作製はセルの高コスト化や作製手順の複雑さをもたらす。空気がコロイド量子ドット太陽電池にもたらす影響は2つ考えられる。1つは，空乏領域の厚さの減少である。コロイド量子ドットが酸化されると，p型ドーピングが進行

する。その結果，空乏領域の厚さの減少につながり，光電流が減少してしまう。もう1つは，コロイド量子ドット表面の酸化が電子にとっては深いトラップになることである。これらのトラップは再結合中心となり[20]，電子輸送を妨害してしまう[21]。空気との反応によりもたらされるこれらの影響を克服するために，リガンド（ligands）によるパッシベーションが有効であることがDebnathらにより報告されている[22]。Debnathらは，結合力の弱いリガンドの代わりに結合力の強いリガンドを用いることでPbSショットキー太陽電池の効率向上に成功した。高分散でよくパッシベートされたコロイド量子ドットにはオレイン酸（oleic acid）やトリオクチルホスフィン／トリオクチルホスフィン酸化物（trioctylphosphin/trioctylphosphine oxide）などの有機リガンドが用いられるが[23]，これらのリガンドは分子鎖が長いため，量子ドット薄膜内での効率的な電荷輸送を妨げる。したがって，通常短いキャッピングリガンド（capping ligands）交換が行われる。この際用いられるブチルアミン（butylamine）[24]やピリジン（pyridine）[25]は，結合力が弱く，空気中の酸素や水がコロイド量子ドットに作用しやすくなると考えられる。この様な仮定の下，Debnathらは結合力の強いリガンドが，空気との反応を防ぐと考えた。DebnathらはPbS量子ドットのリガンドとしてN-2,4,6,-trimethylphenyl-N-methyldithiocarbamate（TMPMDTC）[26]を選択した。選択理由としては，(1)分子鎖が小さく共役なことで，量子ドットが基板に吸着され薄膜に形成する際に，電気伝導性を向上させるためのリガンド交換の必要がないこと；(2)量子ドット表面と強力なチオール−金属カチオン結合を形成することが挙げられる。

　TMPMDTCは二硫化炭素と適切なアミンを混合することで作製された。TMPMDTCを用いたPbS量子ドットのリガンド交換は，室温で，TMPMDTCをオレイン酸により修飾されたPbS量子ドットに混合することで行われた。図4Aより，オレイン酸により修飾されたPbS量子ドットの吸収スペクトルは，923nmで最大の励起子吸収ピークを示した。これに対して，TMPMDTCで4時間リガンド交換を行ったPbS量子ドットでは，吸収ピークは880nmへブルーシフトし，ピーク幅は大幅に増大した。励起子吸収のブルーシフトはリガンド交換中にPbS量子ドットの部分的なエッチングが起こったことに起因すると考えられる。一方，ブロードな励起子吸収ピークは，PbS量子ドットのサイズ分布が多分散になったことに起因すると，以前に報告されていた[27]。図4BのIRスペクトルより，大部分のリガンドが交換されたことがわかる。

　TMPMDTC修飾されたPbS量子ドットは，あらかじめ洗浄されたITO上に，大気中で1層ずつ堆積された[28]。堆積方法としてはスピンコート法が用いられ，1層あたりの膜厚が33nmの計7層の膜が形成された。その後，PbS量子ドット表面に電極を蒸着する前に，熱的な蒸着により，厚さ0.8nmのLiF層が形成された。このようなLiF層は，PbS量子ドットと金属電極の間のショットキー接合の質を向上させると考えられる。図4Dの太陽電池デバイス断面のTEM像から，PbS量子ドット膜は緻密かつ亀裂の無い構造となっていることがわかる。このように作製された膜のキャリア密度は$4\times10^{16}cm^{-3}$で，空乏領域の厚さは220nmと求められた。以前に報告された結果[29]と比べて，キャリア密度は3分の1に減少し，空乏領域は50%増大した。作製されたセルのI-V特性を図5Aに示す。99.8mW/cm^2，AM1.5Gの太陽光照射下で，開放電圧

第3章 太陽電池への応用

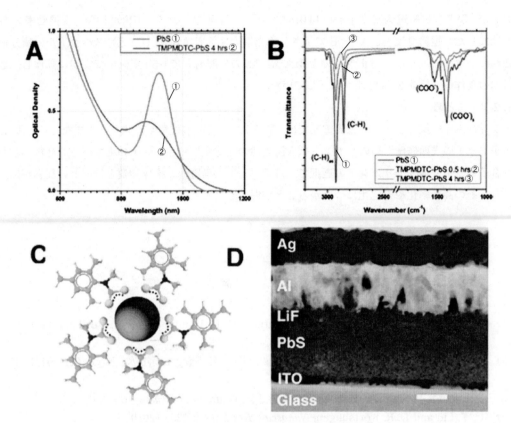

図4 (A) TMPMDTC リガンド交換前と交換後の PbS 量子ドットの光吸収スペクトル；(B) TMPMDTC リガンド交換前と交換後の PbS 量子ドットの FTIR スペクトル；(C) TMPMDTC リガンドによる PbS 量子ドットのパッシベーションの概念図（灰色：PbS 量子ドット；青：窒素；青緑：カーボン；白：水素）；(D) PbS ショットキー太陽電池の断面の TEM像[22]

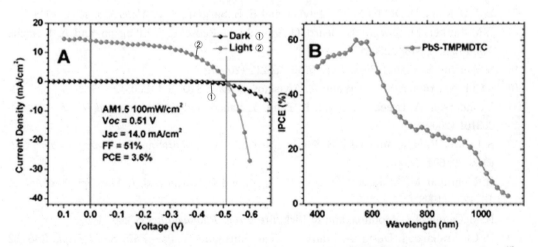

図5 PbS ショットキー太陽電池の(A)電流－電圧特性と(B)光電流量子変換効率（IPCE）スペクトル[22]

Vocが0.51V，短絡電流密度Jscが14.0mA/cm^2，フィルファクターFFが51%，変換効率3.6%を達成した。短絡電流Jscは図5Bで示される光電流量子変換効率（IPCE）スペクトルの積分値と概ね一致する。また，封止無しのセルはAM1.5の光照射下で0.5h空気中で安定に動作し，数時間の動作後では約20%性能が低下していた。

1.2.4 まとめ

ショットキー型量子ドット太陽電池では，量子ドット（その種類や形状とサイズなど）と共に，量子ドットの表面修飾ためのリガンドは太陽電池の光電変換特性の向上の鍵である。今後，新たな量子ドットの導入やリガンドの選択で，量子ドット太陽電池の構成物質と空気との反応が抑えられ，その高効率化や安定化につながることが期待される。

文　　献

1) M. Law, M. C. Beard, S. Choi, J. M. Luther, M. C. Hanna, and A. J. Nozik, *Nano Lett.* **8**, 3904 (2008).
2) J. P. Clifford, K. W. Johnston, L. Levina, and E. H. Sargent, *Appl. Phys. Lett.* **91**, 253117 (2007).
3) S. Emin, S. P. Singh, L. Han, N. Satoh, and A. Islam, *Solar Energy* **85** (2011).
4) C. Y. Liu and U. R. Kortshagen, *Nanoscale Res Lett.* **5**, 1253 (2010).
5) J. D. Olson, Y. W. Rodriguez, L. D. Yang, G. B. Alers, and S. A. Carter, *Appl. Phys. Lett.* **96**, 242103 (2010).
6) J. Tang, X. Wang, L. Brzozowski, D. A. R. Barkhouse, R. Debnath, L. Levina, and E. H. Sargent, *Adv. Mater.* **22**, 1398 (2010).
7) E. J. D. Klem, D. D. MacNeil, L. Levina, and E. H. Sargent, *Adv. Mater.* **20**, 3433 (2008).
8) J. M. Luther, M, Law, M. C. Beard, Q. Song, M. O. Reese, R. J. Ellingson, and A. J. Nozik, *Nano Lett.* **8**, 3488 (2008).
9) S. Wei and S. Zhang, *Phys. Rev. B* **66**, 155211 (2002).
10) I. Gur, N. Fromer, M. Geier, and A. Alvisatos, *Science* **310**, 462 (2005).
11) I. Anderson, A. Breeze, J. Olson, L. Yang, Y. Sahoo, and S. Carter, *Appl. Phys. Lett.* **94**, 063101 (2009).
12) S. Lalitha, R. Sathyamoorthy, S. Senthilarasu, and A. Subbarayan, *Sol. Energy Mater. Sol. Cells* **90**, 694 (2006).
13) H. Moutinho, M. Al-Jassim, D. Levi, P. Dippo, and L. Kazmerski, *J. Vac. Sci. Technol. A* **16**, 1251 (1998).
14) B. McCandless, L. Moulton, and R. Birkmire, *Prog. Photovoltaics* **5**, 249 (1997).
15) R. Chakrabarti, J. Dutta, A. Maity, S. Chaudhuri, and A. Pal, *Thin Solid Films* **288**, 32 (1996).

16) S. Ringel, A. Smith, M. MacDougal, and A. Rohatgi, *J. Appl. Phys.* **70**, 881 (1991).
17) W. Ma, J. M. Luther, H. M. Zheng, Y. Wu, and A. P. Alvisatos, *Nano Lett.* **9**, 1699 (2009).
18) E. H. Sargent, *Adv. Mater.* **20**, 3958 (2008).
19) J. J. Choi, Y. F. Lim, M. B. Santiago-Berrios, M. Oh, B. R. Hyun, L. F. Sung, A. C. Bartnik, A. Goedhart, G. G. Malliaras, H. D. Abruna, F. W. Wise, and T. Hanrath, *Nano Lett.* **9**, 3749 (2009).
20) D. A. R. Barkhouse, A. G. Pattantyus-Abraham, L. Levina, and E. H. Sargent, *ACS Nano* **2**, 2356 (2008).
21) G. Konstantatos, L. Levina, A. Fischer, and E. H. Sargent, *Nano Lett.* **8**, 1446 (2008).
22) R. Debnath, J. Tang, D. A. Barkhouse, X. Wang, A. G. Pattantyus-Abraham, L. Brzozowski, L. Levina, and E. H. Sargent, *J. Am. Chem. Soc.* **132**, 5952 (2010).
23) C. B. Murray, D. J. Norris, and M. G. Bawendi, *J. Am. Chem. Soc.* **115**, 8706 (1993).
24) K. W. Johnston, A. G. Pattantyus-Abraham, J. P. Clifford, S. H. Myrskog, D. D. MacNeil, L. Levina, and E. H. Sargent, *Appl. Phys. Lett.* **92**, 15115 (2008).
25) I. Gur, N. A. Fromer, and A. P. Alivisatos, *Science* **310**, 462 (2005).
26) C. Querner, P. Reiss, J. Bleuse, and A. Pron, *J. Am. Chem. Soc.* **126**, 11574 (2004).
27) T. Hanrath, D. Veldman, J. J. Choi, C. G. Christova, M. M. Wienk, and R. A. Janssen, *ACS Appl. Mater. Interfaces* **1**, 244 (2009).
28) J. M. Luther, M. Law, Q. Song, C. L. Perkins, M. C. Beard, and A. J. Nozik, *ACS Nano* **2**, 271 (2008).
29) K. W. Johnston, A. G. Pattantyus, J. P. Clifford, S. H. Myrskog, S. Hoogland, H. Shukla, E. J. D. Klem, and E. H. Sargent, *Appl. Phys. Lett.* **92**, 122111 (2008).

1.3 空乏ヘテロ型

沈 青*

1.3.1 はじめに

空乏ヘテロ型太陽電池 (Depleted-Heterojunction Solar Cells：DHSC) は，一種のp-n接合太陽電池である。従来のシリコンなどのp-n接合太陽電池と異なる点は，p型半導体とn型半導体にそれぞれ異種の半導体材料を適用したp-nヘテロ接合を利用していることである。また，光吸収材に半導体量子ドット (QD) を用いることで，従来型と異なる性質を持つ高効率次世代太陽電池の一角として注目を浴びている。DHSCは増感型やショットキー型と同様，コロイド量子ドット (CQD) を用いており，複雑な製造プロセスを必要としない。そのため，低コスト・低環境負荷の太陽電池としても期待が寄せられている。全固体型の太陽電池であるため，液体電解液を使う増感型より安定性に優れ，また同じ全固体型のショットキー太陽電池を超えるエネルギー変換効率が期待されており，活発に研究が進められている。近年では2010年にSargentらのグループにより変換効率5.1%が達成されている[1]。本節では，半導体量子ドットを用いたDHSCの特徴や動作原理と現在の研究の動向などを交えながら紹介していく。

1.3.2 構造

DHSCの構造は光を入射させる透明導電性ガラス (TCO) 側から順に，n型半導体，p型半導体，金属電極の4層構造になっている。n型半導体には可視光を吸収しないTiO_2やZnOなどのワイドギャップ酸化物半導体が，p型半導体には可視光や赤外光に応答を持ち，サイズに依存して光吸収スペクトルが変化するという特異な性質を持つ半導体量子ドットが適用されている。この2種類の異なる半導体間の接合がヘテロ接合と呼ばれ，DHSCの名前の由来ともなっている。DHSCのデバイスの構造の一例を図1に示す。TCO基板にITOガラス，n型半導体にZnOナノ粒子，p型半導体にPbSe量子ドット，金属電極にAuを用いている。以後，このDHSCセルを表現する際，ITO/ZnO/PbSe/Auと表記する。

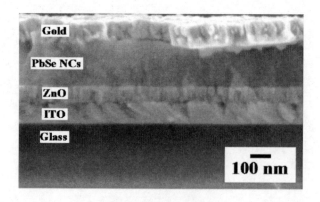

図1 空乏ヘテロ型太陽電池 (ITO/ZnO/PbSe/Au) の断面SEM像[5]

---

* Qing Shen 電気通信大学 大学院情報理工学研究科 先進理工学専攻 助教

第3章 太陽電池への応用

1.3.3 動作原理

　DHSCの太陽光エネルギーを電気エネルギーに変換する仕組みは従来のp-n接合太陽電池のものと類似している。DHSCのデバイス構造図とエネルギーバンド図を図2(b)に示す[1]。比較のため，コロイド量子ドットを用いたショットキー型(a)，増感型(c)のエネルギーバンド図を示す。コロイド量子ドットを用いた太陽光はTCO基板側から入射し，n型半導体層を透過し，p型半導体層に入る。p型半導体層では入射された太陽光を吸収することで，電子・正孔対が生成される。この時，電子と正孔はn型・p型界面で生じる内部電場によって分離され，電子はn型層を通してTCO基板に，正孔はp型層を通して金属電極へと輸送される。その後，それぞれのキャリアが外部回路に渡り，電流として取り出されることで太陽電池として機能する（図2(b)）。このようにp型層は光吸収層と正孔輸送層として，n型層は電子輸送層としての役割を持つ。図2(a)のショットキー型の場合では，高い短絡電流密度J_{sc}が得られるが，フィルファクターFFと開放電圧V_{oc}が低い。これは，量子ドットに励起されたホールは低いショットキーバリアを超えて金属電極に移動することも可能であると考えられる。一方，増感型の場合では，高いFFとV_{oc}が得られるが，ナノ構造TiO_2表面でのコロイド量子ドットmonolayerの吸着のため，高いJ_{sc}を得ることは難しい。しかし，DHSCの場合では，高いFFとV_{oc}と共に，高いJ_{sc}の獲得も実現できる。これらの詳細ついては，1.3.4で述べる。また，ショットキー太陽電池では，電子は金属電極側，正孔はTCO基板へと輸送されるため，DHSCと増感型はショットキー型とは反対の極性を持つことも一つの特徴である。

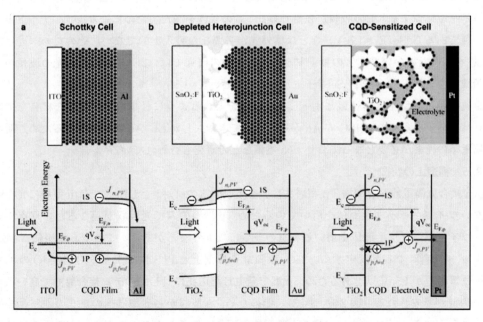

図2　3種類のコロイド量子ドット太陽電池の構造図とエネルギーバンドの比較[1]。
(a)ショットキー型；(b)空乏ヘテロ型；(c)増感型

量子ドット太陽電池の最前線

1.3.4 太陽電池材料

透明導電性ガラス（TCO ガラス）には色素増感太陽電池で使用される FTO ガラスや ITO ガラスが適用されている。これは太陽光を取り入れる窓として透過率が高く、反射を極力抑えたものが好ましい他、電流を流しやすいシート抵抗の低いものを用いるのがよい。また、耐熱性、耐薬品性の高いものもあり、用途に応じて適切なものを使用する。

n 型半導体層には多くの場合、ワイドギャップ酸化物半導体である TiO_2[1~3]や ZnO[4~6]が使用される。また、構造としては、ナノ粒子などの表面積の大きい形態をとり、光吸収材である量子ドットの堆積量と2種の半導体間の接触面積を増やす工夫が成されている。これにより、光吸収量の増大と効率的な電荷分離を促進することが期待される。様々な塗布方法が存在するが、ペースト状にしたものを TCO 基板に塗布し、焼結することで作製される。

p 型半導体層にはカルコゲナイド系半導体のコロイド量子ドットを使用している。コロイド量子ドットは n 型半導体層上に直接吸着法やスピンコーティング法、ディッピング法により吸着される。カルコゲナイド系の中でも PbS[1~4,7]や $PbSe$[5,6]などバンドギャップ E_g（量子ドットの LUMO と HOMO のエネルギー差）が 1eV 以下の小さなものが好まれている。これは E_g が小さいものの方が幅広い光吸収領域を持ち、光吸収スペクトルが赤外にまで広がる太陽光を十分に吸収することができるからである。また、多重励起子生成（MEG）発現の可能性を秘めている点も魅力的である。MEG は、一つのフォトンに対し、二つ以上の励起子を生成し、フォトンを電子に変換する量子効率が 100% を超えるという現象である。量子ドットでは、MEG が効率的に発現することが預言されている[6]。MEG を発現させるために、量子ドットの E_g の2倍以上のエネルギーを持つフォトンの吸収が必要である。この条件を満たすために、カルコゲナイド半導体の一種である $CdSe(E_g=1.7eV)$ などは紫外光が必要なため現実的でない。そのため、近年では MEG を狙うためのほとんどの量子ドット太陽電池の研究では、$2E_g$ に対応する光の波長が可視光領域に含まれる PbS や PbSe 量子ドットが使用されている。

金属電極は p 型半導体材料とオーミック接触をとれるように仕事関数が大きな材料を選ばなければならず、多くの DHSC で Au が用いられてきた。しかし、Au は高価であるため、新たな金属電極の模索が必要となっており、Ni 電極などの研究も行われている[2]。

1.3.5 構造上の特徴

p-n 接合太陽電池が p 型層、n 型層共に光を吸収するのに対し、DHSC では n 型層に光を吸収しないワイドギャップ半導体を用いているため、p 型層のみで光吸収が起こるという点で異なる。ワイドギャップ半導体を用いる利点の一つに以下のことがある。ここで p 型層には PbS 量子ドットを適用すると仮定する。TiO_2 の価電子帯頂上と PbS 量子ドットの HOMO のエネルギー位置の差が 1.5eV 以上あるため、p 型で発生した正孔に対してヘテロ接合界面で高いエネルギー障壁が形成される（図2(b)、図3）。そのため、p 型層から n 型層への正孔の逆移動を抑制することができる。これは p-n 接合太陽電池や図2(a)に示したショットキー太陽電池にはない特徴であるため、DHSC のデバイス構造の有利な点であると言える。

第3章　太陽電池への応用

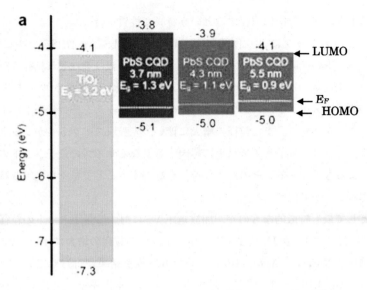

図3　TiO$_2$/PbS量子ドットにおける電子のエネルギー図[3]

　ショットキー太陽電池の問題として，少数キャリア（ここでは電子）の輸送の問題があった。電子・正孔対が最も形成されやすいのは光の入射側である。光はセル内を進入していくほど光吸収材に吸収され，強度が落ちるためである。ショットキー型の場合，電子・正孔対が最も多く生成される場所は電子が到達しなければならない。金属電極とは反対側のTCO基板側である。つまり，p型半導体にとって少数キャリアである電子は，電流に寄与するためにその膜厚分で再結合せずに輸送されなくてはいけないのである（図2(a)）。一方，DHSCではn型層との界面近くで電子・正孔対は多く生成されるので，その付近で生じる電界によって即座に電子と正孔が分離され，電子はn型半導体に注入してしまう。そのためショットキー型より再結合の影響を受けにくく，効率的な少数キャリアの輸送を可能にしている。

　ショットキー太陽電池の開放電圧V_{oc}は金属電極とp型半導体のフェルミ準位の差で表される（図2(a)）。しかし，金属とp型半導体の界面での欠陥準位がフェルミ準位を固定してしまい，開放電圧V_{oc}を制限してしまうという欠点がある。一方，DHSCの場合，V_{oc}はn型とp型の半導体のフェルミ準位の差で出力される（図2(b)）。n型層とp型層の量子ドットの間の欠陥は溶液プロセスで量子ドットを吸着させる際にパッシベーションされるため，フェルミ準位の固定が起こらないと考えられている[1~2]。そのため，DHSCはショットキー型より大きな開放電圧を有する。

　以上のことから，同じ全固体型コロイド量子ドット太陽電池であるショットキー型太陽電池に対し，DHSCデバイス構造は太陽電池として大きな優位性を持つと考えられる[1]。

1.3.6　コロイド量子ドットの粒径依存性

　DHSCのp型層にコロイド量子ドットを適用した場合，通常のp-n接合太陽電池とは異なり，

光電変換特性が量子ドットの粒径に依存するという特異な性質を持つ。

図4にSargentらのグループにより作製したFTO/TiO$_2$/PbS/Au DHSCセルに用いられたPbSコロイド量子ドットの光吸収特性を示す[1]。青,赤,緑の曲線はそれぞれ粒径3.7nm, 4.3nm, 5.5nm（E_g=1.3eV, 1.1eV, 0.9eV）のPbS量子ドットの光吸収スペクトルである。すべてのPbS量子ドットの光吸収スペクトルにおいて，特定の波長でピークを持つ量子ドット固有の吸収特性を示していることが分かる。また粒径の増大に伴い，光吸収スペクトルがレッドシフトしていることが分かる。これは，量子サイズ効果に起因する異なるサイズの量子ドットのエネルギーギャップの違いによるものである。そのため，粒径を制御することで様々な光吸収特性を持った太陽電池を作製することが可能である。

DHSCの性質として最も特徴的なものが，開放電圧V_{oc}に対する量子ドットの粒径依存性である。Sargentらの報告（図4，表1）によると，量子ドットの粒径の増大に伴い，V_{oc}が減少することが分かる。また，NorrisとAydilらのグループも同様な結果が得られている（図5）。図5はITO/ZnO/PbSe/Au DHSCセルのV_{oc}に対するPbSeのバンドギャップE_gの依存性を示す[5]。

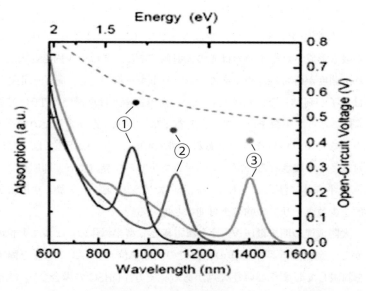

図4　PbSコロイド量子ドットの光吸収特性（曲線）と開放電圧V_{oc}（ドット）の粒径依存性。青①，赤②，緑③はそれぞれ粒径3.7nm, 4.3nm, 5.5nm（E_g=1.3eV, 1.1eV, 0.9eV）のPbS量子ドットの結果を示す[1]。

表1　FTO/TiO$_2$/PbS/Auの光電変換特性[1]

Quantum dot (diameter : E_g)	V_{oc} (V)	J_{sc} (mA/cm^2)	FF (%)	η (%)
PbS (3.7nm : 1.3eV)	0.51	16.2	58	5.1
PbS (4.3nm : 1.1eV)	0.45	13.2	35	2.1
PbS (5.5nm : 0.9eV)	0.38	11.3	21	0.93

第3章 太陽電池への応用

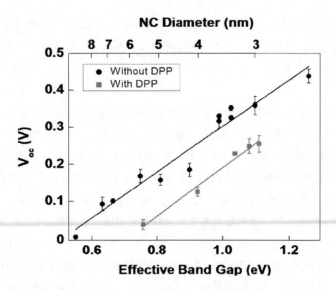

図5 ITO/ZnO/PbSe/Au DHSC セルにおける開放電圧 V_{oc} の PbSe 量子ドットの粒径及びバンドギャップの依存性[5]

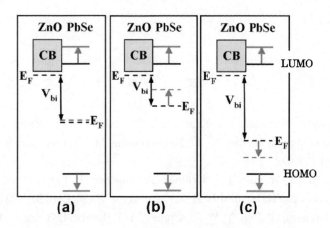

図6 3種類 PbSe 量子ドットの電子のエネルギー準位図[5]
(a)真性;(b)n 型;(c)p 型 矢印は粒径減少による PbSe 量子ドットの LUMO, E_F, HOMO 位置の変化

量子サイズ効果により，量子ドットのサイズ減少に伴って量子ドットのバンドギャップ E_g（すなわち，LUMO と HOMO 間のエネルギー差）が大きくなることはすでに述べた。そのバンドギャップに対して V_{oc} が線形的に増加することが見られる（図5）。つまり粒径の小さな量子ドットを用いるほど，V_{oc} を大きく出力することができる。

その理由について説明する。DHSC の V_{oc} は TiO_2 などの n 型半導体のフェルミ準位 $E_{F,n}$ と p 型半導体の量子ドットのフェルミ準位 $E_{F,p}$ の差で表すことができる（図2(b)）。p 型半導体の量子ドットの粒径を小さくすると LUMO と HOMO のエネルギー的位置も広がるのに加え，$E_{F,p}$

のエネルギー位置も低エネルギーにシフトする（図6(c)）。つまり，粒径の減少に伴い，$E_{F,n}$と$E_{F,p}$の差は広がりV_{oc}は増加する。これは電圧が異なる原理で出力されるショットキー型や増感型にはない大きな特徴である。

1.3.7 まとめ

この節では量子ドット太陽電池の一つである空乏ヘテロ型太陽電池の動作原理や特徴を述べた。コロイド量子ドットを用いているため，安価に作製できるという特徴を持っているが，変換効率としてはまだまだ改良の余地があるため，実用化には至っていない状況である。

量子ドット太陽電池の高効率化において，最も興味深く，最も期待が寄せられるの一つはMEGの発現による大電流の獲得である。しかし，最近までコロイド量子ドットを用いた太陽電池において，MEGが発現し，発生した多重キャリアを電流として取り出し，変換効率を向上させた例はなかった。2011年，NozikとBeardらのグループにより，PbSe量子ドットを使用したDHSCにおいて光電流量子効率（IPCE）が100%を超えるという報告がなされた[6]。これは増感型やショットキー型を含め，MEGが出現し電流に寄与したことを示唆する初めての報告例であり，DHSCが次世代太陽電池としての新たな可能性を示した発見でもあった。今後，多重キャリアを利用した超高効率太陽電池としての発展に期待をしたい。

文　　献

1) A. G. Pattantyus-Abraham, I. J. Kramer, A. R. Barkhouse, X. Wang, G. Konstantatos, R. Debnath, L. Levina, I. Raabe, M. K. Nazeeruddin, M. Gratzel, and E. H. Sargent, *ACS Nano.* **4**, 3374 (2010).

2) R. Debnath, M. T. Greiner, J. J. Kramer, A. Fuscher, J. Tang, D. A. R. Barkhouse, X. Wang, L. Levina, Z. -H. Lu, and E. H. Sargent, *Appl. Phys. Lett.* **97**, 023109 (2010).

3) T. Ju, R. L. Graham, G. Zhai, Y. W. Rodriguez, A. J. Breeze, L. Yang, G. B. Alers, and S. A. Carter, *Appl. Phys. Lett.* **97**, 043106 (2010).

4) J. M. Luther, J. Gao, M. T. Lloyd, O. E. Semonin, M. C. Beard, and A. J. Nozik, *Adv. Mater.* **22**, 3704 (2010).

5) K. S. Leschkies, T. J. Beatty, M. S. Kang, D. Norris, and E. S. Aydil, *ACS Nano* **3**, 3638 (2009).

6) O. E. Semonin, J. M. Luther, S. Choi, H. -Y. Chen, J. Gao, A. J. Nozik, and M. C. Beard, *Science* **334**, 1530 (2011).

7) B. -R. Hyun, Y. -W. Zhong, A. C. Bartnik, L. Sun, H. D. Abruna, F. W. Wise, J. D. Goodreau, J. R. Matthews, T. M. Leslie, and N. F. Borelli, *ACS Nano* **2**, 2206 (2008).

1.4 Extremely-Thin-Absorber (ETA) 型

八谷聡二郎*

1.4.1 概略

ETA型太陽電池はここ十数年で大きく研究が進んだ太陽電池の一つである。太陽電池セルの構成は図1に示すように固体型色素増感型と類似している。太陽電池の形式としてはp-i-n接合型で，p型，n型半導体は可視光から赤外領域に光吸収を持たず，数〜数十ナノメートルの極薄のi層が増感剤として光を吸収する。この極薄の増感剤の層がExtremely Thin Absorber (ETA) の名前の由来である。ETA型太陽電池の特徴は，無機化合物のみの全固体型太陽電池で安定性が高い，増感剤の作製方法が溶液プロセスのため従来のシリコン太陽電池よりも安価かつ簡便といった点であり，次世代の安価かつ高効率太陽電池として期待されている。

ETA型太陽電池の動作原理は図2に示すとおりである。光を極薄の増感剤が吸収することによって，生成した励起電子と正孔がそれぞれn型半導体で構成されている電子輸送層とp型半導体で構成されている正孔輸送層に注入される。注入されたキャリアは導電性電極を通じて外部回路へと流れ，外部で仕事をする。この時得られる理論電圧値の最大は従来のp-n接合型と同様で，n型半導体とp型半導体それぞれのフェルミ準位の差で決定される。図2に示す$E_{F,n}$，$E_{F,p}$をそれぞれn型，p型半導体のフェルミ準位とするとその差はqVに相当し，Vが最大の理論電圧値となる。

ETA型セルの構造を光照射側から順に見てみると，透明伝導性ガラス，電子輸送層，増感剤層，正孔輸送層，金属電極となっている（以後実際のセルの表記は電子輸送層／増感剤層／正孔輸送層／金属電極とする）

光照射側から順に個々の構成要素を見てみると，透明導電性ガラスには色素増感太陽電池などで広く普及しているFTOもしくはITOが使用されている。電子輸送層には，n型の酸化物半導体であるTiO$_2$，ZnOなどが使用されている。これらの酸化物半導体も色素増感太陽電池によく用いられている。電子輸送層の形態はいくつか報告されているが，一般的であるのは，酸化物半

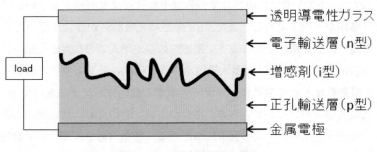

図1 ETA型太陽電池の構造

* Sojiro Hachiya 電気通信大学大学院 先進理工学専攻 産学官連携研究員

導体のナノ粒子ペーストを塗布，焼結して作製される多孔質構造である。ナノ粒子系以外にはナノチューブやナノロッド，ナノワイヤーといった規則的に配列した構造の基板の報告例もある。

増感剤の種類は代表的なものとしてCdSやCdSeなどのII-VI族半導体やSb$_2$S$_3$，Cu$_{2-x}$S，In$_2$S$_3$などの硫化物系の半導体が報告されている。増感剤の作製方法は様々な報告例があり，ほとんどが化学反応により基板への直接吸着法がとられている。吸着方法の詳細については後述するが，列挙すると化学堆積吸着法（Chemical Bath Deposition, CBD），連続的イオン層吸着及び反応法（Successive Ionic Layer Adsorption and Reaction, SILAR），イオン層ガス反応法（Ion Layer Gas Reaction, ILGAR），電気メッキ法（Electrodeposition），電気化学原子層成長法（Electrochemical Atom Layer Deposition, ECALD）などの溶液製法が知られている。こういった溶液製法は真空プロセスを経ず，従来の太陽電池よりも安価に作製できる利点がある。

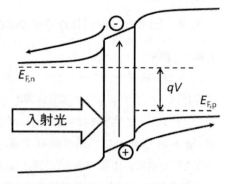

図2 ETA型太陽電池のバンド構造

正孔輸送層には銅系のCuI，CuSCNなどが報告されている。また，正孔輸送層に無機半導体ではなく有機物半導体を用いたセルも多く報告されているが，それらについては次節の無機・有機ヘテロ接合型で詳しく述べる。金属電極には導電製薄膜に真空蒸着した金が用いられている場合がほとんどである。以降の節ではそれぞれの構成要素について，特に増感剤に注力して，実例と共に詳しく述べる。

1.4.2 電子輸送層

電子輸送層の役割は電子を導電性ガラスまで輸送することの他に，増感剤で発生した励起子の電荷分離を促進させる，すなわち増感剤から電子輸送層への電子注入が起こること，そして増感剤の吸着サイトであることの二つである。増感剤から電子輸送層への電子注入が起きにくくなると，増感剤内での再結合が増加し，フィルファクターの低下，すなわち太陽電池の性能の低下につながる。そのため，ETA型で使用されている電子輸送層は表面積が大きいナノ構造を持ったn型の酸化物半導体が一般的である。また，ETA型は光吸収層が非常に薄いため単層では光吸収が不十分であるが，表面積の増加によって増感剤の量が増えこの欠点が克服されている。このようなことから表面積の増大はETA型太陽電池の効率向上にとても重要である。電荷分離が起こる要因は，p型半導体とn型半導体の界面で発生する強い電場によるものである[1]。よって電子輸送層と正孔輸送層が密に接している方が都合がよい。そのため，増感剤層の膜厚を厚くしすぎると，電荷分離がうまくいかず効率低下につながる。また，増感剤から電子輸送層への電子注入が起きるには，電子輸送層の伝導帯の下端が増感剤の伝導帯の下端（量子ドットならば最低非占有軌道，LUMO）よりも低くなければならず，電子輸送層の選択は増感剤との組み合わせにより決定される（図3）。しかしながら，伝導帯が低下するほどフェルミ準位が低下し，得られ

第3章　太陽電池への応用

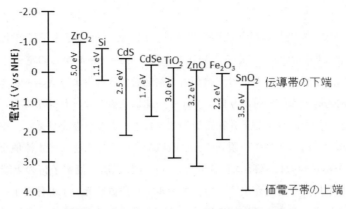

図3　各種半導体のバンドのエネルギー位置

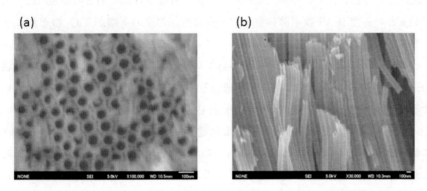

図4　TiO$_2$ナノチューブのSEM写真 (a) top view (b) side view

る電圧値が小さくなるため，報告されているほとんどのセルでは化学的に非常に安定なTiO$_2$，もしくは化学的な手法で様々な形態に変化させやすいZnOがよく用いられている。

　少数キャリアが発電に寄与するデバイスである太陽電池において，光励起したキャリアの損失が効率の低下に大きな影響を与える。電子輸送層内で生じるキャリア損失は，注入された電子が電子輸送層内の欠陥や表面準位にトラップされ，増感剤又は正孔輸送層内の正孔との再結合により生じる。そのため，n型半導体内の欠陥準位が少ない規則的な構造を持つTiO$_2$ナノチューブ[2]，TiO$_2$ナノロッド[3]，ZnOナノロッド[4]，ZnOナノワイヤー[5]などが電子輸送層に使用されている（図4）。また，キャリアの再結合は電子輸送層—増感剤層，電子輸送層—正孔輸送層などの界面で主に発生するため，電子輸送層の表面に極薄の障壁層やバッファ層を導入することで再結合を抑制し，変換効率を向上させることが可能である。バッファ層にはIn-OH-S層を導入したセルがよく報告されている[6]。In-OH-S層は化学堆積法で導入され，1ナノメートル以下の極薄の膜となっている。バッファ層の導入は，高効率なCIGS太陽電池等にも使われている手法であり，太陽電池の性能向上に重要な役割をなしている。

量子ドット太陽電池の最前線

1.4.3 増感剤

　増感剤の選択には，光吸収領域と伝導帯の下端（LUMO）及び価電子帯の上端（HOMO）の位置が非常に重要な問題となってくる。先述したとおり，増感剤からの電子，正孔輸送層へのキャリア注入には，増感剤の伝導帯の下端が電子輸送層の伝導帯より高エネルギー側に，価電子帯の上端が正孔輸送層の価電子帯より低エネルギー側に位置しなければならないためである。このことから増感剤の選択は電子，正孔輸送層の選択にも大きな影響を与える。狭いバンドギャップの半導体であれば，低エネルギー領域の光を吸収でき，より大きな光電流値を得られるが，それに合わせて電子輸送層の伝導帯の下端が低い（正孔輸送層の価電子帯の上端が高い）エネルギー位置の半導体を用いる必要が出てくる。エネルギー位置が低い半導体を用いると，得られる起電力が低下してしまうため，電流値を増加させたとしても効率が向上するとは限らない。こういった問題から，報告されている増感剤の種類はある程度限られているのが現状である。CdS，CdSe，CdTeといったII-VI族半導体量子ドットは，伝導帯の下端がTiO_2のそれよりも高いため，量子ドット増感太陽電池の系によく使われている化合物である。II-VI族量子ドット以外には，PbS，Sb_2S_3，$Cu_{2-x}S$，In_2S_3などが報告されている。以下に，増感剤の作製方法を説明する。

　CBD法は溶液プロセスの方法であり，形成溶液の濃度，温度，吸着時間を変化させることで吸着させる粒子の粒径を制御できる。この方法は古くからガラス上への薄膜形成に用いられており，ETA型のみならず，量子ドット増感型太陽電池の増感剤の作製にも適用されている。CBD法で特に報告が多いのはCdS[7]，CdSe[8]といったカドミウム系のII-VI族半導体であるが，残念ながらCdTeに関しての報告例はない。カドミウム系II-VI族半導体のCBD法については，前章に詳しく記述されているためここでは簡単に説明する。一般的に水溶液を溶媒とし，カドミウムイオン源となるカドミウム塩を溶解させた溶液と，反応させるカルコゲンイオン源（S^{2-}，Se^{2-}）となる溶液とを混合し，基板上で反応させるのが基本となる。この時，カドミウムイオンとカルコゲンイオンの溶液をそのまま混合すると形成反応が速く，粒径の制御ができないそこで，徐々に核形成とその後の核成長をさせるために，二つの手法がとられている。一つはカルコゲンイオンを化学反応によって徐々に生成し，カドミウムイオンと反応させる方法である。これはS^{2-}が発生させやすい硫化物系によく用いられており，発生源としてチオ尿素がよく使われている[7]。もう一つは，トリエタノールアミン等の弱いキレート剤でカドミウムイオンをキレートし，フリーのカドミウムイオンを減らして反応速度を遅らせる方法である。こちらの方法は反応で生成しにくいSe^{2-}を利用するときによく用いられている[8]。

　II-VI族半導体のほかにはSb_2S_3がCBD法で作製されている[9]。バルク状態の輝安鉱結晶のSb_2S_3のバンドギャップは約1.7eV（730nm）であり，バルク状態のCdSeのバンドギャップとほぼ同程度である。Sb_2S_3はまずCBD法によってアモルファス状のSb_2S_3を基板に吸着した後，熱処理を行うことで輝安鉱結晶として作製される。CBD法の条件はいくつかあるが，一例を挙げると$SbCl_3$をアセトンに溶解し，$Na_2S_2O_3$水溶液を加えた形成溶液に基板を浸漬させ，10℃で数時間置くことによりSb_2S_3が基板上に作製される。これを500℃で熱処理することで輝安鉱型

第3章 太陽電池への応用

の結晶構造となる。この際，空気中で熱処理をすることで表面上に酸化薄膜が形成され，バリア層として働くことが知られている。熱処理後の Sb_2S_3 の粒径は数十から数百ナノメートルとなのサイズでは量子サイズ効果が見られず，残念ながら量子ドットとしての性質はないが，$100mW/cm^2$ 照射下で，短絡電流密度 J_{SC}，開放電圧 V_{OC}，曲線因子 FF がそれぞれ $14.1mA/cm^2$，$0.49V$，48.8% で光電変換効率が 3.37% と ETA 型の中では高い値が報告されている（図5）[9]。Sb_2S_3 と同様に $Cu_{2-x}S$ も CBD 法で作製したセルの報告がされている[10]。Cu_2S のバンドギャップは約 1.2eV であり，可視光から近赤外までの幅広い光を吸収することが可能

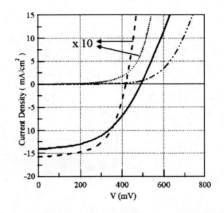

図5　$TiO_2/Sb_2S_3/CuSCN/Au$ 太陽電池の光電変換特性[9]

である。しかしながら，効率はまだまだ低く，作製方法や輸送層の選択といった改善の必要がある。今回紹介した Sb_2S_3 や $Cu_{2-x}S$ といった半導体は，カドミウムや鉛といった環境負担の大きい金属を用いていないことから，特にカドミウムや鉛への規制が厳しい日本企業の中で次世代太陽電池の増感剤として注目されつつある。

　もう一つの一般的な増感剤の作製方法に SILAR 法がある。SILAR 法でも II-VI 族半導体量子ドットが作成されているが，CBD 法同様，前章に詳しく述べられているので，本章では簡単に説明する。SILAR 法は基板を陽イオンと陰イオンの溶液に交互に漬けることで基板表面に望む化合物を作製する方法である。陽イオンには金属イオン，陰イオンにはカルコゲンイオンが用いられる。作製プロセスは，まず初めに基板を金属イオン源溶液に漬け，基板表面に金属イオンを付着させる。過剰なイオンが付着しているのでそれを純粋な溶媒で洗い流し，次のプロセスのカルコゲンイオン源溶液に漬ける。この時，基板表面で金属イオンとカルコゲンイオンが反応し化合物が生成する。このサイクル回数を変化させることで粒径の制御が可能となる。溶液は金属塩が可溶な水溶液またはメタノールやエタノールなどの短鎖アルコールが使用されている。なお，カルコゲンイオンに Se^{2-} イオンを用いた場合，容易に酸化反応が起きてしまうため，グローブボックス内で窒素置換をするなどして酸素を取り除いた状態で行わなければならない。多くの報告例は CdS[11]や $CdSe$[12]，その複合化であるが，$CdTe$[12]を作製した報告例もある。II-VI 族半導体以外には PbS[13]，In_2S_3[14]等が報告されている。PbS，In_2S_3 は CdS のカドミウムイオン源を各種イオン源に置き換えることで容易に作製できる。SILAR 法を用いて作製した $TiO_2/In_2S_3/CuSCN/Au$ 構造の ETA 型太陽電池は 2.3% の効率が報告されている。

　SILAR 法の類似型として ILGAR 法がある（図6）。SILAR 法では金属イオンを金属イオン源の溶液に浸漬させ基板に吸着した後，再度陰イオン源の溶液に漬け，基板表面で反応させていた。ILGAR 法は SILAR 法と同様に基盤を溶液に浸漬させて陽イオンを吸着させた後，陰イオンとの反応プロセスを気層中で行う方法である。ILGAR 法は陰イオン源に H_2S ガスを用いており，金

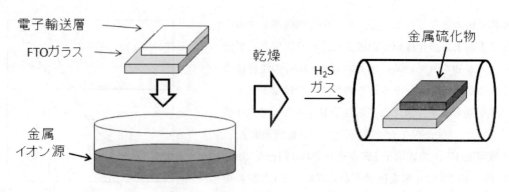

図6 イオン層ガス反応法（ILGAR）

属硫化物を作製するのに適している。ILGAR 法を用いて作製した ETA セルは $CuInS_2$[15]や In_2S_3[16]などが報告されている。溶液には SILAR 法と同様に水またはアルコールに金属塩を溶解させた溶液を使用し，基板を浸漬することで金属イオンを吸着する。基板を洗浄後窒素ガスなどの不活性ガスで乾燥させ，H_2S 蒸気を当てることで金属硫化物を生成させる。ILGAR 法も SILAR 法と同様にサイクル回数を制御することで粒径をコントロールすることが可能となる。

具体的な定義は存在しないが，ETA 型の増感剤は必ずしも量子ドットではなく，ある程度薄い膜（数十ナノメートル）であれば ETA 型と分類されている。II-VI 族半導体の作製方法において，電気メッキ法は数十ナノメートルの薄膜の増感剤を酸化物半導体基板に吸着するのに適した方法である。電気メッキ法は，基板と対極をポテンショガルバノスタットにつないで溶液に浸漬し，電極間に電位をかけることで基板表面に望む半導体膜を作製する方法である（図7）。作用極には増感剤を吸着させたい基板を使い，対極には電極自身の電気化学反応が起こりにくい白金やカーボン電極を使用する。溶液には前駆体となる化合物を溶解させておく。通常，半導体の金属イオンはカチオンであるため，基板を陰極として反応を行う。一例として CdS を作製する場合を以下に述べる[17]。形成溶液にはジメチルスルホキシドを溶媒として，Cd^{2+} 源に $CdCl_2$，S^{2-} 源にはSを用いる。電極表面でSが還元され S^{2-} イオンとなると共に，Cd^{2+} が電場によって溶液から電極表面に接近する。その結果，電極表面に CdS が形成される。溶液の種類や pH，印加電圧，時間などの様々な作製条件を変更することで作製される CdS の膜厚がコントロールできる。CdS の他に $CdSe$[18]，$CdTe$[19]などが報告されている。

電気メッキ法は薄膜形成に非常に有用な方法ではあるが，粒径制御や多孔質内への均一な被膜といった細部のコントロールには限界がある。TiO_2 ナノチューブに電気メッキ法で CdTe を吸着した場合，内部まで吸着せずに表層で膜が形成されてしまう[20]。これはカドミウムイオンが拡散によって供給されるため，表面での反応が優先的に発生するためである。ECALD 法はこういった問題点を改善した電気メッキ法の発展型である。ECALD の概略を図8に示した。従来の電気メッキ法では前駆体を溶解させた溶液を用いていたが，ECALD 法は基板を先に前駆体の溶液に漬け，電気メッキには支持電解質のみを溶解させた溶液を用いる。基板が多孔質構造をとっ

第3章　太陽電池への応用

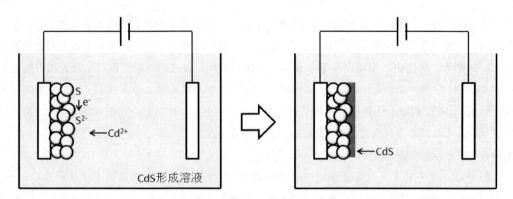

図7　電気メッキ法

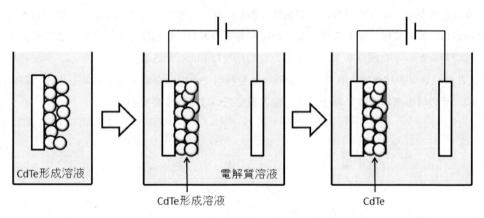

図8　電気化学原子層成長法（ECALD）

ているため，毛細管現象により多孔質内に先に漬けた溶液が残存している。残存溶液を利用して電気メッキ法を行うことで，細孔まで均一に吸着させることが可能となる。

　以上，いくつかの吸着方法について具体例を挙げて説明した。現状，最良の吸着方法というのは定まっておらず，増感剤の選択とその吸着方法はまだまだ模索段階である。

1.4.4　正孔輸送層

　ETA型の正孔輸送層は色素増感太陽電池に使用されているものとほぼ同じで，銅化合物系のCuSCN[21]，CuAlO$_2$[22]といったp型半導体が使用されている。これらのp型半導体はZnOやTiO$_2$と同様にバンドギャップが大きく可視光領域以下のエネルギーの光を透過し，ZnOやTiO$_2$などのn型半導体と接合すると界面で大きな内部電場が発生する。ETA型ではこの内部電場を利用して増感剤の光励起キャリアを取り出している。

　p型半導体を導入する際に価電子帯や伝導帯の位置なども重要であるが，最も問題となってくるのが，ナノ構造を持つ基板への浸透性である。前述したように，ETA型では色素増感太陽電池と同じ多孔質構造のTiO$_2$やZnO薄膜を基盤として用いている。こういった多孔質構造の内

部にまで固体の正孔輸送層を充填するのは難しく，すでに固体型の色素増感太陽電池でこの問題に直面し，様々な試みがなされている。CuSCN は溶液プロセスで基板に導入するため真空蒸着などに比べナノ構造中に充填が可能な p 型半導体であり，増感剤の節で例示した太陽電池もすべて CuSCN を用いている。CuSCN の作製方法は，n-プロピルスルフィドに CuSCN を溶解させ，飽和 CuSCN 溶液を作製し，約 80℃ のホットプレート上で加熱した基板へ吹き付けた後，乾燥させる。これにより基板表面に CuSCN の膜が形成される。

1.4.5 まとめと今後の展望

本節では，量子ドット太陽電池の一つである ETA 型の現状と各構成要素について述べた。ETA 型では，増感剤以外の構成要素は従来の固体型色素増感太陽電池に類似しており，その技術を利用したものが多いため，今回は特に増感剤に焦点を当てた。増感剤の選択や作製方法は未だ最良のものが見つかっていないのが現状であり，様々な研究が成されている。特に日本国内における応用においては，カドミウムなどの環境負荷の大きい化合物は避けたいところである。効率や環境負荷といった観点から，現在有力な増感剤は Sb_2S_3 である。しかし，バンドギャップが 1.7eV とシリコンと比べて大きく，近赤外の光を利用できていない。今後は新しい増感剤の開拓と共に，その増感剤に適した電子，正孔輸送層を見つけていく必要がある。

文　　献

1) R. K. Swank, *Phys. Rev.* **153**, 844 (1967)
2) J. M. Macak and P. Schmuki, *Electrochim. Acta* **52**, 1258 (2006)
3) X. Gan, X. Li, X. Gao, J. Qiu, and F. Zhuge, *Nanotechnology* **22**, 305601 (2011)
4) A. Belaidia, T. Dittricha, D. Kievena, J. Tornowa, K. Schwarzburga, M. Kunsta, N. Allsopa, M.C. Lux-Steinera, and S. Gavrilovb, *Sol. Energy Mater. Sol. Cells* **93**, 1033 (2009)
5) C. Lévy-Clément, R. Tena-Zaera, M.A. Ryan, A. Katty, and G. Hodes, *Adv. Mater.* **17**, 1512 (2005)
6) D. Braunger, D. Hariskos, T. Walter, and H. W. Schock, *Sol. Energy Mater. Sol. Cells*, **40**, 97 (1996)
7) O. Niitsoo, S. K. Sarkar, P. Pejoux, S. Rühle, D. Cahen, and G. Hodes, *J. Photochem. Photobiol. A* **181**, 306 (2006)
8) S. Gorer and G. Hodes, *J. Phys. Chem.* **98**, 5338 (1994)
9) Y. Itzhaik, O. Niitsoo, M. Page, and G. Hodes, *J. Phys. Chem. C* **113**, 4254 (2009)
10) M. Page, O. Niitsoo, Y. Itzhaik, D. Cahen, and G. Hodes, *Energy Environ. Sci.* **2**, 220 (2009)
11) R. Vogel, K. Pohl, and H. Weller, *Chem. Phys. Lett.* **174**, 241 (1990)
12) H. Lee, M. Wang, P. Chen, D. R. Gamelin, S. M. Zakeeruddin, M. Grätzel, and M. K. Nazeeruddin, *Nano Lett.* **9**, 4221 (2009)

13) R. S. Patil, C.D. Lokhande, R. S. Mane, T. P. Gujar, and S.-H. Han, *J. Non-Cryst. Solids* **353**, 1645 (2007)
14) C. Herzog, A. Belaidi, A. Ogachoab, and T. Dittrich, *Energy Environ. Sci.* **2**, 962 (2009)
15) J. Moeller, Ch. H. Fischer, H. J. Muffler, R. Köenenkamp, I. Kaiser, C. Kelch, and M. C. Lux-Steiner, *Thin Solid Films* **361**, 113 (2000)
16) D. Kieven, T. Dittrich, A. Belaidi, J. Tornow, K. Schwarzburg, N. Allsop, and M. C. Lux-Steiner, *Appl. Phys. Lett.* **92**, 153107 (2008)
17) S. G. Chen, M. Paulose, C. Ruan, G. K. Mor, O. K. Varghese, D. Kouzoudis, and C. A. Grimes, *J. Photochem. Photobiol. A* **177**, 177 (2006)
18) Y. Z. Hao, J. Pei, Y. Wei, Y. H. Cao, S. H. Jiao, F. Zhu, J. J. Li, and D. H. Xu, *J. Phys. Chem. C* **114**, 8622 (2010)
19) K. Ernst, A. Belaidi, and R. Köenenkamp, *Semicond. Sci. Technol.* **18**, 475 (2003)
20) J. A. Seabold, K. Shankar, R. H. T. Wilke, M. Paulose, O. K. Varghese, C. A. Grimes, and K.-S. Choi, *Chem. Mater.*, **20**, 5266 (2008)
21) G.R.R.A. Kumara, A. Konno, G.K.R. Senadeera, P.V.V. Jayaweera, D.B.R.A. De Silva, and K. Tennakone, *Sol. Energy Mater. Sol. Cells*, **69**, 195 (2001)
22) H. Kawazoe, M. Yasukawa, H. Hyodu, M. Kurita, H. Yanagi, and H. Hosono, *Nature*, **389**, 939 (1997)

1.5 無機-有機ヘテロ接合型

八谷聡二郎*

1.5.1 概略

　無機-有機ヘテロ接合太陽電池は半導体量子ドットや半導体薄膜を増感剤として用いた太陽電池の一つである。図1に無機-有機ヘテロ接合太陽電池の模式図を示す。構成は前節のETA型太陽電池と同じでp-i-n型太陽電池あり，場合によってはETA型と区別をしない場合もあるが，本稿では区別をして紹介をする。無機-有機ヘテロ接合太陽電池の構成は光照射側から順に，透明導電性ガラス，電子輸送層（n型半導体），増感剤，正孔輸送層（p型半導体），金属電極の組み合わせとなっている。ETA型太陽電池との違いは，正孔輸送層にp型の有機物半導体を使用している点である。有機物半導体は溶液プロセスで導入可能なため，製造コストが安いことや化合物の構造を変えることで用途に応じた特性を持たせることが可能といった利点がある。また，これらの有機半導体は可視光領域に吸収を持つ化合物もあり，増感剤としての役割も同時に持つ。

　構成が同じであるため，動作原理も前節のETA型と同じである（図2）。光をセルに照射するとエネルギーギャップ以上の光を増感剤が吸収し，増感剤内に励起電子と励起正孔が生成する。生成した励起電子と励起正孔がそれぞれ電子輸送層と正孔輸送層に注入され，輸送層を通って金属電極に到達し外部回路へと流れる。この時，セルから得られる開放電圧は，他のp-n接合型と同様に，n型半導体とp型半導体それぞれの擬フェルミ準位の差となる。p型の有機半導体の場合，擬フェルミ準位は最高占有軌道（Highest Occupied Molecular Orbital, HOMO）のエネルギー位置に依存して変化する。また，有機半導体が可視光領域に光吸収を持つため，電子輸送層や増感剤と正孔輸送層との界面付近においても電荷分離が起き，電流として得ることができる。

　個々の構成要素を光照射側から詳しく見てみると，透明導電性ガラスにはディスプレイや色素

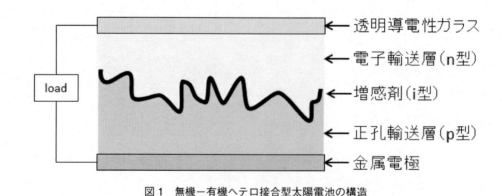

図1　無機－有機ヘテロ接合型太陽電池の構造

---

　*　Sojiro Hachiya　電気通信大学大学院　先進理工学専攻　産学官連携研究員

第3章 太陽電池への応用

増感太陽電池などに広く使われているフッ素もしくはインジウムをドープした酸化スズ（FTO, ITO）薄膜を持つ透明なガラスが使用されている。電子輸送層にはn型の酸化物半導体である TiO_2, ZnO などが使用されている。電子輸送層には色素増感太陽電池の技術を流用した多孔質構造を持つ基板が使用されている。これは図2に描かれるようにp-n接合界面で大きな内部電場が発生することを利用して電荷分離を行うため，各接合面（増感剤吸着面）を大きくする必要があるためである[1]。報告されている電子輸送層の形態はナノ粒子ペーストを使用した多孔質構造基板や規則的に配列したナノチューブ[2]やナノロッド[3]などがある。

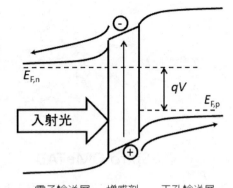

図2　無機－有機ヘテロ接合太陽電池の動作原理

これらの電子輸送層の光吸収領域は紫外領域であり，可視光応答性がないため光吸収体として増感剤を導入する必要がある。増感剤の種類は代表的なものとして CdS[4]や $CdSe$[5]などのII-VI族半導体や PbS[6]，Sb_2S_3[7]，$Cu_{2-x}S$[8]，In_2S_3[9]などが報告されている。この中でも特に Sb_2S_3 を用いたセルが高効率を達成しており，環境負荷の少なさと相まって注目を集めている。増感剤の作製方法は様々な報告例があり，ほとんどが化学反応により基板への直接吸着方法がとられている。列挙すると化学堆積吸着法（Chemical Bath Deposition, CBD），連続的イオン層吸着及び反応法（Successive Ionic Layer Adsorption and Reaction, SILAR），イオン層ガス反応法（Ion Layer Gas Reaction, ILGAR），電気メッキ法（Electrodeposition），電気化学原子層成長法（Electrochemical Atom Layer Deposition, ECALD）などの溶液製法が知られている。吸着方法の詳細については，前節のETA型を見ていただきたい。こういった溶液製法は真空プロセスを経ず，従来のシリコン型太陽電池よりも安価に作製できると期待されている。正孔輸送層には有機半導体を使用している。p型の有機半導体は固体型の色素増感太陽電池に向けて活発に研究されていた背景があり，spiro-OMeTAD などの低分子化合物とポリチオフェンなどの高分子ポリマーが無機－有機ヘテロ接合型で報告されている。電子輸送層と増感剤の詳細についてはETA型を見ていただき，本節では主に有機半導体に焦点を当てて実例のデバイスと共に紹介していく。

1.5.2　有機半導体

本節では，太陽電池の前にまず有機半導体の基本について簡単にお話ししたい。有機半導体は近年，太陽電池だけではなく様々な電子デバイスへの応用研究が盛んに行われている。有機半導体の歴史を見ると1954年に有機物固体において高い導電性が見いだされ，有機物固体は絶縁体であるという概念が覆されたことに始まる[10]。その4年後の1958年には固体型の有機物太陽電池の研究が報告された[11]。その後は白川英樹博士のポリアセチレン[12]が報告され，導電性高分子の研究が盛んに行われ始めた。現在では太陽電池の分野において，有機薄膜太陽電池や色素増感

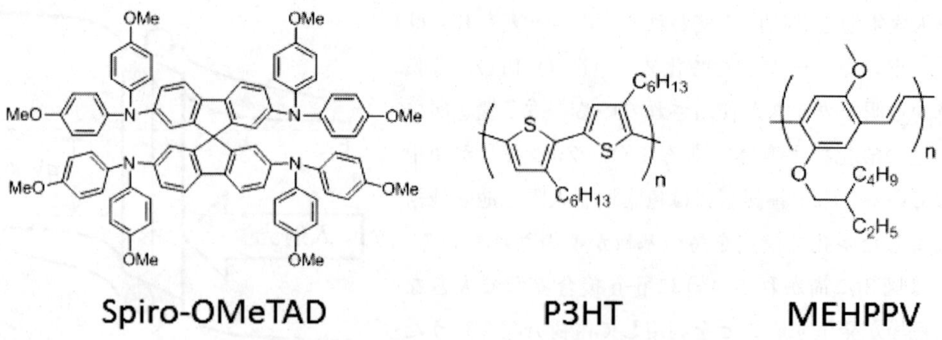

量子ドット太陽電池の最前線

図3　p型有機半導体としてよく用いられる有機化合物

　太陽電池の固体電解質，無機有機ヘテロ接合型やバルクヘテロ接合型などにいくつもの有機半導体が用いられている。

　代表的なp型の有機半導体を図3に示した。有機半導体は一部例外を除き，骨格に広く共役した芳香環を多数持つ分子が用いられている。p型有機半導体の場合，有機分子はキャリアとして正孔を受け取り，ラジカルカチオンとなる。一般的にこうしたラジカルカチオンは不安定であり反応性に富むが，p型有機半導体に用いられるような化合物は，芳香環同士が共役系を形成しているため，共役系のない化合物よりも比較的高い安定性を持つ。これは共役したπ電子系の存在によってラジカルの非局在化が起こり，ラジカル種の反応性が下がるためである。また，図3の分子構造を見ると，多くの分子はアミノ基（-NR$_2$）やアルコキシ基（-OR）を持つ。これらはπ電子を介した電子供与性を持っており，正孔受容体としての性質を高めることが知られている。電気陰性度の高い窒素や酸素原子を含むと化合物のLUMOとHOMOが低下し，エネルギー配置の調整が可能となってくる。こうした分子の構造が有機半導体としての特性に大きく関与しているため，分子設計次第である程度自由に特性を変化させられることが有機半導体の大きな特徴である。

　無機-有機ヘテロ接合型太陽電池に用いられている有機半導体にはspiro-OMeTADなどの低分子化合物とP3HTなどの高分子化合物がある。一般的に低分子化合物は高分子化合物よりも結晶性が高く，キャリア移動度が大きいが，各種溶媒への溶解度が低い。よって薄膜形成を行う方法は，溶液プロセスではなく昇華蒸着法を用いることがほとんどである。しかしながら昇華蒸着法は真空プロセスが必要となるため，コストの増加，電極が多孔質構造のため細孔の奥まで被膜させることが難しいといった問題がある。そのため，溶液プロセスで製膜可能な一部の低分子化合物のみが無機-有機ヘテロ接合型太陽電池で使用されている。一方，高分子化合物は多様な種類が用いられており，その一部では溶液プロセスで塗布可能であるため低コストかつ奥まで浸透しやすく，低分子化合物の問題点が取り除かれている。しかしながら，キャリア移動度が低分子化合物に比べて低いものが多い。これは各分子間をキャリアがホッピングによって移動しているためだと考えられているが，はっきりとしたことはわかっていない。キャリア移動度が低くな

第3章 太陽電池への応用

るほど内部抵抗が増大し，電流値及びフィルファクターが低下するため変換効率の減少を招く。キャリア移動度の問題は大きな課題の一つであり，主骨格だけでなく側鎖のアルキル鎖の長さを変えるなど様々な構造の化合物を合成され，分子構造と製膜状況，キャリア移動度の相関が経験的に調べられている。

上記で説明したように主鎖と側鎖の組み合わせなども含めると有機半導体の種類はほぼ無限にあるといってよい。次節からは実際の報告例を紹介しながら，現状の無機－有機ヘテロ接合太陽電池について説明していきたい。

1.5.3 低分子有機半導体を用いた例

低分子有機半導体には，先ほど紹介したspiro-OMeTADを用いた報告例がいくつかある。その中でも増感剤にSb_2S_3を用いた太陽電池セルは無機－有機ヘテロ接合型太陽電池の中でも高効率が報告されている。本稿では，G. Hodesと色素増感太陽電池の先駆けであるM. Grätzelのグループの成果を紹介したい[13]。図4にセルの構成を示した。セルの作成は，まずFTO上にナノ粒子TiO_2ペーストを塗布，焼結することでナノ構造TiO_2基板を作製後，TiO_2薄膜上にバッファ層として1nm以下のIn-OH-S，続いてSb_2S_3をそれぞれCBD法で吸着した。CBD法の詳細は他の章を参照されたい。吸着直後のSb_2S_3はアモルファスであるので，熱処理を行い輝安鉱構造のSb_2S_3とした。ここまではETA型太陽電池と同じ製法である。作製した基板にクロロベンゼンへ溶解させたspiro-OMeTADをスピンコート法により塗布した。この際，ドーパントとしてspiro-OMeTADを溶解した溶液にアンチモン塩を加えている。最後に金を熱蒸発法により吸着し，セルを作製した。このセルのIPCE値は450～650nmの領域で80%を超える高い値を示した（図5）。透明導電性ガラスの反射等により10%程度の光が損失されるので，内部変換量子効率は90～100%とかなり良い値になっていることがわかる。表1にまとめた光電変換特性を見てみると，0.1sun照射下において光電変換効率5.2%を示し，無機－有機ヘテロ接合型において高い値となっている。しかし，照射光強度をあげるにつれ光電変換効率は減少し，1sun照射下では3.1%となった（図6）。各種パラメータを見てみると特にフィルファクターが0.64から

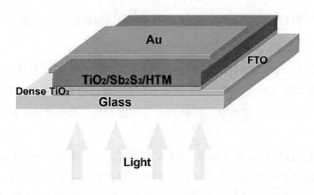

図4 低分子有機半導体を用いた無機－有機ヘテロ接合太陽電池の構成[13]

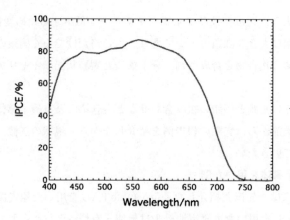

図5 TiO$_2$/Sb$_2$S$_3$/spiro-OMeTAD/Au 太陽電池の IPCE スペクトル[13]

表1 TiO$_2$/Sb$_2$S$_3$/spiro-OMeTAD/Au 太陽電池の光電変換特性の照射光依存性[13]

Light Intensity	J_{SC} (mA/cm^2)	V_{OC} (mV)	FF	η (%)
10% sun	1.51	545	0.64	5.2
50% sun	6.51	594	0.52	4.0
100% sun	10.62	610	0.48	3.1

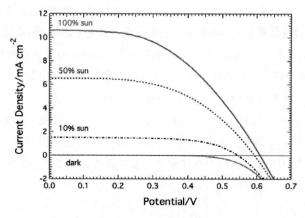

図6 TiO$_2$/Sb$_2$S$_3$/spiro-OMeTAD/Au 太陽電池の J-V 曲線[13]

0.48 と大きく減少している。これは正孔輸送層内の正孔の対極への拡散速度が低いため，増加した正孔の移動が限界に達したためであると考えられる。こうした正孔の拡散の問題は固体型の色素増感太陽電池でよく知られており，打破しようと様々な有機半導体の研究がおこなわれている。

Sb$_2$S$_3$ 以外に使用されている増感剤は，ETA 型でも同様に使用されている CdSe や PbS 等が報告されている。特に PbS を用いた系では，電子及び正孔のキャリアダイナミクスが調べられている[14,15]。キャリアダイナミクスを見てみると，PbS から TiO$_2$ への電子移動は約 1ps の非常

第3章　太陽電池への応用

に速い PbS の表面トラップを経由し，電子注入は約 20ps で起きている。一方，PbS から spiro-OMeTAD への正孔移動は 4ps と電子移動よりも速く起きている。spiro-OMeTAD 中の正孔の寿命が 2ps であるため，PbS 内の電子が spiro-OMeTAD の正孔と再結合する逆電子移動過程はほとんどないと考えられる。電子輸送層，増感剤層，正孔輸送層が密に接している場合，効率低下の主な原因は輸送層内，特に正孔輸送層内におけるキャリア移動度が問題となっていることがわかる。

1.5.4　高分子有機半導体を用いた例

　高分子有機半導体は低分子に比べ様々な化合物が報告されている。ポリチオフェン系，ポリフェニレンビニレン系，ポリアニリン系，ポリジアセチレン系などがある（図3）。この中でもポリチオフェン系の P3HT が無機−有機ヘテロ接合型において最も多く報告されている。高分子化合物を用いたセルも低分子化合物のセルと同様，増感剤に Sb_2S_3 を用いた系が最も高い効率を示すことが報告されている。S. I. Seok のグループと M. Grätzel のグループは $TiO_2/Sb_2S_3/$P3HT/Au セルにおいて 1sun 照射下で光電変換効率 5.13% を報告した[16]。このセルは先述した低分子有機半導体の spiro-OMeTAD の代わりに P3HT を使用している。P3HT を用いたセルは spiro-OMeTAD に比べて光電変換効率の照射光強度依存性は低いものの照射光強度の増加と共にフィルファクターの低下がみられ，改善しているとはいえ正孔輸送層内の正孔輸送に難があると考えられる。フィルファクター低下の要因は同様の構成のセルを用いた電気化学インピーダンス法でも調べられている[17]。この報告によると，正孔輸送層に液体を用いた系と比較した場合，正孔輸送層内の直列抵抗成分が大きい，すなわち正孔輸送層内での再結合が多く起こることを示唆している。これは先ほどの正孔輸送層内の正孔輸送に難があることと一致している。無機−有機ヘテロ接合型では，増感剤と正孔輸送層の接触界面，正孔輸送層内の正孔移動度が大きな問題であり，正孔輸送層の選択が非常に重要であることがわかる。

　p 型半導体に有機半導体を使用している無機−有機ヘテロ接合型と無機半導体を使用している ETA 型との大きな違いの一つに p 型半導体が光吸収を持つことがある。p 型半導体で光吸収が起こる場合，生成されたキャリアが効率よく電荷分離するのは，増感剤もしくは n 型半導体と接触している部分のみであり，大半は電荷分離が起きない。この問題を解決するため，p 型半導体に電子輸送経路として別の有機半導体を混ぜることで，p 型半導体内で生成したキャリアの電荷分離を促進させ，変換効率向上を行っている報告がある[18]。この手法は有機薄膜太陽電池に用いられている方法であり，図7のような構成となっている。この報告では，正孔輸送層に広く使用されている P3HT と赤外領域に吸収を持つ PCPTBT を使用し，正孔輸送層内の電子輸送経路としてフラーレン系の PCBM を使用している。その他の構成は前述の Sb_2S_3 を用いたセルと同様である。電子輸送経路を導入することで，P3HT の光吸収領域において IPCE 値が増大している（図8）。これは PCBM の LUMO が P3HT に比べ低エネルギーに位置しており，P3HT と PCBM の界面においても電荷分離が起きていることを示している。PCPTBT を赤外領域の吸収体として用いることで電流密度が増加し，最大変換効率 6.2% を達成している。これは報告され

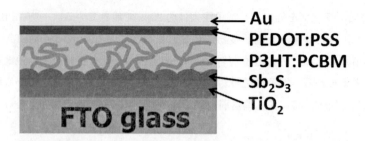

図7　正孔輸送層内に電子輸送経路を持つ無機−有機ヘテロ接合太陽電池[18]

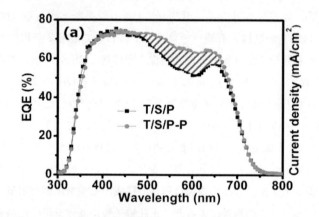

図8　電子輸送経路有無の太陽電池の IPCE スペクトル T＝TiO_2, S＝Sb_2S_3, P＝P3HT, P-P＝P3HT−PCBM[18]

ている無機−有機ヘテロ接合型の太陽電池の中で最高効率となっている。

1.5.5　まとめと今後の展望

本節では，無機−有機ヘテロ接合型太陽電池の一般的な構成及び報告されている幾つかの例を挙げて，無機−有機ヘテロ接合型太陽電池の現状を述べた。無機−有機ヘテロ接合型太陽電池は ETA 型とほぼ同様の構成をしているため，ETA 型と同様の電子輸送層や増感剤を用いた構成となっている。そのため，性能向上の大きな課題も同様に電子輸送層や増感剤と正孔輸送層の接触や正孔輸送層内の正孔輸送能が挙げられる。こういった問題を解決するためには，色素増感太陽電池の固体化に使用されている既存の正孔輸送層ではなく，無機半導体を増感剤としたヘテロ接合型固有の有機半導体を開発していく必要がある。電子輸送層も既存のナノ粒子やナノロッドだけでなく，新たな構造を持つ化合物を開発する必要がある。増感剤についても，現状は Sb_2S_3 が変換効率，環境負荷の面で優れているが，バンドギャップが 1.7eV（730nm）であるためより長波長吸収が可能な増感剤の開発が必要となってくるであろう。このように無機−有機ヘテロ接合型太陽電池はまだまだ多くの課題があり発展途上のデバイスであることは間違いない。しかしながら，現状 6.2% と安価，簡便に作製できる量子ドット増感太陽電池系の中では高効率を示しており，大きな期待が寄せられている。

第3章 太陽電池への応用

文　献

1) R. K. Swank, *Phys. Rev.* **153**, 844 (1967).
2) J. M. Macak and P. Schmuki, *Electrochim. Acta* **52**, 1258 (2006).
3) A. Belaidia, T. Dittricha, D. Kievena, J. Tornowa, K. Schwarzburga, M. Kunsta, N. Allsopa, M.C. Lux-Steinera, and S. Gavrilovb, *Sol. Energy Mater. Sol. Cells* **93**, 1033 (2009).
4) O. Niitsoo, S. K. Sarkar, P. Pejoux, S. Rühle, D. Cahen, and G. Hodes, *J. Photochem. Photobiol. A* **181**, 306 (2006).
5) S. Gorer and G. Hodes, *J. Phys. Chem.* **98**, 5338 (1994).
6) R. S. Patil, C.D. Lokhande, R. S. Mane, T. P. Gujar, and S.-H. Han, *J. Non-Cryst. Solids* **353**, 1645 (2007).
7) Y. Itzhaik, O. Niitsoo, M. Page, and G. Hodes, *J. Phys. Chem. C* **113**, 4254 (2009).
8) M. Page, O. Niitsoo, Y. Itzhaik, D. Cahen, and G. Hodes, *Energy Environ. Sci.* **2**, 220 (2009).
9) C. Herzog, A. Belaidi, A. Ogachoab, and T. Dittrich, *Energy Environ. Sci.* **2**, 962 (2009).
10) H. Akamatu, H. Inokuchi, Y. Matsunaga, *Nature* **173**, 168 (1954).
11) H. Spanggaard and F. C. Krebs : *Sol. Energy Mater. Sol. Cells* **83**,125 (2004).
12) T. Ito, H. Shirakawa and S. Ikeda, *J. Polym. Sci., Polym. Chem. Ed.* **12**, 11 (1974).
13) S.-J. Moon, Y. Itzhaik, J.-H. Yum, S. M. Zakeeruddin, G. Hodes, M. Grätzel, *J. Phys. Chem. Lett.* **1**, 1524 (2010).
14) R. Plass, S. Pelet, J. Krueger, and M. Grätzel, *J. Phys. Chem. B* **106**, 7578 (2002).
15) B.-R. Hyun, Y.-W. Zhong, A. C. Bartnik, L. Sun, H. D. Abruña, F. W. Wise, J. D. Goodreau, J. R. Matthews, T. M. Leslie, and N. F. Borrelli, *ACS NANO* **2**, 2206 (2008).
16) J. A. Chang, J. H. Rhee, S. H. Im, Y. H. Lee, H.-J. Kim, S. I. Seok, M. K. Nazeeruddin, M. Grátzel, *Nano Lett.* **10**, 2609 (2010).
17) P. P. Boix, Y. H. Lee, F. Fabregat-Santiago, S. H. Im, I. Mora-Seró, J. Bisquert, and S. I. Seok, *ACS NANO* **6**, 873 (2012)
18) J. A. Chang, S. H. Im, Y. H. Lee, H.-J. Kim, C.-S. Lim, J. H. Heo, and S. I. Seok, *Nano Lett.* in press.

1.6 中間バンド型太陽電池

岡田至崇*

1.6.1 高効率太陽光発電への期待

　太陽光発電は，太陽からの光エネルギーを太陽電池（セル）を用いて直接電気に変換するもので，太陽エネルギーの利用効率が最も高いエネルギー変換の方法である。NEDO（独立行政法人新エネルギー・産業技術総合開発機構）が発表した太陽光発電ロードマップ（PV2030＋）[1]では，わが国の太陽光発電の具体的な導入目標として，2020年までに現状の10倍，2030年には40倍とすることが掲げられている。また2008年度からNEDO革新的太陽光発電技術研究開発（革新型太陽電池国際研究拠点整備事業）[2]の大型プロジェクトが進められている。このプロジェクトでは，「革新的な太陽電池の開発を実施する研究拠点を形成し，海外との研究協力等を含む継続的な研究開発により，2050年までに「変換効率が40％超」かつ「発電コストが汎用電力料金並み（7円/kWh）」の太陽電池を実用化することを目指す。これにより，温室効果ガスの半減に寄与し，日本の技術的優位性を超長期に渡って維持することを目的とする」ことが掲げられている。現在，「ポストシリコン超高効率太陽電池の研究開発」（研究拠点：東京大学先端科学技術研究センター），「高度秩序構造を有する薄膜多接合太陽電池の研究開発」（研究拠点：産業技術総合研究所），「低倍率集光型薄膜フルスペクトル太陽電池の研究開発」（研究拠点：東京工業大学）が実施されている。

1.6.2 量子ドット型太陽電池の可能性

　従来型の太陽電池のエネルギー変換効率の理論最大値は，Shockley-Queisserの詳細釣り合いモデルにより約31％と算出される[3]。この変換効率の値はセル材料の物性値に依存し，現在，累積導入量の9割以上を占めるシリコン太陽電池の場合は約28％が最大値である。半導体のバンドギャップより小さいエネルギーの太陽光は，半導体中で吸収されずに透過してしまい，シリコンの場合，透過損失は全太陽光エネルギーに対して15～19％程度ある。他方，バンドギャップより大きいエネルギーの太陽光が入射し吸収されると，一部は熱となり失われる。こうした熱損失は，全太陽光エネルギーに対して約30％にもなる。このように現在の単接合太陽電池では，太陽光エネルギーの約半分は，透過損失と熱損失により発電に寄与できていない。このような背景から，単接合太陽電池の変換効率を上回り，かつ低コスト化を展望できるような次世代型太陽電池の研究開発が，近年益々重要視されるに至っている。

　1980年に多接合タンデム太陽電池が提案され，変換効率は最大68％になることが理論的に示された[4]。多接合タンデムセルでは，複数の異なる材料の半導体を，太陽光の入射側より高バンドギャップエネルギー材料から低バンドギャップエネルギー材料へと順番に積層させて，全体として太陽光スペクトルとの整合を高め，透過損失と熱損失を低減させる構造になっている。インジウム・ガリウム・リン（InGaP）のトップセル，ガリウム・ヒ素（GaAs）のミドルセル，ゲ

＊　Yoshitaka Okada　東京大学　先端科学技術研究センター　教授

第3章 太陽電池への応用

ルマニウム（Ge）のボトムセルからなる3接合タンデムセルや，最近ではInGaP/GaAs/InGaAsの格子不整合系の化合物半導体材料の組み合わせからなる3接合タンデムセルなどが開発されており，シャープは後者の構造を採用して世界最高の効率36.9%を2011年に達成した[5]。

多接合タンデムセルの他に，半導体量子ドットや超格子を導入して太陽電池の高効率化を図る，従来にない量子ナノ構造太陽電池の研究開発が行われている（図1）[6]。量子ドットの利点として，①材料は同じでも，その大きさを変えるだけで光吸収の波長範囲を紫外光から近赤外光にわたって広くチューニングすることができること（量子サイズ効果），②従来型の太陽電池では熱損失として失われてしまうエネルギーを有効利用できる可能性があること（ホットキャリア効果，マルチエキシトン生成：MEG効果），③量子ドットを3次元的に配列させた超格子構造を用いて，赤外光を吸収させるためのミニバンド（中間バンド）を人工的に作りつけることができること，そして，④有機材料と組み合わせたハイブリッド太陽電池や，色素に替えて量子ドット増感型太陽電池といった低コストのタイプの太陽電池に適用できること，などがあげられる[7]。なかでも，上記③と④に関する研究技術開発が近年盛んに行われている。量子ドットを高密度に配列させた超格子構造では，量子ドット間の結合（カップリング）が起こり，個々の量子ドット中にある離散化されたエネルギーが1つの束となってミニバンドが形成される。この中間バンドを介した光学遷移を利用して，赤外光の光を有効に吸収し，太陽電池の高効率化を図るものである。

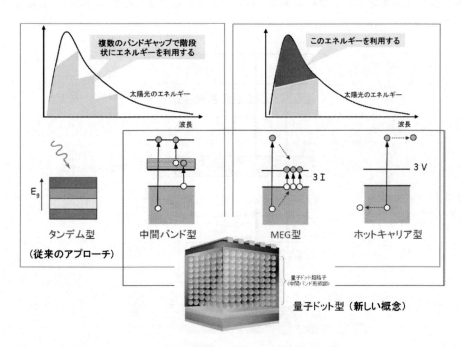

図1　タンデム型太陽電池と量子ドット太陽電池の動作原理

量子ドット太陽電池の最前線

(1) 量子ドットを用いた中間バンド型太陽電池の原理

図2に合計3つのバンドからなる太陽電池のエネルギーバンド構造図を示す。バンド1とバンド3は，バルク半導体結晶の場合，それぞれが価電子帯と伝導帯にあたり，バンド2はその間に量子ドット超格子中のミニバンドなどの人工的に導入した中間バンドである[8]。このようにして，高いエネルギー領域の太陽光はバンド1と3の間の遷移を使って，また中間エネルギー領域の太陽光はバンド1と2，もしくはバンド2と3の間の遷移を使って吸収させることで，多接合タンデムセルの場合と同様に，太陽光スペクトルとの整合を高めて変換効率の高効率化が達成できる。この場合，太陽光を吸収して量子ドット超格子からなる中間バンドに励起された電子は，もう1つ光子エネルギーを吸収することによって，量子ドットの外へ抜け出ることができ，電流として取り出せる。

多接合タンデムセルと中間バンド型量子ドットセルは，広いスペクトルを有する太陽光のエネルギー帯を小さく分割して，それぞれのスペクトル帯に適したバンドギャップあるいは中間バンドをもつ材料を使って吸収させるという点で動作原理の基本は似ている。現在，InGaP/InGaAs/Ge系のIII-V族化合物半導体を用いた3接合タンデム型太陽電池が実用化されているが，このとき，InGaPトップセルは約650nm以下の短波長帯の太陽光を，InGaAsミドルセルは650～900nmの波長帯を，そしてGeボトムセルは900～約2000nmの赤外光をそれぞれ分担して吸収させるように設計されている。この3つのサブセルは電気的に直列に接続されているため，タンデムセルの開放電圧は3つのサブセルの光起電圧の和で与えられる。一方の短絡電流は3つのサブセルで発生する光電流の中で最も小さい値に律速される。またこの3つのサブセルは，"トン

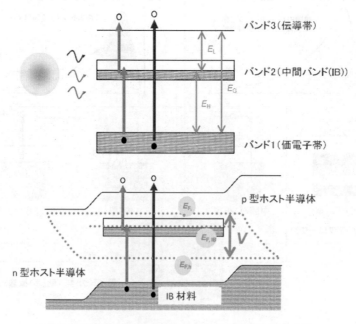

図2 中間バンド型太陽電池のエネルギーバンド概念図

第3章 太陽電池への応用

ネル接合インターコネクト"層を用いてつながっている。トンネル接合層は，電気的には低抵抗で直列抵抗損が小さく，トンネルピーク電流密度が太陽電池の短絡電流密度より十分に大きいことが必要である。また，光学的には太陽光を下部へ通す"透明"な高エネルギーギャップの材料であること，そしてサブセルと格子整合し，高品質な単結晶が形成可能であることが必要となり，多接合タンデムセルの製造には高度な技術を要する。将来の高効率4接合セル，5接合セルに向けては材料開発が益々重要となる。

一方の中間バンド型量子ドットセルの特徴は，中間バンドはホストとなる半導体の伝導帯と価電子帯，すなわち外部回路とは電気的に絶縁された"浮島"にしていることである。太陽光を吸収して価電子帯から中間バンドに励起された電子は，もう1つ別の光を吸収して伝導帯に励起されるか，吸収が起こらない場合は再結合過程を経て元の価電子帯の状態に戻るかのどちらかの遷移しかとれないという状態を作りつける必要がある。図3に従来のpn接合半導体の接合部に，例えば量子ドットを高密度に並べることによって形成される，1つの中間バンドが存在する太陽電池のエネルギーバンド構造を示す。マドリード工科大学（スペイン）の研究グループは，図中に示したような3バンド構成の場合，ここでは価電子帯（E_v），中間バンド（IB），伝導帯（E_c）を考えたとき，$E(IB-E_v)=E_{IV}=0.7eV$，$E(E_c-IB)=E_{CI}=1.2eV$，$E(E_c-E_v)=E_g=1.9eV$ のエネルギー組み合わせのときに集光時の変換効率は63%を超え，単接合太陽電池の2倍以上の効率が得られることを示した[8]。中間バンド型太陽電池の変換効率に関して，バンド数の依存性についても理論計算が多数報告されている。ニューサウスウェールズ大学（オーストラリア）のグ

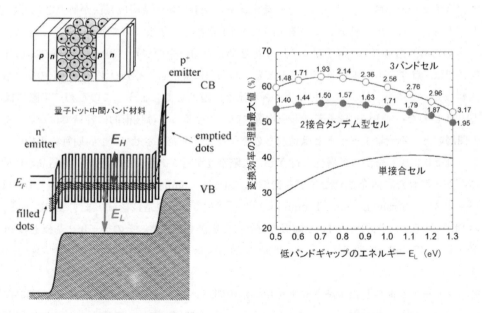

図3 中間バンド型量子ドット太陽電池のエネルギーバンド概念図（左）と
変換効率の理論計算値（右）[8]

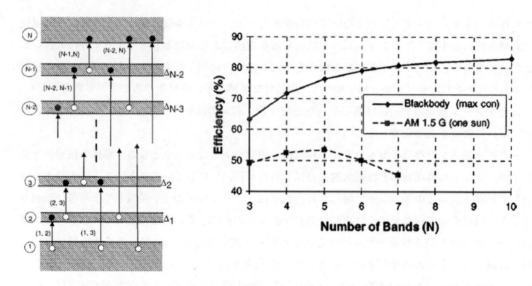

図4 中間バンドをN個有する太陽電池の模式図(左)と変換効率の理論計算値(右)[9]

ループは,図4に示したように中間バンドの数を4つ以上に増やしたとき,集光時の変換効率は70%を上回り,80%近くにまで高められることができることを示した[9]。

(2) 量子ドットを用いた中間バンド型太陽電池の現状

太陽光を十分に吸収するためには,量子ドットの数を多くする必要がある。このような量子ドット超格子セルを作製するため,自己組織化量子ドットの多層積層成長法が研究されている。量子ドット材料として広く使われているInAsの格子定数は,基板として使われるGaAsよりも7.2%大きいため,通常のGaAsを量子ドットの埋め込み層(中間層)に用いたInAs/GaAs系の積層成長では,ひずみエネルギーが積層とともに結晶内に蓄積し,そのひずみ場が上の層に放射状に伝わっていく結果,量子ドットのサイズが徐々に増大してしまう。このため,実際には10〜15層以上にわたってInAs量子ドットを均質に成長させることは技術的に容易ではない。そこで,中間層のところで量子ドットとは逆向きの格子ひずみを発生させて,1周期毎に平均のひずみ量を一旦ゼロに戻しながら多層化を行うと,欠陥密度が低く高品質な量子ドット結晶が作製できることが示された。開発されたひずみ補償法(Strain-Compensation Technique),またはひずみバランス法(Strain-Balance Technique)と呼ばれるこの製造技術は,まず最初にBaF$_2$基板上のPbSe量子ドット/PbEuTe中間層の材料系で実証された[10]。その後,InP基板上のInAs量子ドット/AlGaInAs中間層[11],GaAs基板上のInAs量子ドット/InGaP中間層[12]の材料系が開発された。

著者のグループが開発した量子ドットを用いた中間バンド太陽電池の試料構造を図5に示す。基板にはGaAs(001)を用いて,分子線エピタキシー法(MBE)でpin構造中のi層中に10層,20層,30層,そして50層と多重積層させたInAs量子ドット超格子を導入し,ひずみ補償系の

第3章 太陽電池への応用

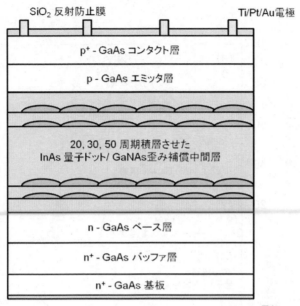

図5 InAs/GaNAs ひずみ補償系多重積層量子ドット太陽電池の構造図

中間層材料として 20nm 厚の GaNAs 希釈窒化物混晶半導体を用いている[13~15]。まず 20 層積層させた InAs 量子ドット試料を原子間力顕微鏡で観察して求めたドットの平均直径，高さ，サイズ揺らぎ，また 1 層あたりの面内密度は約 39nm，5nm，13％，および $4×10^{10}/cm^2$ である。ひずみ補償法を用いて作製した量子ドットのサイズ揺らぎは，ドット間の結合を生じさせるために目標とする 10％以内に近づいており，最終的に量子ドット超格子にして中間バンド型太陽電池へ発展させる上で，十分に高均一な量子ドットの積層構造が得られるようになっている。図6の短絡電流駆動時の分光感度（量子効率）特性に関して，波長約 880nm より短波長側の GaAs 層による吸収に加えて，950nm 付近にピークを持つ光電流の寄与は，量子ドットの埋め込み層として用いた GaNAs 中間層（ひずみ補償層）によるものである。さらに波長 1200nm 辺りの赤外光領域まで吸収端が拡がっている。ここで室温でのフォトルミネッセンス測定結果を同図に示すが，波長 1050～1200nm にかけて発光ピークが観測され，この結果は分光感度測定で得られた吸収端波長と一致していることから，InAs 量子ドットからの寄与であることがわかる。また量子ドットによる赤外光領域の光吸収は，積層数を 20 層から 30 層，50 層へと増加させるとともに単調に増大しており，積層化により量子ドットの密度を増加させることは光出力電流を増大させるのに大変効果的であることを示している。

図7は，AM1.5 の非集光下で得られた電流－電圧特性である[16]。積層数を増大させると短絡電流密度が単調に増大し，50 層積層時の短絡電流密度は $I_{sc}=26.4mA/cm^2$，変換効率は $η=12.5％$と良好な値が得られている。これは，量子ドットを導入していない GaAs の単接合太陽電

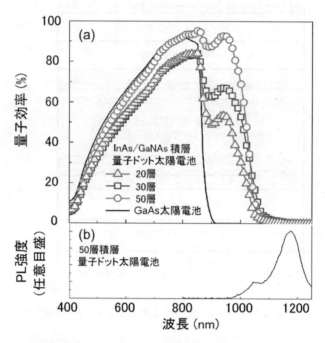

図6 InAs/GaNAs多重積層量子ドット太陽電池の量子効率特性・フォトルミネッセンス（PL）特性とこれらのドット積層数の依存性

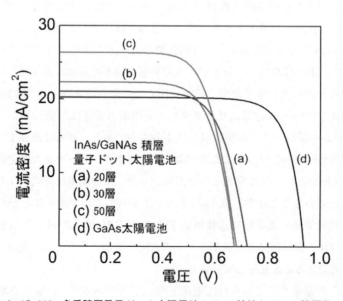

図7 InAs/GaNAs多重積層量子ドット太陽電池のP-V特性とドット積層数の依存性

第3章　太陽電池への応用

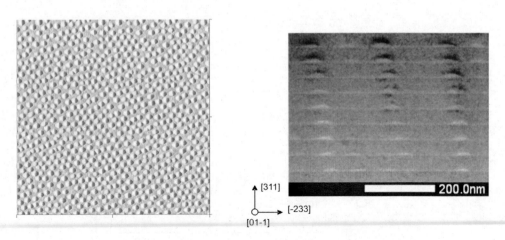

図8　GaAs(311)B基板上に積層間隔20nmで縦方向に自己組織化成長させた
InAs/GaNAs量子ドット：(左) 面内の形状像，(右) 断面透過電子顕微鏡像

池の値と比べて，InAs量子ドットおよびGaNAs中間層の両方の寄与が加わるため，約30％の増大になる。一方，積層量子ドット太陽電池の場合，量子ドット部での光吸収量が現状まだ十分でなく，このことが開放電圧を減少させている。これは，量子ドット層で生成されたキャリアが主に熱励起によって伝導帯へと引き抜かれること，さらに量子ドット準位から価電子帯への再結合割合が相対的に多くなっていることが原因と考えられている。今後，太陽電池構造の最適化および集光動作による光学遷移割合の増大により，開放電圧の増大と30％以上の高効率化が見込める[15]。

一方，GaAs(311)B基板という高指数基板上に作製したInGaAs量子ドットは，(001)基板上に作製したものと比較して，サイズ均一性と面内の配列性に優れ，かつ高密度に成長させることができる（図8)[17]。GaAs(311)B基板上に10層積層させたInGaAs/GaNAs/GaAs系ひずみ補償量子ドット太陽電池の場合，量子ドット層による発電電流成分は$2.25mA/cm^2$が得られ，(001)基板上に作製した同じ構造の積層量子ドット太陽電池の値$1.76mA/cm^2$と比べて，約$0.5mA/cm^2$増加が見られた。これは(311)B基板上の方がより高密度に量子ドットが形成されることが影響している。このときの短絡電流密度，開放電圧，FF，そして変換効率の値は，$24.26mA/cm^2$，0.791V，0.840，16.12％で，2008年に発表された時点で世界最高効率の量子ドットセルである（図9)[18]。その後，2009年にロシアの科学アカデミー・サンクトペテルブルグ研究所とIoffe研究所のグループが，InAs/AlGaAs系で積層量子ドット太陽電池を報告している。短絡電流密度，開放電圧，FFの値は，$27.66mA/cm^2$，0.840V，0.792，18.32％が得られ，変換効率18.32％を記録した（図10)[19]。

以上で紹介したボトムアップのアプローチである単結晶成長技術を駆使して，高密度量子ドット超格子を作製する方法の他に，トップダウン的手法で超微細構造を均一に加工する技術も注目されている。超微細エッチング技術で形成されたディスク状のシリコン量子ドットでは，大きさ

量子ドット太陽電池の最前線

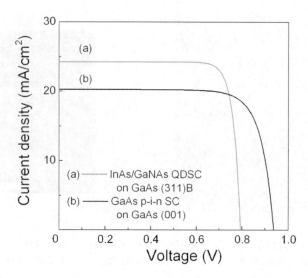

図9 GaAs(311)B 基板上 InAs/GaNAs 量子ドット太陽電池の P-V 特性
10 層積層セルで 16.12% の効率が得られた

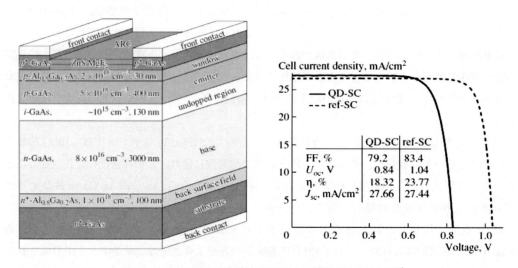

図10 InAs/AlGaAs 系積層量子ドット太陽電池の報告例[19]
（世界最高効率となる 18.32% が得られた）

のばらつきが ± 5% 以下ととても均一で，面内密度も $5 \times 10^{11}/cm^2$ 前後の高密度化が実現され，太陽電池への応用が検討されている[20]。

1.6.3 今後の展望

現在の単接合太陽電池のエネルギー変換効率の理論最大値（Shockley-Queisser：SQ 効率）は約 31% である。単接合太陽電池の変換効率を上回り，かつ低コスト化を展望できるような次世代型太陽電池は，ひとくくりにして"第三世代太陽電池"と呼ばれ，著者のグループによる高効

第3章 太陽電池への応用

率太陽電池の技術開発の現状を紹介した。SQ効率の壁を打ち破ることができれば，原理的には，エネルギー変換効率は熱力学的上限まで高めることができる。そのためには集光型セルの開発が不可欠である。集光型太陽光発電システムは，太陽光をレンズや反射ミラーを使って集めて発電する方式であるため，一つ一つの太陽電池セルの面積が小さく，半導体の使用量を少なくできるメリットがあることから，現在のところ，低コスト化など経済的効果の方が注目されているが，実は熱力学的にも多接合タンデムセルや中間バンド型量子ドットセルの変換効率を50％以上まで高めるための技術として大変効果的である[15]。したがって，第三世代太陽電池は集光型太陽光発電システムに組み込むことで，低コスト化とセルの高効率化の両方が達成できる大変魅力ある発電方式といえる。現在，使用するⅢ-Ⅴ族系化合物半導体の面積あたりのコストは結晶シリコンよりも2桁程度高いものの，セルの変換効率が40％以上になると，500～1000倍の集光システムでは，1Wあたりの生産コストはかえって安くなるといった試算も成されている。将来のメガソーラーのみならず，ソーラータウン，スマートシティーなど地域への分散型電源，電気自動車の充電ステーションへなど幅広い用途が考えられる。他方，有機材料と組み合わせたハイブリッド太陽電池や，色素に替えて量子ドット増感型太陽電池といった低コストのタイプの太陽電池への応用も年々期待が高まっている[21]。

文　献

1) 太陽光発電ロードマップ（PV2030+）：www.nedo.go.jp/library/pv2030/pv2030+.pdf
2) 革新的太陽光発電技術研究開発：http://www.nedo.go.jp/activities/portal/p07015_8.html
3) W. Shockley and H. Queisser, *J. Appl. Phys.*, **32**, 510 (1961)
4) A. De Vos, *J. Appl. D : Appl. Phys.*, **13**, 839 (1980)
5) シャープ株式会社のニュースリリース，http://www.sharp.co.jp/corporate/news/111104-a.html
6) A. J. Nozik, *Physica E*, **14**, 115 (2002)
7) 岡田至崇，量子ドット太陽電池，工業調査会（2010）.日経マイクロデバイス編，「太陽電池～基礎から最新技術まで～量子ドット型」，71（2008年10月号）など
8) A. Luque and A. Martí, *Phys. Rev. Lett.*, **78**, 5014 (1997)：A. Martí et al, *Thin Solid Films*, **511-512**, 638 (2006)
9) A. S. Brown and M. A. Green, *J. Appl. Phys.*, **94**, 6150 (2003)
10) G. Springholz, V. Holy, M. Pnczolits, and G. Bauer, *Science*, **282**, 734 (1998)
11) K. Akahane, N. Yamamoto, and M. Tsuchiya, *Appl. Phys. Lett.*, **93**, 041121 (2008)
12) S. M. Hubbard et al, *Appl. Phys. Lett.*, **92**, 123512 (2008)
13) R. Oshima, A. Takata, and Y. Okada, *Appl. Phys. Lett.*, **93**, 083111 (2008)
14) Y. Okada, R. Oshima, and A. Takata, *J. Appl. Phys.*, **106**, 024306 (2009)

15) 岡田至崇, 八木修平, 大島隆治,「量子ドット超格子による高効率太陽電池の開発」, 応用物理, **79**, 206 (2010)
16) R. Oshima, Y. Okada *et al, physica status solidi* (*c*), 8, 619 (2011)
17) Y. Shoji *et al, Physica E*, **42**, 2768 (2010)
18) Y. Okada, Materials Research Society (MRS) Fall Meeting, Boston (Dec. 2008)
19) S. A. Blokhin *et al, Semiconductors*, **43**, 514 (2009)
20) 日経マイクロデバイス編,「究極の太陽電池」, 13 (2009 年 11 月号)
21) Nanoco 社の量子ドットと太陽電池応用(http://www.nanocotechnologies.com/content/CommercialApplications/Solar.aspx)
    Evident Technologies 社の量子ドットと太陽電池応用(http://www.evidenttech.com/applications/solar-cells-andamp-photovoltaics.html)

2 類似型次世代太陽電池

2.1 バックコンタクト型色素増感太陽電池

早瀬修二*

色素増感太陽電池の太陽光発電効率（認証値1cm^{2}以上）は11%に達し[1]，アモルファスシリコン太陽電池の効率と肩を並べるに至った（図1）。今後さらなる高効率化，モジュール化，耐久性，低コスト化プロセスに関する研究や新市場開拓に向けた研究開発が進むと考えられる。このような研究の流れの中で，低コスト化と多種の応用用途に対応するために，我々は透明導電膜基板を必要としないバックコンタクト型色素増感太陽電池（TCO-less DSC）に関する研究を続けている。色素増感太陽電池に関する一般的な研究動向は別の章で記載されると思われるので，本報告ではバックコンタクト型色素増感太陽電池の研究の一部を我々の研究結果も含めて報告したい。本研究は量子ドット型太陽電池にも適用可能であり量子ドット型太陽電池に興味を持つ研究者の一助となれば幸いである。

2.1.1 平面型 TCO-less バックコンタクト型色素増感太陽電池（flat TCO-less DSC）

多くのシリコン系太陽電池の中で，裏面電極で電荷を収集するバックコンタクト型の太陽電池構造が報告されている[2]。電子，ホールがともにシリコン基板の裏面から取りだされるために，光照射面上にグリッド配線を設置する必要がなく受光面が広くなる。光利用効率が高まり高効率化が期待できるとともにグリッド配線が表面に見えないため意匠性にも優れている[2]。色素増感太陽電池においてもいくつかのバックコンタクト型太陽電池が報告されている[3]。図2に従来型の透明導電膜が必要な色素増感太陽電池（TCO-DSC）と透明導電膜が不要なバックコンタクト型 DSC（F-0）の構造の違いを示す。TCO-DSC は透明導電膜ガラス基板／チタニア・色素層／電解液層／対極からなり，光は透明導電膜基板を介してチタニア・色素層に吸収される。チタニ

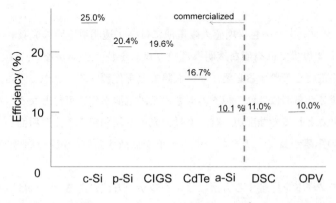

図1　各種太陽電池の単セルでの最高効率（1cm^{2}以上，認証値）

---

*　Shuzi Hayase　九州工業大学　大学院生命体工学研究科　教授

量子ドット太陽電池の最前線

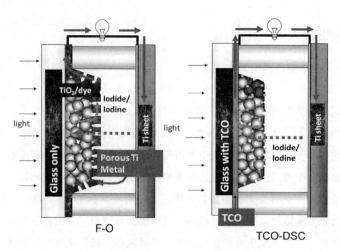

図2 透明導電膜不要のTCO-lessバックコンタクト型太陽電池（F-0）と従来の透明導電膜が必要な色素増感太陽電池（TCO-DSC）の比較

ア・色素層で光電変換が起こり，電子は前面に形成されている透明導電膜に収集される。その後電子は外部回路を通り仕事をした後，対極に到達し，電解液中のヨウ素に注入される。ヨウ素は電子を授与されることによりヨウ素イオンとなり電解液中を拡散，酸化された色素に電子を供与する。一方F-0はガラス基板（透明導電膜の形成不要）／チタニア・色素層／裏面電極／電解液層／対極からなる。ガラス基板を介してチタニア・色素層に光が照射され光電変換が起こった後，光電変換層（TiO_2/dye）の裏面に形成されているポーラスTi電極に電子が集められる。電子は外部回路を通り対極に到達しレドックスに供与される。電子を受け取ったヨウ素イオンは電解液中を拡散しポーラスなTi電極を通過し，チタニア上の酸化された色素に電子を供与する。従ってヨウ素系レドックスに対して高い耐久性を有するポーラスで高導電性を有する電極の開発が必須である。

TCO-lessバックコンタクト色素増感太陽電池には，①透明導電膜の光吸収，反射による光損失が低減できる，②現状では高価な透明導電膜ガラスを使う必要がない，③裏面電極の種類によっては表面に集電極を設置する必要がない太陽電池を作製することができる，④透明導電膜作製にかかわる煩雑さから開放され，種々の形態の太陽電池が作製可能となる，などの利点が考えられる。一方，欠点として光強度が一番強く最も光電変換が起こる光照射面から電子が収集される裏面電極までの距離が長く，チタニア中を電子が拡散する間に電子が消耗される可能性がある。

裏面電極型のアノードを作製する方法にはいくつかの方法がある。一つはチタニア膜作製後にスパッタ，蒸着プロセスによりTi電極を形成する方法である。図3に我々が提案している作製方法を図示した[3f]。ガラス基板上にチタニアペーストを塗布し焼成することによりポーラスチタニア膜を作製する。その後テトラポット状の酸化亜鉛結晶をエレクトロスプレイ法で噴霧するこ

第3章 太陽電池への応用

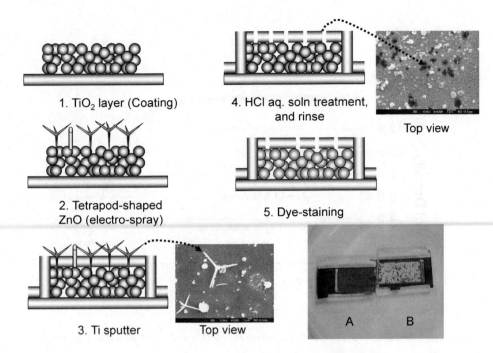

図3 バックコンタクト型アノード電極の作製方法例

とにより酸化亜鉛層を形成する。電圧を印加しながら噴霧するため、酸化亜鉛結晶は図3のプロセス2のように逆さに生成される場合が多い。スパッタ法でTi電極を作製後、薄塩酸水溶液でリンスすることにより酸化亜鉛結晶は水洗され、チタン電極に垂直な直線状のポアが形成される。図4に、このようにして作製されたTCO-lessバックコンタクト型色素増感太陽電池の電流—電圧曲線を示す。酸化亜鉛晶を犠牲粒子として用いない場合には、導電性を向上させるためにTi金属の膜厚を100nmから500nm程度まで厚くすると緻密なTi膜が作製され、ヨウ素レドックスがTi膜を通過することができなくなり大きく性能が低下する。最近我々はチタニア層の作製時間を大幅に短縮することを目的にベーク炉プロセスを必要とせず、改良溶射プロセスを使い数分でポーラスチタニア膜が作製できることを報告した[4]。このように改良溶射法で作製されたポーラスチタニア膜上にTi金属をスパッタするとテトラポット型の酸化亜鉛作製、エッチング工程を使わなくともポーラスTi膜が作製できることを新しく見出した。溶射で作製したポーラスチタニア表面が特殊な形状を有しており、Tiをそのままスパッタし膜厚を厚くしてもポーラス構造をもったチタン電極を作製することができる。図5に改良溶射法で作製したポーラスチタニア上にスパッタ法で作製したTi裏面電極を使ったTCO-lessバックコンタクト型太陽電池（HVOF TCO-less DSC）と従来法で作製した透明導電膜を有する太陽電池（coat TCO-DSC）の性能比較を示す。チタニアとしてP25分散液を使用したため効率の絶対値そのものは低いが、従来の透明導電膜付太陽電池とほぼ同等の性能を得ることができた。TCO-less裏面電極作製プ

量子ドット太陽電池の最前線

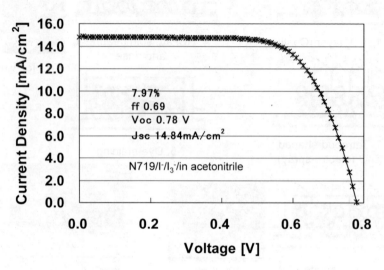

図4　図3のプロセスで作製されたTCO-lessバックコンタクト型太陽電池の太陽電池特性

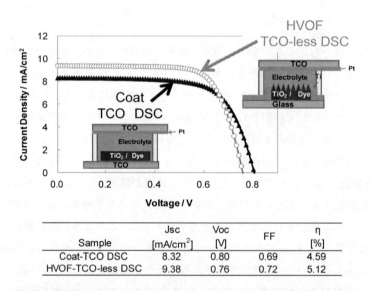

図5　溶射法で作製したポーラスチタニア上にスパッタ法で作製したTiバックコンタクト電極を使ったTCO-lessバックコンタクト型太陽電池（HVOF TCO-less DSC）と従来法で作製した透明導電膜を有する太陽電池（coat TCO-DSC）の性能比較

第3章　太陽電池への応用

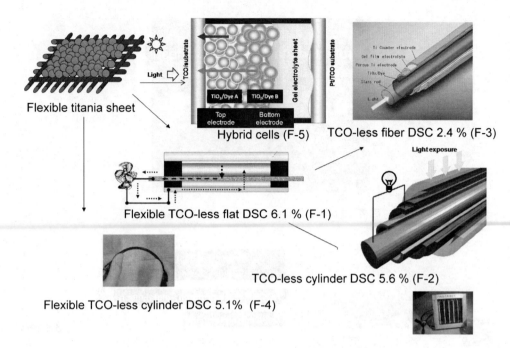

図6　フレキシブルポーラスチタニアシートを用いた
TCO-less バックコンタクト色素増感太陽電池

ロセスを大幅に短縮できる技術として注目している。

　我々はこれらとは異なったアプローチも検討している。図6に示すようにナノポーラスなTi基板上にポーラスチタニア／色素層を形成し，フレキシブルな光電変換層を構築した。ポーラスチタニア層は金属メッシュ（ステンレス金属メッシュ）に裏打ちされているため容易にハンドリングすることができる。ステンレスメッシュ金属の表面にはTiO_x薄膜をコートし，ステンレス金属中の電子とヨウ素との電荷再結合を防止している[5]。ステンレス金属にポーラスチタニア層を形成する方法は知られていたが金属表面の保護層が十分ではなく低い効率が報告されているのみであった[6]。また，ポーラスチタニアを電気化学的に作製する方法も検討されている[6b~6e]。ステンレスメッシュシートに代わりにチタン細線のメッシュを使い，これを電気化学的に酸化し表面にチタニアナノチューブを形成し，これをそのままアノードに使用するというものである。表面にはチタニアナノチューブ，深部にはチタン構造が残っておりこれが集電極として働くという複合シートである。図7に我々が塗布で作製したフレキシブルポーラスチタニアシートの断面を示す。ステンレスメッシュシートのステンレス金属細線の間がポーラスチタニア層で満たされ一枚のシートになっていることがわかる。このシートを使って，我々は図6に示すようなTCO-less バックコンタクト型平面太陽電池，TCO-less バックコンタクト型シリンダー太陽電池，ファイバー型太陽電池，ハイブリッド型太陽電池を提案した。

　図8にTCO-less バックコンタクト型平面色素増感太陽電池の作製方法を示す。カバーとして

123

量子ドット太陽電池の最前線

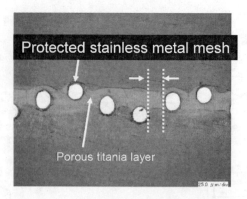

図7 フレキシブルポーラスチタニアシートの断面

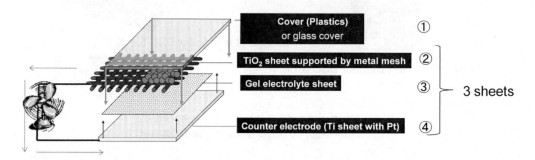

図8 TCO-less バックコンタクト型平面 DSC の作製方法

のガラス基板，またはプラスチックシート①，フレキシブルチタニアシート②，ポーラスなＰＴＦＥシートに電解液をしみこませたゲルシート③，対極として働く Ti シート（表面に白金薄膜形成）④を順次積層することにより TCO-less バックコンタクト型平面太陽電池を作製することができる。フレキシブル太陽電池を作製するためには①としてプラスチックシートを用いる。透明導電膜は必要ではないため汎用プラスチックシートを用いることができる。当初 PTFE シートの膜厚やポーラスチタニア電極の膜厚が厚かったため（セルギャップ75ミクロン），プラスチック型太陽電池の性能は図9に示すように光電変換効率は4.5%に留まっていた。透明導電膜付ガラス基板を用いた通常の色素増感太陽電池のセルギャップは 20-50 ミクロンである。セルギャップが厚いとヨウ素レドックスの拡散が十分ではなくなり抵抗成分が増えるため，太陽電池性能が低下する。この為，ポーラスチタニア膜の膜厚を薄くする，電解液保持層の層を薄くする等の最適化を行い，セルギャップを 40 ミクロンにすることによって効率は 6.1% まで向上した。

2.1.2 TCO-less バックコンタクト型円筒形（シリンダー）色素増感太陽電池

シリンダー型太陽電池は化合物系の太陽電池である CIGS を用いて既に実用化されており，以下のような特徴が期待されている。

1 円筒形のため，どこから光が入射しても発電が起こり，光の入射角依存性が少ない。

第3章 太陽電池への応用

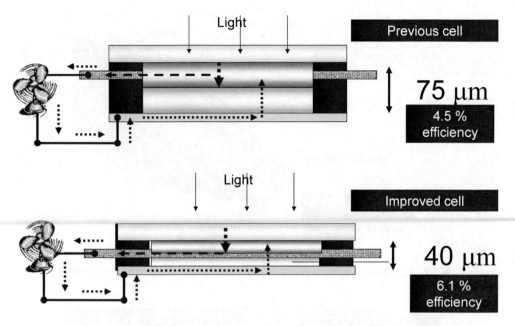

図9 TCO-less バックコンタクト型平面 DSC の性能向上

2 円筒形を並べモジュール化することによりモジュールに隙間を空けることが可能となる。風によって太陽電池モジュールが煽られることがない為，モジュール設置のための土台が軽くて済み，モジュール全体の軽量化，低コスト化，設置コストの低減につながる。

3 モジュールが軽量のため運搬が容易である。

4 色素増感太陽電池では液体部分の封止が重要であり十分な封止を行うとコストが上がるという欠点があったが，円筒形にすると封止面積が小さくて済み，封止プロセスの低コスト化が期待できる。

色素増感太陽電池においても円筒型太陽電池に関する報告はあったが，円筒形のガラス内部に透明導電膜を作製する必要がありプロセスは簡単なものではなかった[8]。

図10に TCO-less バックコンタクト型色素増感太陽電池の構造と発電機構を示す。ガラスチューブ①の中に円筒状に成形したポーラスチタニアシート②，円筒状ゲル電解液フイルム③，白金をスパッタした Ti 線④を順次挿入すると TCO-less バックコンタクト型シリンダー色素増感太陽電池 F-2 が作製できる。TCO が不要なため，ガラス内部を TCO 化する必要がなく比較的容易にシリンダー色素増感太陽電池を作製することができる。ポーラスチタニアシート②は図11に示すように円筒形に成形したものを用いた。白色部分がポーラスチタニア層で褐色の部分が表面保護層を有するステンレスメッシュシートである。電解液の封止はガラスチューブの端部のみで行うため大型化しても封止部分は大幅には増加しない。外部から光が入射するとポーラスチタニア層②で光電変換がおこり，裏面電極として働いているステンレスメッシュ集電極に電子

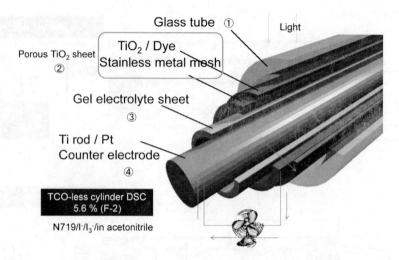

図10　TCO-less バックコンタクト型色素増感太陽電池（F-2）の構造と発電機構

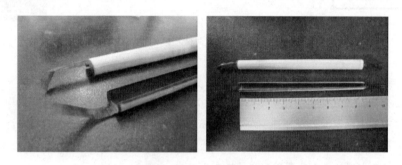

図11　円筒形のポーラスチタニアシート②

が集められる。電子は外部回路を経て対極に到達し電解液中のヨウ素に移動する。電子を得たヨウ素はヨウ素イオンとなり電解液中を拡散し，ステンレスメッシュの隙間を通過し，チタニア上の酸化された色素に戻る。図12に示すように外のガラス管をプラスチックチューブ，内部のチタン線をプラスチックチューブとメタルメッシュの複合体にすることによりフレキシブル化が可能である。平面型太陽電池と同様にポーラスチタニア層や電解液層の薄膜化によりセルギャップを狭めることにより効率を5.6%まで向上することができた。フレキシブル TCO-less バックコンタクト型シリンダー色素増感太陽電池の効率は5.1%である[9]。外部のプラスチック，ガラス管は図導光路として働く。図13に ZEAMAX を使ってシミュレーションした光の侵入経路の一例を示す。光がガラス壁やプラスチック壁を介して回ってチタニア・色素層に吸収されるため，直接光が照射しない側面，裏面のチタニア・色素層でも発電が起こる。ガラス管の直径方向の66%しかチタニア・色素層が形成されていないが，実際には93%の投影面積で発電が起こる。実際にレーザーを照射してレーザーの照射位置と電流の関係を図14に二次元表示したが，シ

第 3 章　太陽電池への応用

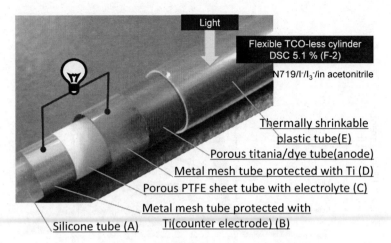

図 12　フレキシブル TCO-less バックコンタクト型色素増感太陽電池（F-3）の構造

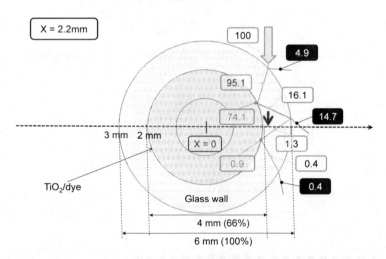

図 13　TCO-less バックコンタクト型色素増感太陽電池（F-2）の光の侵入経路シミュレーションの一例
　　　Optical simulation by ZEMAX：数値は各点における光強度（入射光を 100%）

ミュレーション結果と良く一致していた。この方法は Laser beam induced current（LBIC 法）と呼ばれる。図 15 にフラット型太陽電池とシリンダー型太陽電池の性能に対する入射角度依存性を示す。円筒型は入射角度に依存せず安定した電流，効率を維持しており，一日の中での総発電量が平面型よりも多いことが期待できる。

　TCO-less バックコンタクト型ファイバー色素増感太陽電池（図 6，F-3）はガラスファイバーまたはガラス管の外に，メッシュ金属を裏打ちしたポーラスチタニア層を巻くことにより容易に作製することができる[10]。光はファイバー端から入射しガラス壁が TCO-less 太陽電池になって

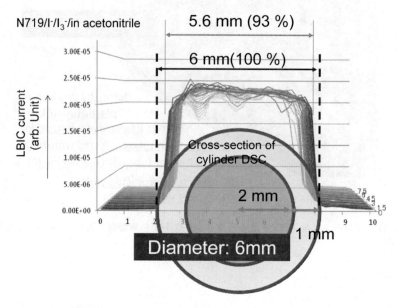

図14 TCO-less バックコンタクト型色素増感太陽電池（F-2）の光電変換可能なエリア

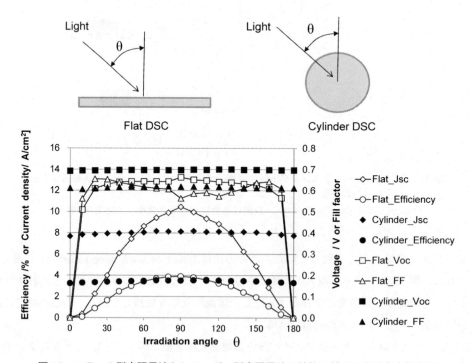

図15 フラット型太陽電池とシリンダー型太陽電池の性能に対する入射角度依存性

第 3 章　太陽電池への応用

おり発電できる。2.4% の効率が得られている。

　フレキシブルチタニアシートをガラスクロスの上に形成することもできる。図 6 に示したハイブリッドセル（F-5）は異なった吸収スペクトルを有する色素を吸着させたトップ電極とボトム電極からなっている。トップセルとボトムセルの相乗効果で光吸収帯域を広帯域化できる。従来同じチタニア層を塗り分けることは非常に難しかったが[11]，ガラスクロスに裏打ちされたポーラスチタニア層（ボトム電極）とトップ電極を室温で機械的にプレスすることにより容易にトップ電極とボトム電極の電気的なコンタクトを取ることができる[12]。近赤外領域で高い光電変換効率を有する色素が完成した時には，近赤外色素をボトム電極に，従来のルテニウム色素をトップ電極に吸着させることにより可視域，近赤外域で広い波長域で光電変換が可能となり，高い光電流を得ることができると期待される。

2.1.3　まとめ

　透明導電膜を必要としないバックコンタクト型色素増感太陽電池は作製が容易であり，透明導電膜作製の制約がないため平面型のみならず円筒形等の種々の形をもった太陽電池作製が可能になる。現在の効率をさらに高めるためにセルギャップの最適化が必要でありまた実用化検討に向けてモジュール化プロセス関する研究開発が必要である。量子ドット型の TCO-less バックコンタクト量子ドット型太陽電池の作製は可能と思われ，バックコンタクト型太陽電池と量子ドットが結び付きハイブリッド型など新しい機能が発現することを期待する。

文　　献

1) M. A. Green, K. Emery, Y. Hishikawa, W. Warta, and E. D. Dunlop, *Prog. Photovolt*, Res. Appl. 2012, **20**, 12-20

2) 中村京太郎，伊坂隆行，舩越康志，殿村嘉章，町田智，岡本浩二，シャープ技報，**11**, 93 (2005)

3) a. J. M. Kroon, N. J. Bakker, H. J. P. Smit, P. Liska, K. R. Thampi, P. Wang, S. M. Zakeeruddin, M. Graetzel, A. Hinsch, S. Hore, U. Wurfel, R. Sastrawan, J. R. Durrant, E. Palomares, H. Pettersson, T. Gruszecki, J. Walter, K. Skupien and G. E. Tulloch, *Prog. Photovolt*, Res. Appl., 2007, **15**, 1-18
b. N. Fuke, A. Fukui, R. Komiya, Y. Chiba, R. Yamanaka, L. Han, *Jpn. J. Appl. Phys.* **46** (18) 2007 L420-L422
c. N. Fuke, A. Fukui, R. Komiya, A. Islam, Y. Chiba, M. Yanagida, R. Yamanaka, and L. Han, *Chem. Mater.* 2008, **20**, 4974-4979
d. N. Fuke, A. Fukui, A. Islam, R. Komiya, R. Yamanaka, L. Han, and H. Harima, *J. Appl. Phys.* 2008, **104**, 064307
e. N. Fuke, A. Fukui, A. Islama, R. Komiya, R. Yamanaka, H. Harima, L. Han, *Solar Energy*

Materials & Solar Cells 2009, **93**, 720-724

f. Yohei Kashiwa, Yorikazu Yoshida and Shuzi Hayase, *Appl. Phys. Lett.*, **92** (3), 033308 (2008)

4) T. Nishimura, D. Nomura, S. Sakaguchi1, H. Nagayoshi1, and S. Hayase, Jpn. *J. Appl. Phys.*, **50**, 026501 2011

5) Y. Yoshida, S. S. Pandey, K. Uzaki, S. Hayase, M. Kono, and Y Yamaguchi, *Appl. Phys. Lett.*, 2009, **94**, 093301

6) a. X. Fan, F. Wang, Z. Chu, L. Chen, C. Zhang, D. Zou, *Appl. Phys. Lett.* **90** (2007) 073501

b. Z. Liu, V. (Ravi)Subramania, M. Misra, *J. Phys. Chem.* **C 113** (2009) 14028-14033

c. X. Huang, P. Shen, B. Zhao, X. Feng, S. Jiang, H. Chen, H. Li, S. Tan, *Sol. Energy Mater. Sol. Cells* **94** (2010) 1005-1010

d. M. Y. Song, D. K. Kim, S. M. Jo, D. Y. Kim, *Synthetic Met.* **155** (2005) 635-638

e. H. E. Unalan, D. Wei, K. Suzuki, S. Dalal, P. Hiralal, H. Matsumoto, S. Imaizumi, M. Minagawa, A. Tanioka, A. J. Flewitt, W. I. Milne, G. A. J. Amaratunga, *Appl. Phys. Lett.* **93** (2008) 133116

7) Yuan Li, Wanyi Nie, Jiwen Liu, Ashton Partridge, and D. L. Carroll, IEEE JOURNAL OF SELECTED TOPICS IN QUANTUM ELECTRONICS Digital Object Identifier 10.1109/ JSTQE.2010.2044140

8) Zion Tachan, Sven Ruhle, and Arie Zaban, *Solar Energy Materials & Solar Cells* **94** (2010) 317-322

9) a. J. Usagawa, S. S. Pandey, S. Hayase, M. Kono, and Y. Yamaguchi, *Appl. Phys. Express*, **2**, 062203 (2009)

b. J. Usagawa, M. Kaya, S. S. Pandey and S. Hayase, *Journal of Photonics for Energy*, **1**, 01110-1 (2011). 4c. Shuzi Hayase, World Journal of Engineering 8, 9 (2011)

10) a. J. Usagawa, S. S. Pandey, S. Hayase, M. Kono, and Y. Yamaguchi, *Appl. Phys. Express*, **2**, 062203 (2009)

b. K. Uzaki, T. Nishimura, J. Usagawa, S. Hayase, M. Kono, Y. Yamaguchi, *Journal of Solar Energy Engineering*, 021204, **132** (2010)

c. Shuzi Hayase, *World Journal of Engineering*, 8, **9** (2011)

11) F. Inakazu, Y. Noma, Y. Ogomi and S. Hayase, *Appl. Phys. Lett.*, **92**, 093304 (2008)

12) K. Sadamasu, T. Inoue, Y. Ogomi, S. S. Pandey, and S. Hayase, *Appl. Phy. Express*, **4**, 022301 (2011)

2.2 有機薄膜型太陽電池の高効率化

松田一成[*1], 吉川 暹[*2]

2.2.1 はじめに

　有機薄膜型太陽電池 OPV は，シリコンの代わりに有機半導体を光吸収層として用いた太陽電池であるが，①エネルギーペイバックタイムが半年以下と大変短く，②資源的制約がなく，③分子設計に基づき多様性の高い化合物合成が可能，④溶液キャスト法，印刷技術など安価なプロセスによって簡単に大面積モジュールを作製することができる，⑤ $10^5 cm^{-1}$ を超える高い吸光係数を示す有機分子も多く，1μ 以下の薄膜でも十分な光吸収が可能，⑥軽量・安価・大面積・フレクシブルな太陽電池が可能で，結晶シリコン太陽電池にはない特性を有することから，現在，90% 以上のシェアを持つシリコン系とは全く異なる次世代型太陽電池の有力な候補である。しかし，未だ効率が結晶シリコンの半分と低く，酸素・紫外光に弱く 20 年という長期使用に耐える信頼性が得られていないなどの問題が残されており，実用化はこれからである。

　しかし，昨年秋の MRS シンポジューム（ボストン）では三菱化学による認証効率 10% の報告があり，この 4 月にも 11.0% の発表をし，世界に対し，大きなインパクトを与えた。さらに，今年 2 月には，住友化学の低バンドギャップポリマーを使った高分子タンデムセルで，10.6% の NREL 認証効率が住友化学と UCLA のグループから発表された。低分子系でも Heliatek がタンデムで，9.8% の認証データーを昨年末に，今年 4 月には，10.7% のデーターを発表した。まさに OPV 大競争時代の幕開けである。有機薄膜型では，これまで，Konarka, Plextronics, Solamer といった，外国ベンチャーによるテスト製品は小規模に発売されてきたが，少量のモバイルユーズに限られており，効率も 2% 程度が限度であった。ここに来て住友化学が昨年 9 月にモジュールで 5% 近い世界トップデータを達成，今年に入って，東芝が 20cm 角のセルで 6.6% を実現するなど，日本の活躍が目立つようになってきた。しかし，世界の技術動向は，むしろ製造技術に移っており，安価な R2R 技術の確立にむけた地道な技術蓄積が，今，求められている。

2.2.2 高効率化への道

　有機半導体を光吸収層として用いた太陽電池は，英語では，Organic Photovoltaics（OPV）と呼ばれてきたが我が国では，有機薄膜太陽電池と称されている。p 型・n 型半導体に有機半導体を用いた系を有機薄膜太陽電池 OPV としてきたが，用いる p 型半導体分子のサイズにより，高分子型と，低分子型に分類されている。通常［ITO／PEDOT：PSS／P3HT・PCBM などからなる活性層／TiOx／Al］といった全層を含めても厚さ 1μm 以下の薄膜構造で極めて単純である。高分子，低分子ともに，公的機関の認証データで，10% を超えるところまできたことから，今後は，如何にして結晶シリコンの効率に近づけられるかが課題である。既に，有機薄膜型では，バルクヘテロ接合 BHJ という pn 半導体が数 10nm レベルで層分離した構造が優れた単接合構造

[*1] Kazunari Matsuda 京都大学 エネルギー理工学研究所 教授
[*2] Susumu Yoshikawa 京都大学 エネルギー理工学研究所 特任教授

量子ドット太陽電池の最前線

として提案されているが,将来は,以下に述べるような,量子化された半導体を用いることにより,Schockley-Queisser 限界を超える高効率な素子も提案されよう。

(1) 単接合太陽電池の変換効率

太陽光のスペクトル範囲は広く分布しており,赤外から紫外光の領域まで及ぶ。通常の光電変換プロセスの範囲では,理想的な単接合太陽電池構造の変換効率は,構成する物質のバンドギャップ E_g によって決まっている。これは,太陽光のスペクトルと物質での光吸収とのマッチングによるキャリア生成効率と深く関係がある。例えば,シリコンのように近赤外波長領域に E_g をもつ物質では,理想的な変換効率はおよそ 30% となっている。理想変換効率が〜30% に律則されている理由の一つは,次に説明するような光電変換プロセスでの損失があるためである。図1に示すようにバルク半導体(たとえば Si など)に,紫外光のようにフォトンエネルギーの十分大きな光($\hbar\omega > E_g$)が入射するとする。その際に生成された電子やホールなどのキャリアは,大きな余剰エネルギーをもつ。バルク半導体では,E_g 以上のエネルギーでの電子の状態密度は連続的に分布している。そのため,余剰エネルギーをもつ高い励起状態にある電子(ホール)は伝導帯(価電子帯)の底までフォノンを放出しながら急速に緩和し,エネルギーを失う。その際に放出したフォノンは,最終的にエネルギーの最も小さい音響フォノンとなり熱となる。つまり,紫外光によって高いエネルギーをもつキャリアを生成しても,一つのフォトンで E_g に相当するエネルギーをもつ一対の電子・ホールのみを生成できるだけである。そのため,余剰エネルギー($\hbar\omega - E_g$)は光電変換プロセスに寄与せず,熱損失となっている。つまり,バルク半導体太陽電池では,紫外光のような高エネルギーをもつフォトンエネルギーの大半を,熱損失で失っていることになり,これが単接合太陽電池での光電変換効率の律則要因となっている。このような変換効率限界は Shockley-Queisser 限界と呼ばれている。有機薄膜型単接合セルも,この限界による制約を受けるが,p,n型半導体材料の HOMO/LUMO の精細なチューニング可能なことから,理想的な変換効率としてシリコン系より高い 36% が期待されている。

(2) 半導体量子ナノ構造の利用(ナノワイアー,量子ドットなど)

有機薄膜型においても量子構造の導入により,この Shockley-Queisser 限界を超える試みがなされてきた。現在,電子をナノスケールの構造体に閉じ込めた半導体量子ナノ構造を利用した太陽電池の研究が精力的に進められている。そのような半導体量子ナノ構造中には,E_g の異なる材料を接合することで,伝導帯と価電子帯に井戸型ポテンシャルが導入されている。その井戸層の厚み L が,電子のド・ブロイ波長より狭くなると量子閉じ込め効果が起こり,バルク半導体とは異なる量子準位が形成される。図2(a)に示すように,一次元方向の井戸型ポテンシャルに電子が閉じ込められ,ポテンシャル障壁が無限大であるとすると,

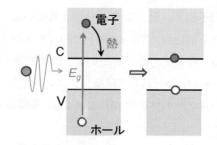

図1 バルク半導体における光によるキャリア(電子,ホール)生成のプロセス。

第3章　太陽電池への応用

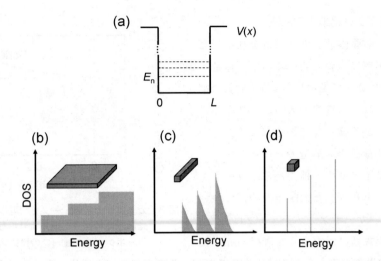

図2　(a)半導体ナノ構造における量子化準位の模式図，(b)二次元量子ナノ構造（量子井戸），
(c)一次元量子ナノ構造（ナノワイアー，ナノロッド，カーボンナノチューブなど），
(d)0次元量子ナノ構造（量子ドット，ナノ粒子など）の状態密度の模式図。

その電子の量子化準位は $E_n = \pi^2 \hbar^2 n^2 / 2m^{*2} L^2$ （$n=1,2,3..$）と書ける。ここで，m^*は電子の有効質量，$\hbar$はプランク定数を表す。このような井戸型ポテンシャルで一方向に電子（電子は二次元平面内に閉じ込められる）を閉じ込めたものを，二次元系である量子井戸と呼ぶ。その状態密度は図2(b)に示すように，バルク半導体での放物線型から階段状に変化する。もう一方向から閉じ込め，細線状にしたものが一次元量子細線（ナノワイアー，ナノロッド，カーボンナノチューブなど）と呼ばれ，量子化準位において発散的な状態密度を示す（図2(c)）。さらに，三方向から閉じ込められた構造が，0次元半導体量子ドット（半導体ナノ粒子）である（2(b)）。この半導体量子ドットでは，電子の状態密度がδ関数的に離散化し，バルクのような連続的な電子構造ではなくなる。このような半導体量子ドットを含む低次元半導体では，量子化された準位以外のエネルギーでは状態密度が存在せず（もしは極めて小さく），その中の電子はエネルギー，運動量ともに離散化することになる。これはバルク半導体中の電子（ホール）が，連続的なエネルギー・運動量分布を持っているのとは極めて対照的である。2.2.1で述べたようにバルク半導体では状態密度が連続的に分布しているため，短波長（高エネルギー）の光で励起されたホットなキャリア（電子やホール）は高速緩和し，その余剰エネルギーをフォノンとして放出することでエネルギー損失している。これに対して低次元半導体では，ホットな電子の緩和において，エネルギー保存則を満たすフォノン状態数が少なくなるため，エネルギー緩和速度が遅くなることが期待される。これが，低次元半導体におけるフォノンボトルネックと呼ばれる現象であり，これをうまく利用したホットキャリア太陽電池，マルチキャリア（励起子）生成太陽電池などの提案がなされている[1,2]。

(3) 半導体量子ナノ構造太陽電池

ここでは，半導体量子ナノ構造を利用した太陽電池の実例について述べる。半導体量子ナノ構造は，2.2.2で説明したような特異な電子状態とともに，物質サイズがナノスケールであることによる様々な特徴を有する。そのような半導体量子ナノ構造の一つとして，一次元系ナノワイヤーの一種である，カーボンナノチューブを利用した太陽電池の例について紹介する[3]。カーボンナノチューブは，図3の挿入図の模式図に示すような直径1nm，長さが数μmの炭素のみからなる筒状物質であり，その高アスペクト比から一次元系の電子状態の特徴を有している。このため，高効率で光吸収が起こり，さらにキャリア散乱が抑えられるためキャリア易動度が高く，効率良く光電変換によって生成されたキャリアを外部に取り出すことができることが期待できる。ここでは半導体カーボンナノチューブを構成要素として，バルクSiとのヘテロ構造を有するカーボンナノチューブ太陽電池の光電変換特性を示す。太陽電池の活性層となるカーボンナノチューブは，強い分子間力によって複数のカーボンナノチューブが束になり，バンドル構造と呼ばれる形態をしており，それらが網目状のネットワークを形成している。このカーボンナノチューブネットワークをp層（ホール層）とし，n-Siシリコン基板上でpn構造を形成している。図3に，カーボンナノチューブ太陽電池の電流電圧（J-V）特性を示す。暗状態（dark）では，典型的なダイオード特性を示すとともに，ソーラシミュレーターの光を照明した状態（Light）では発電していることが分かる。このJ-V特性より光電変換効率は，2.4%（曲線因子：0.43，解放電圧：0.39V，短絡電流：14.6mA/cm^2）であることが確認された。カーボンナノチューブネットワークの密度が比較的低い状態においても，数%程度の変換効率となっており，ネットワーク密度を上げることで更なる効率向上が期待できる。また，カーボンナノチューブは，Siなどと同様にドーパント種を変えることでp（ホールドープ）型カーボンナノチューブ，n（電子ドープ）型カーボンナノチューブの両方を実現することができる。そのため，半導体量子ナノ構造の特徴を利用した太陽電池の材料として興味深く，また半導体量子ナノ構造太陽電池のプロトタイプとなりうる。

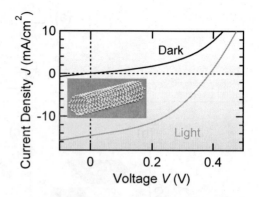

図3 カーボンナノチューブを利用した太陽電池の光電変換特性（文献4より転載）。挿入図はカーボンナノチューブの模式図。

(4) ホットキャリア太陽電池

半導体量子ナノ構造を用いることで，バルク半導体にはない特徴を持った太陽電池を実現できる可能性がある。ここで述べるホットキャリア太陽電池は，低次元半導体でのキャリア緩和速度が低下することを利用し，余剰エネルギーをもつホットなキャリアを外部に取り出すことを利用する[1]。このような原理を利用することで，余剰エネルギーによる熱損失を押さえ，変換効率を向上させるものである。現在，様々なホットキャリア太陽電池が提案されているが，その中で代

第3章 太陽電池への応用

表的なものについて述べる.図4は,提案されている半導体量子ドットを利用したホットキャリア太陽電池の一例である.ここでは光吸収層として,量子ドット(例えばSi, In(Ga)As量子ドットなど)を密集して並べた超格子構造を利用している.つまり,高密度に量子ドットを並べ,ポテンシャルバリア層の厚みを実効的に薄くすることで,量子ドット中の電子の波動関数が重なりミニバンドを形成できる.このようなミニバンド形成とそのバンド内での伝導を利用し,キャリア

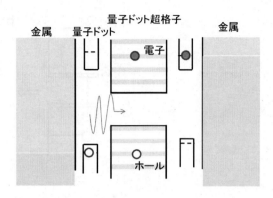

図4 量子ドット超格子構造などを利用したホットキャリア太陽電池の模式図.

を外部に取り出す構造としている.量子ドット超格子で光吸収によって生成されたキャリアは,最低状態に緩和する前の余剰エネルギーを持つホットな状態で,近接するトンネルバリアを介して繋がれた量子ドットに移され外部に取り出される.こうすることで,熱損失を抑制し効率よくキャリアを外部に取り出すことができる.このようなホットキャリア太陽電池では,様々な構造のものも検討されている一方で,現時点ではホットキャリアをいかに効率よく外部に取り出すかについての基礎研究が行われている段階であり[4],最適な物質系や構造探索が行われている.

(5) マルチキャリア(励起子)生成太陽電池

半導体量子ナノ構造を利用した太陽電池として,マルチキャリア(励起子)生成現象を利用した太陽電池が提案されている.これは,キャリア緩和の際に熱散逸となるエネルギー分を,新たなキャリア生成に利用しようするものである[5~7].ここでは,半導体量子ドットやカーボンナノチューブなど量子閉じ込め効果によって,ある程度電子準位が離散化しているケースを例にとり,実際にその光電変換プロセスを図5で説明する.図5(a)-(c)に示すように,紫外光のようなE_gより高いエネルギーのフォトンが半導体ナノ構造に入射すると,余剰エネルギーをもつ電子(ホール)が生成される.先ほど述べたように電子準位はある程度離散化しており,フォノン放出によるエネルギー緩和が抑制され,余剰エネルギーを持ったキャリアは,比較的長い時間高い励起状態に留まることになる.この時に,電子(もしくはホール)がエネルギー緩和する際のエネルギー(ΔE)がE_gよりも大きい場合,インパクトイオン化(逆オージェ)プロセスによって,余剰エネルギーは新しいもう一対の電子とホールを生成するのに使われる.すなわち,一つのフォトンで複数の電子とホールが生成され,これがマルチキャリア生成現象と呼ばれるものであり,これを応用したものがマルチキャリア太陽電池である.その後,半導体ナノ構造中に複数の電子とホールが生成されると,オージェプロセスと呼ばれるインパクトイオン化とは逆のプロセスが起こる.これは,複数のキャリア間で相互作用し,図5(e)に示すように一対の電子とホールが発光(輻射)せずに消滅し,そのエネルギーを受け渡された電子とホールが高いエネルギー状態にたたき上げられるプロセス(図5(f))である.このマルチキャリア生成現象の実験的な観測

量子ドット太陽電池の最前線

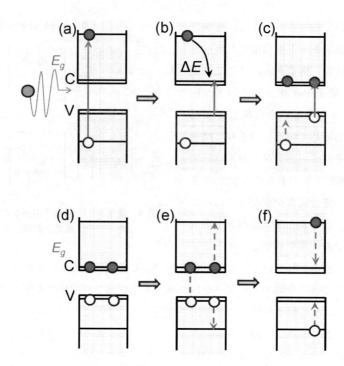

図5 (a)-(f)半導体ナノ構造におけるインパクトイオン化による
マルチキャリア生成プロセスのダイナミクス。

には，この現象がピコ秒程度の非常に速い時間領域で起こるため，フェムト秒レーザーパルスを用いた過渡吸収分光法などが用いられている。この方法はポンプ光とプローブ光の二つのレーザーパルスを利用し，ポンプ光で生成したキャリア（もしくは電子とホールの束縛状態である励起子）数をプローブ光による吸収変化を通してモニターし，キャリア数を時間の関数として調べそのダイナミクスを追いかける。インパクトイオン化のプロセスは非常に高速に起こるため，オージェプロセスの観測を通してマルチキャリア生成現象の確認が行われている。これはオージェプロセスが，半導体ナノ構造中に複数以上のキャリアが存在する場合のみ起こることを利用している。さらにこの現象が起こるためには，生成されたキャリアが高い励起状態，つまり大きな余剰エネルギーをもつことが必要であり，余剰エネルギーの大小で生成されるキャリア数（励起子数）が異なるかどうかを調べれば，マルチキャリア（励起子）生成が起こっているかどうかを知ることができる。

ここでは，一次元系であるナノワイヤーの典型例である半導体カーボンナノチューブを例に説明する。図6にポンプ光のフォトンエネルギー，すなわち初期生成されるキャリア（励起子）の余剰エネルギーを変え得られた，プローブ光の吸収（励起子数）変化の時間挙動を示す[7]。1.55（800nm：実線），3.10eV（400nm：破線）のポンプ光を用い，初期の余剰エネルギーが比較的小さいケースでは，吸収変化（$\Delta T/T$）の様子はあまり変わらない。これに対して，余剰エネルギー

第3章　太陽電池への応用

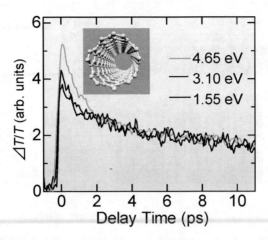

図6　過渡吸収ダイナミクスによるカーボンナノチューブにおける
マルチキャリア（励起子）生成の観測（文献6より転載）。

が最も大きい4.65eV（266nm：実線）では，弱励起条件（吸収される平均フォトン数が1個以下）にもかかわらず，時間原点付近で早い減衰挙動を示す。この早い減衰挙動は，図5(e)-(f)に相当するオージェプロセスによるものである。このようにオージェプロセスが起こっていることは，一フォトンで複数の励起子（キャリア）生成，つまりマルチキャリア（励起子）生成現象が起こっていることを示している。

　このようなマルチキャリア（励起子）生成現象について，その効率を含め多くの実験や議論がなされている。また，ホットキャリア太陽電池と同様に，生成されたキャリアをいかに効率良く外部に取り出すかが成否のカギとなり，マルチキャリア（励起子）生成現象を効率よく利用するために最適な太陽電池構造が必要である。近年，実際にマルチキャリア生成などによるキャリア増幅を利用した光検出の実験が複数報告されはじめてきており[8,9]，今後，さらなる物質探索や太陽電池構造などの最適化を通して，Shockley-Queisser限界を超える次世代太陽電池の研究へと進展してゆくことが期待される。

2.2.3　超階層ナノ構造素子の開発
　以上のような，単接合の効率限界を超えた高効率化は，多くの場合，有機系でも可能である。しかし，これを実現するためには，エネルギーを効率よく取り出すことのできるセル構造を新たに開発しなければならない[10]。有機薄膜型の制約は，励起子拡散長及びキャリヤー移動度が10nmレベルと極端に小さく，100nm以上の活性層の内部に発生した励起子と電荷を，活性層を介して，効率よく回収することが難しいことによる。そこで，伝導度の高い電子輸送層ETLとホール輸送層HTLの1Dナノアレイを作成し，両者が相互貫入した構造をとることにより，十分な光吸収層の厚さを確保しつつ，電荷収集の効率を同時に実現できる素子構造が不可欠となる。我々はこれを実現するために，「超階層ナノ構造素子」を提案してきた（図7）。

　その一例として，ETLとしてZnO或いはTiO$_2$などMOxの1Dナノロッドアレイを，HTL

量子ドット太陽電池の最前線

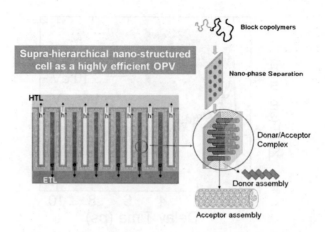

図7 1Dナノ構造を有するETLとHTLを配した超階層ナノ構造素子の模式図。

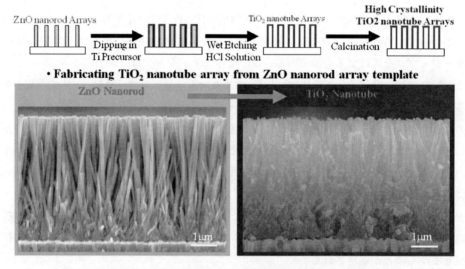

図8 ZnO-1Dナノロッドアレイとそれを鋳型として作成したTiO$_2$-1DナノチューブアレイのSEM写真と製造スキーム。

にはPEDOT：PSSなどのポリマーブラシを用いることを提案した（図8）。超階層ナノ構造素子に用いるETLとしては，1Dナノ構造を持ったTiO$_2$が理想的であり，我々は，ZnOナノロッドを鋳型としてTiO$_2$一次元ナノアレイの創製に成功し，これを光電極として用いることで高効率なDSCを実現した。さらに部分的な階層的ナノ構造化として，ZnOナノロッド表面に色素を固定化したポリマーセルを構築し，大幅な効率の向上を実現した[11]。

一方，HTLとしてはポリマーブラシを基板から直接はやすことにより基板に垂直なHTLの開発に成功している。スチレンスルホン酸ナトリウムSSNaとスチレンスルホン酸エチルエステルSSEtのポリマーブラシ作製が可能で，10nm厚以下でホール輸送層としての優れた機能を実

第 3 章　太陽電池への応用

証した。ブラシ付与 ITO 上で 3,4-エチレンジオキシチオフェン EDOT の電気化学重合を行うことで，より緻密な HTL 層の形成が可能となった。これによりセルの信頼性向上と薄膜化を同時に創出可能となった。またラジカルテロメリゼーションにより作製したグラフト化テンプレートのポリピリジン PPy を ITO 表面に修飾することにより PEDOT：PSS 薄膜のホール移動度向上が実現されており興味深い。

　原理的に ETL，HTL の間に配置する活性層は，どのような材料構造でも可能である。PCBM の無いドナーのみの吸収層で，2% 近い効率が可能であるし，量子ドットをその間に配することも可能である。我々は既に，メソポーラスチタニア基板上に，SnS_2，SnS の量子ドットを形成させ，DSC を実現している[12]。今後，ETL，活性層，HTL の理想的な配置を実現した素子技術の開発により，単接合変換効率の限界である Shockley-Queisser 限界を超えた次世代太陽電池デバイスの構築を図っていくことも可能となろう。

文　　献

1) M. A. Green : Third Generation Photovoltaics, Springer (2003).
2) A. J. Nozik : *Physica E* **14**, 115 (2002).
3) D. Kozawa, K. Hiraoka, Y. Miyauchi, S. Mouri, and K. Matsuda : *Appl. Phys. Exp.* **5**, 042304 (2012).
4) W. A. Tisdale, K. J. Williams, B. A. Timp, D. J. Norris, E. S. Aydil, X.-Y. Zhu : *Science* **328**, 1154 (2010).
5) R. D. Schaller and V. I. Klimov : *Phys. Rev. Lett.* **92**, 186601 (2004).
6) A. Ueda, K. Matsuda, T. Tayagaki, and Y. Kanemitsu : *Appl. Phys. Lett.* **92**, 233105 (2008).
7) 太野垣健：応用物理学会誌 79, 417 (2010).
8) V. Sukhovatkin, S. Hinds, L. Brzozowski, and E. H. Sargent : *Science* **324**, 1542 (2009).
9) N. M.Gabor, Z. Zhong, K. Bosnick, J. Park, and P. L. McEuen : *Science* **325**, 1367 (2009).
10) T. Sagawa, S. Yoshikawa, H. Imahori, *J. Physical Chemistry Letters*, 1, 7, 1020-1025 (2010).
11) P. Ruankham, T. Sagawa, S. Yoshikawa, et. Al., *J. Materials Chemistry*, **21**, 9710-9715 (2011)
12) H. Tsukigase, Y. Suzuki, S. Yoshikawa, et. al., *J. Nanosci. Nanotechnol.*, **11**. 1914-1922 (2011),
    H. Tsukigase, Y. Suzuki, S. Yoshikawa, et. al., *J. Nanosci. Nanotechnol.*, **11**. 3215-3221 (2011)

2.3 光アンテナ搭載型可視・近赤外光電変換システム

上野貢生[*1]，三澤弘明[*2]

2.3.1 はじめに

　低炭素化社会を実現するためには，再生可能エネルギーである太陽光エネルギーを高効率に光電変換することが可能な未来型太陽電池の研究開発を力強く推進することが必要不可欠である。現在広く利用されているシリコン太陽電池の変換効率の理論限界は単結晶で30％～35％，アモルファスで25％であるが，エネルギー基盤を化石燃料から太陽光に変換するためには，この理論限界を遙かに超える革新的太陽電池を実現しなければならない。言うまでもなく，太陽光は紫外から赤外域に至る幅広いスペクトルを有している。とりわけ，地表に到達する太陽光エネルギーの44％は波長800nm以上の赤外光で占められているが，シリコン太陽電池を含め，赤外光を高効率に光電変換できる太陽電池は存在しない。従来有効に利用する術がなかった赤外光を確実に電気エネルギーに変換できる革新的な太陽電池の開発は，極めて高い光電変換効率を達成するためには不可避である。

　このような革新的太陽電池を生み出すためには，従来の太陽電池開発の延長線上にある研究によって実現することは難しく，本研究分野のパラダイムシフトを誘導する新たな学理の確立とその応用への展開を図ることが求められる。著者の一人である三澤は，文部科学省科学研究費補助金「特定領域研究」の領域代表として，極めて高い効率を有する光化学反応を実現するべく，今注目を集めている「ナノプラズモニクス」の研究を深化させ，「光－分子強結合反応場」の概念を世界に先駆けて提案，実証してきた。従来の光化学反応の研究は，光を吸収し励起された物質に着目する研究が主に行われ，物質の光励起プロセスそのものに注目することはなかった。「光－分子強結合反応場」に関する研究は，金属ナノ構造が示す局在表面プラズモン共鳴を利用して分子が存在するナノ空間に回折限界を打ち破り光を局在させ，その「光電場増強効果」によって照射された光子を逃さず分子系と相互作用させて極めて高い確率で励起する「場」を実現するものである。我々は，独自のナノ構造作製技術と方法論をもとに「光－分子強結合反応場」を具現する金属ナノ構造による「革新的光アンテナ」を実現し，近赤外光を高効率に捕集する各種光アンテナのプロトタイプを構築した。これらの光アンテナによる光局在を活用し，金属微粒子からの2光子発光[1]，表面増強ラマン散乱[2,3]，さらにフォトレジスト材料の2光子重合反応をレーザー光ではなくハロゲンランプからの微弱光によって世界で初めて成功するなど[4]，微弱光による非線形光反応への展開を図り，光化学に「光の有効利用」という新しい概念を示してきた。さらに，赤外光を高効率に光電変換可能な革新的太陽電池の開発へと繋がる極めて重要な研究成果を見出した[5]。本稿では，局在表面プラズモン共鳴に基づいて金属ナノ構造に誘起される光電場増強効果や光アンテナ機能について，金属ナノ構造が示すプラズモン分光特性や金2光子発光の増強に

[*1] Kosei Ueno　北海道大学　電子科学研究所／科学技術振興機構（さきがけ）　准教授
[*2] Hiroaki Misawa　北海道大学　電子科学研究所　所長／教授

関する研究成果を用いて解説するとともに，酸化チタン単結晶基板上に光アンテナ機能を有する金ナノ構造体を搭載した可視・近赤外対応型光電変換システムに関する最近の研究成果について述べる。

2.3.2 金属ナノ構造による光電場増強

光の波長に比べて十分小さい金や銀などの金属ナノ微粒子に光を照射すると，光の振動電界によって金属微粒子表面に存在する自由電子の集団運動が誘起され，電気的な分極を引き起こして双極子などの電荷の疎密構造が形成される。この電荷の疎密構造が形成される結果，金属微粒子表面に局所的な電界が生じて近接場光と呼ばれる電磁波が金属微粒子表面近傍に形成される。これら一連の現象が局在表面プラズモン共鳴とよばれる現象であるが，生じた近接場光は局在プラズモンが位相緩和するまで表面に存在するため，それにより光電場増強が誘起される。局在表面プラズモンの共鳴波長は，電子密度，実効的な電子の質量，金属微粒子のサイズや形状による電荷の分布に大きく依存することが知られている[6]。

金属ナノ微粒子が示す光電場増強効果は，微粒子近傍に存在する分子と光の相互作用の確率を増大させ，蛍光の増強やラマン散乱強度の増大，あるいは効率的な非線形光学現象が観測される結果となることが知られている[7〜10]。マクスウェルの古典的電磁理論に基づいた数値シミュレーション（時間領域差分法）により電場強度の増大を解析した場合，構造のサイズや形状にもよるが，金属ナノ微粒子と光の相互作用によって入射光電場強度の数10倍〜100倍程度の電場増強が誘起される。一方，二つ以上の金属微粒子が数ナノメートルに近接した場合，金属ナノ微粒子に局在するプラズモン励起により形成した双極子と隣接した金属ナノ微粒子の双極子が相互作用し，微粒子間（ナノギャップ）において静電的な相互作用が誘起される。したがって，ナノギャップにおける電場強度は，微粒子間距離が小さくなればなるほど大きくなり，最大で入射光電場強度が 10^5 倍程度増強することが理論的に予想されている[11,12]。

2.3.3 光アンテナ機能を有する金ナノ構造体の作製

局在表面プラズモンの光学的性質を示す数10〜数100nmサイズの金属構造体は，ガラスまたは酸化チタン単結晶基板上に電子ビームリソグラフィー，およびリフトオフ法を用いて作製を行った[13]。基板を洗浄後，電子ビーム露光用ポジ型レジスト（日本ゼオン，ZEP-520a）を1000rpmで10秒，4000rpmで90秒間スピンコートすることにより成膜した。レジストを成膜後，高い加速電圧を有する（100または125kV）電子ビーム露光装置で合目的パターンの描画を行い，専用の現像液およびリンス液により現像工程を行った。現像・リンス後，基板上に金属薄膜をスパッタリングにより成膜し，最後に金属薄膜下部のレジスト層をレジストリムバー溶液（ジメチルホルムアミド）により除去して金属ナノ構造体を得た。構造体の金属の厚みの制御は，スパッタリング時間をコントロールすることにより行うことができる。一般に，ガラス基板と金や銀の密着性は高くないことから，あらかじめ接着層としてクロムやチタンを1〜2nm程度スパッタリングした後に金などをスパッタリングにより成膜すると密着性が向上し，機械的強度の高い金属ナノ構造の作製が可能となる。図1にガラス基板上に作製した金ナノブロック構造の電子顕

量子ドット太陽電池の最前線

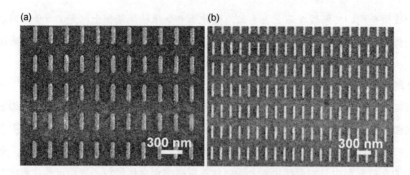

図1　金ナノブロックの走査型電子顕微鏡写真
54nm × 268nm × 60nm（アスペクト比5）(a)，40nm×360nm×60nm（アスペクト比9）(b)

微鏡写真を示す。図1(a)および図1(b)のいずれの構造においても構造体の金属の厚さは60nm，体積は $8.6 \times 10^5 nm^3$ と一定として，構造の縦と横の長さの比率（アスペクト比）のみ変化させた。また，これらの構造は，縦と横のどちらの方向においても構造間距離が200nmとなるようにアレイ状に配列したもので，金ナノブロック構造同士が互いに近接場相互作用を生じない設計となっている。

2.3.4　アスペクト比による共鳴波長の制御

金属ナノ構造体のエクスティンクションスペクトル測定は，可視領域（λ: 400-800nm）では顕微鏡下での透過吸収分光計測システム，近赤外領域（λ: 800-2500nm）では顕微FT-IR測定装置（FT/IR-6000TM，日本分光）を用いて評価した。図2(a)に，金ナノブロック構造体のエクスティンクションスペクトルを示す。図2(a)におけるスペクトルのアスペクト比が1以外の構造体においては，報告されている化学的に合成された金ナノロッドのコロイド分散液の光学特性と同様に，分極の縦モードと横モードの2つの局在表面プラズモン共鳴バンドが観測されている。縦モードは近赤外の900nm～1500nm付近にピークが存在し，アスペクト比が大きくなると長波長シフトする。一方，横モードにおいては，アスペクト比の増大に伴いスペクトルが短波長シフトしており，可視領域に共鳴帯が出現する。このように，構造体のアスペクト比により可視から近赤外の幅広い波長領域に局在表面プラズモンを有する金属ナノ構造体の作製が可能となる。局在表面プラズモンの共鳴波長は，前述のとおり，形状だけでなく構造体のサイズや金属の種類，構造間距離などに対しても強く依存することが知られており，本研究のように半導体微細加工技術を駆使して精密に構造を設計・作製することにより，その光学特性を自在に制御できる。

また，微細加工技術を用いて作製を行う利点のひとつは，構造体の配列を制御することが可能であるため，直線偏光を用いて吸収スペクトルを測定することにより，縦モードのプラズモンバンドと横モードのプラズモンバンドを分離できることである。図2(b)に，スペクトル測定システムの光学系に偏光子（直線偏光）を挿入して測定を行った時のエクスティンクションスペクトル

第3章　太陽電池への応用

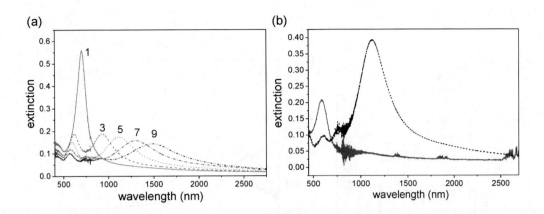

図2　(a) 無偏光照射条件における金ナノブロックのプラズモン共鳴スペクトル（図中数字はアスペクト比）実線：アスペクト比1，破線：3，点線：5，一点鎖線：7，二点鎖線：9．(b) 偏光照射条件における金ナノブロック構造（アスペクト比5）のプラズモン共鳴スペクトル；実線：横モード，破線：縦モード

を示す。図2(b)中の実線のスペクトルは，図1(a)の電子顕微鏡写真に示した縦長型の構造体の長軸に対して垂直な直線偏光を入射した場合，破線のスペクトルは，縦長型の構造体の長軸に対して平行に入射した結果であり，長軸に対して垂直な直線偏光を入射した場合は横モードのプラズモンが，平行の場合は縦モードのプラズモンが励起されていることになる。この原理を利用することにより，可視や近赤外の幅広い波長領域に吸収・反射を示す偏光フィルターや偏光反射板を構築することが可能であり，ディスプレイや光学素子などの要素技術としての応用が期待される[14]。

2.3.5　金ナノブロック構造による光電場増強

　金ナノブロック構造が示す光電場増強効果について，フェムト秒レーザーを励起光源とした顕微2光子発光計測法を用いて検討した。金は500nm以下の光を吸収して発光することが知られている。金の発光は，金の実励起状態（dバンドからspバンドへのバンド間遷移）がd-band（荷電子帯）にホールを形成し，緩和過程において電子とホールが再結合することにより発光すると考えられている[15]。また，金ナノ微粒子の場合，波長800nmのフェムト秒レーザーを励起光とすると金からの2光子発光が観測されることも報告されている[16,17]。また，通常バルクの金からの発光の量子収率は10^{-4}〜10^{-5}と極めて低く[18]，金ナノ微粒子からの発光は表面プラズモン励起に基づく光電場増強が深く関与していることが複数の報告によって示されている[16,17,19]。本稿では，局在表面プラズモンの共鳴効率が発光増強に及ぼす効果について検討した。図3(a)に示すように一辺が60nm〜180nm（x＝60〜180nm），アスペクト比1の金ナノブロック構造を構造間距離が100nmになるようにガラス基板上に配列し（金の厚さは10nm），発光測定を行った。図3(b)に，厚さ10nmの金ナノブロック構造のエクスティンクションスペクトルを示す。構造サイズ，つまりxの増加に伴って，プラズモン共鳴スペクトルが長波長シフトすることがわかっ

量子ドット太陽電池の最前線

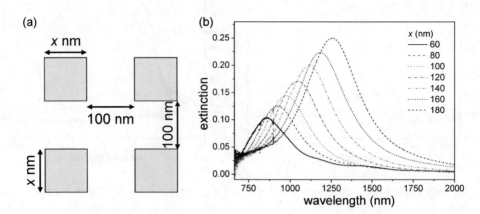

図3 （a）発光測定に用いた金ナノブロック構造アレイの設計略図，（b）金ナノブロック構造のプラズモン共鳴スペクトル

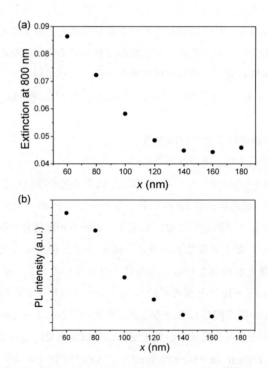

図4 （a）波長800nmにおけるエクスティンクション値の構造サイズ（x）依存性，（b）発光強度の構造サイズ（x）依存性

第3章　太陽電池への応用

た。

　励起光源には，フェムト秒レーザー（$\lambda=800$nm，$\tau=100$fs，$f=82$MHz）を使用し，検出には分光光検出器および光電子増倍管を用いた[2]。レーザー波長におけるプラズモン共鳴の効率を比較するために，図4(a)に，波長800nmにおけるエクスティンクション値をxに対してプロットしたグラフを示す。図からxが小さいほど波長800nmにおけるエクスティンクション値が増加することがわかった。図4(b)に，発光強度（モニター波長：550-650nm）をxに対してプロットしたグラフを示す。なお，測定された発光スペクトルは報告されている金の発光スペクトルと同様の形状を示し，発光強度は励起レーザー光強度の2乗に対して比例することを確認している。ここで重要な点は，発光強度の変化は，図4(a)のレーザー波長におけるエクスティンクション値の変化とほぼ同様の傾向を示し，構造サイズが小さいほど発光強度が増加することが明らかになった。このことから，プラズモン共鳴に基づく光電場増強効果（入射光電場増強効果）により，金の2光子吸収の確率が増大し，発光強度が増強したものと考察される。

2.3.6　光アンテナ搭載型可視・近赤外光電変換システム

　光アンテナ機能を有する金ナノ構造を搭載した酸化チタン電極を用いて，可視・近赤外対応型光電変換システムを構築した。ルチル型単結晶酸化チタン基板（0.05wt% Nbドープ）上に光アンテナ構造として，3節で示した方法を用いて図5(a)の電子顕微鏡写真に示すような金ナノブロック構造体を2.5mm四方の領域に作製した。光電変換特性は，三極式の光電気化学計測システムを用い，作用極に金ナノブロック構造／酸化チタン電極，対極に白金電極，参照電極に飽和カロメル電極（SCE）を用いた。電解質水溶液として過塩素酸カリウム水溶液（0.1mol/L）を用い，キセノンランプからの光を分光器により単色光（スペクトル幅10nm）とし，それを励起光として測定を行った。

　図5(b)に無偏光，および直線偏光を照射した条件における金ナノブロック構造体のプラズモン共鳴スペクトル，図5(c)に金ナノブロック／酸化チタン電極への光照射下における電流－電位曲線，図5(d)に無偏光および直線偏光を照射した条件における光電変換効率（ICPE）のアクションスペクトルを示す。図5(c)より波長500〜1300nmの光照射によりアノード電流が観測され，金ナノブロックのプラズモン励起により支持電解質水溶液側から酸化チタン電極に向かって電子移動が生ずることが示された。また，図5(b)，(d)のスペクトルの比較より，いずれの偏光照射条件においてもIPCEアクションスペクトルはプラズモン共鳴スペクトルの形状と同様の応答を示すことが明らかになった。また，図6(a)に示すような光照射下（照射波長650nm）における電流－電圧曲線の温度効果を金のバンド間遷移である波長450nm，局在プラズモンバンドである波長650nmおよび1000nmにおいて検討したところ，いずれの波長においてもシリコン太陽電池で観測されるような温度上昇に伴う光電流の減少は見られず，むしろ温度上昇に伴って光電流が増加することが明らかとなった。これより，各温度における観測された光電流の値から単位時間あたりに流れた電荷を算出し，その対数を縦軸にアレニウスプロットを作成したところ，図6(b)に示すように金のバンド間遷移（波長450nm）においては約29kJ/molの活性化エネルギーが，

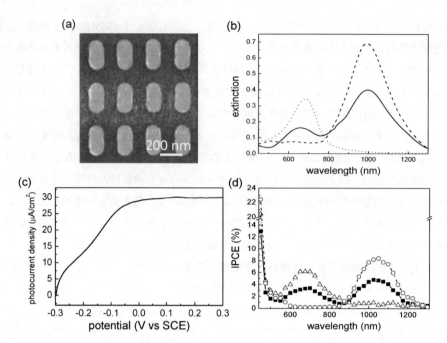

図5 (a) 金ナノブロック構造（120nm×240nm×30nm）の走査型電子顕微鏡写真，(b) 無偏光，および直線偏光を照射した場合の金ナノブロック構造体のプラズモン共鳴スペクトル（実線：無偏光，点線：直線偏光（横モード），破線：直線偏光（縦モード）），(c) 金ナノブロック構造／酸化チタン電極への光照射下における電流－電位曲線，(d) 光電変換効率（ICPE）のアクションスペクトル（■：無偏光，△：直線偏光（横モード），○：直線偏光（縦モード））

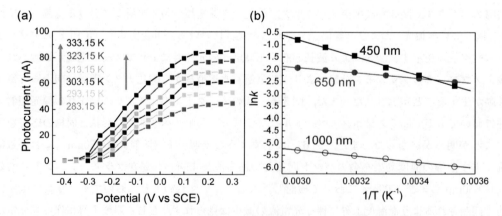

図6 (a) 電流－電位曲線の温度依存性（照射波長650nm），(b) 各照射波長（450, 650, 1000nm）におけるアレニウスプロット；450nm（■），650nm（●），および1000nm（○）

第3章 太陽電池への応用

局在表面プラズモンバンド励起（波長650nm, 1000nm）においてはいずれも約12kJ/molの活性化エネルギーが存在することが示された。これらの活性化エネルギーがどのプロセスに存在するかは現在のところ不明であるが，金のバンド間遷移による電子移動と局在表面プラズモン励起による電子移動とはプロセスが異なる可能性があることを示唆している。

さらに，光電流の時間依存性を測定したところ，電子供与体となる分子を含まない電解質水溶液のみで200時間以上安定に光電流が発生することが確認された。そこで，本測定系において生成物の定量を試みたところ，ほぼ化学量論的に水の酸化的分解によって酸素，および過酸化水素が発生していることが明らかとなった。つまり，水が電子源となって光電流が発生していることが示された。このことから，本光電変換システムは可視・近赤外による太陽電池応用だけでなく，人工光合成系への展開も期待される。現在得られている実験結果から，本光電流発生のメカニズムを考察すると，局在表面プラズモン共鳴に基づき増強された近接場光が金の内殻電子を励起することによって電子・正孔対が形成され，励起された電子は直ちに酸化チタンの伝導電子帯に電子移動し，正孔は酸化チタンの表面準位にトラップされ，水から電子を受け取ることにより光電流が観測されると推測している。また，波長1000nm程度の近赤外光照射によってもほとんど過電圧がなく水の分解による酸素発生が観測されるのは，プラズモン共鳴に基づき局所的なナノ空間で高効率な電荷分離が誘起され，ナノ空間に形成した高密度な正孔に対して2つの水分子から4電子移動が起き，それら近接する中間体がほとんど移動することなく酸素を形成するためと考えられる[20]。

2.3.7 おわりに

本稿では，光アンテナ機能を有する金ナノブロック構造を搭載した単結晶酸化チタン電極による，可視・近赤外光電変換システムに関する最近の研究成果について紹介した。金ナノ構造体は，可視または近赤外光と相互作用して，局在表面プラズモン共鳴を示すこと，またプラズモン共鳴に基づいて構造体近傍において光電場増強効果を示すことを述べた。光電流のアクションスペクトルは，プラズモン共鳴スペクトルと良い一致を示し，プラズモン励起に基づいて光電変換が誘起されることが明らかとなった。通常，酸化チタンは紫外光照射によって電荷分離が誘起され，水の光分解や光電流が誘起されるが（本多－藤島効果），本系において金ナノ構造体がアンテナとなり，エネルギーの小さい可視・近赤外光を電気エネルギーに変換することが可能であることを実証した。従来，近赤外光のようなエネルギーの低い光子は光エネルギー変換にはほとんど利用されてこなかったが，局在プラズモンが示すアンテナ効果によって低エネルギー光子による光電変換の研究の扉がまさに開かれたと考えている。興味深い点は，水分子が電子源となって光電流が発生している点で，酸化チタン電極に紫外光を照射することにより水を分解し光電流を発生させる本多－藤島効果を可視・近赤外光によって可能にする全く新しい人工光合成系・太陽電池への展開も期待される。これらは，局在表面プラズモンが光励起といった物理的なプロセスのみならず，光電子移動反応などの化学プロセスの高効率化にも寄与できるということを強く示唆するものであり，まさに光化学研究において「プラズモン化学」という新しい学問領域が黎明を迎

量子ドット太陽電池の最前線

えたと言える。

謝辞

本稿で紹介した研究成果は，北海道大学電子科学研究所西島喜明博士（現横浜国立大学助教），横田幸恵博士（現理化学研究所博士研究員）等の協力のもとに得られたものであり，ここに感謝の意を表す．本研究は，文部科学省科学研究費補助金，特定領域研究「光－分子強結合反応場の創成（領域番号470）」No.19049001，基盤研究（S）No.23225006，および文部科学省低炭素研究ネットワークの助成を受け，推進されたものである．

文　献

1) K. Ueno, S. Juodkazis, V. Mizeikis, K. Sasaki, H. Misawa, *Adv. Mater.* **20**, 26 (2008).
2) Y. Yokota, K. Ueno, H. Misawa, *Small* **7**, 252 (2011).
3) Y. Yokota, K. Ueno, H. Misawa, *Chem. Commun.* **47**, 3505 (2011).
4) K. Ueno, S. Juodkazis, T. Shibuya, Y. Yokota, V. Mizeikis, K. Sasaki, H. Misawa, *J. Am. Chem. Soc.* **130**, 6928-6929 (2008).
5) Y. Nishijima, K. Ueno, Y. Yokota, K. Murakoshi, H. Misawa, *J. Phys. Chem. Lett.* **1**, 2031 (2010).
6) K. L. Kelly, E. Coronado, L. L. Zhao, G. C. Schatz, *J. Phys. Chem. B*, **107**, 668-677 (2003).
7) S. Nie, S. R. Emory, *Science* **275**, 1102 (1997).
8) K. Kneipp, Y. Wang, H. Kneipp, L. T. Perelman, I. Itzkan, R. R. Dasari, M. S. Feld, *Phys. Rev. Lett.* **78**, 1667 (1997).
9) Y. Sawai, B. Takimoto, H. Nabika, K. Ajito, K. Murakoshi, *J. Am. Chem. Soc.* **129**, 1658 (2007).
10) K. Imura, H. Okamoto, M. K. Hossain, M. Kitajima, *Nano Lett.* **6**, 2173 (2006).
11) H. Xu, J. Aizpurua, M. Käll, P. Apell, *Phys. Rev. E*, **62**, 4318 (2000).
12) E. Hao, G. Schatz, *J. Chem. Phys.* **120**, 357 (2004).
13) K. Ueno, S. Juodkazis, M. Mino, V. Mizeikis, H. Misawa, *J. Phys. Chem. C* **111**, 4180 (2007).
14) K. Ueno, V. Mizeikis, S. Juodkazis, K. Sasaki, H. Misawa, *Opt. Lett.* **30**, 2158 (2005).
15) M. B. Mohamed, V. Volkov, S. Link, M. A. El-Sayed, *Chem. Phys. Lett.* **317**, 517 (2000).
16) A. Bouhelier, M. R. Beversluis, L. Novotny, *Appl. Phys. Lett.* **83**, 5041 (2003).
17) K. Imura, T. Nagahara, H. Okamoto, *J. Am. Chem. Soc.* **126**, 12730 (2004).
18) S. Link, A. Beeby, S. FitzGerald, M. A. El-Sayed, T. G. Schaaff, R. L. Whetten, *J. Phys. Chem. B* **106**, 3410 (2002).
19) G. T. Boyd, Z. H. Yu, Y. R. Shen, *Phys. Rev. B* **33**, 7923 (1986).
20) Y. Nishijima, K. Ueno, Y. Kotake, K. Murakoshi, H. Inoue, H. Misawa, *J. Phys. Chem. Lett.* **3**, 1248 (2012).

第4章 海外の研究動向

1 Quantum Dot Sensitized Solar Cells Research at Bar-Ilan University
（イスラエル）

I. Hod[*1], M. Shalom[*2], Z. Tachan[*3], S. Buhbut[*4],
S. Yahav[*5], S. Greenwald[*6], S. Rule[*7], A. Zaban[*8]

Quantum dot sensitized solar cells (QDSSCs) are gaining attention as they show promise toward the development of next generation solar cells. They consist of a mesoporous wide band gap semiconductor (usually TiO_2), which is sensitized with low band gap semiconductor nanocrystals, polysulfide redox couple and a counter electrode. Upon excitation, electrons are injected from the semiconductor nanocrystals to the TiO_2 followed by diffusion to the front contact, while holes are transferred to the electrolyte for regeneration at the counter electrode (Figure 1).
Quantum dots (QDs) have attracted much attention because of their large absorption

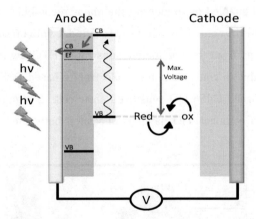

Figure 1 Principle of operation and energy level scheme of the QD sensitized solar cell. Photo-excitation of the sensitizer is followed by electron injection into the conduction band of the wide band gap semiconductor. The sensitizer is regenerated by the redox system, which itself is regenerated at the counter electrode (cathode) by electrons passing through the load.

[*1]～[*6]　PhD students in Zaban group　Chemistry Department　Bar-Ilan University
[*7]　Research fellow in Zaban group　Chemistry Department　Bar-Ilan University
[*8]　head of the research group/professor　Chemistry Department　Bar-Ilan University

coefficient and the possibility to tune their absorption spectrum by quantum size confinement. Despite their great potential, however, the conversion efficiency of quantum dot sensitized solar cells is still very low compared to that of conventional dye sensitized solar cells (DSSCs). The factors limiting the power conversion efficiencies of QDSSCs include the recombination pathways formed at the TiO_2/QD/electrolyte triple junction, low photo-voltages compared to the standard DSSCs, a lack of a highly catalytic counter electrode suitable for the polysulfide redox couple and the absorption spectrum of the efficient sensitizers. Over the last few years, the research in our lab has been focused on improving these limiting factors while succeeding in acquiring a physical understanding of the fundamental operation mechanisms of QDSSCs.

1.1 Recombination Processes

We have investigated the different recombination paths in our solar cells, introducing a new type of thin MgO coating that dramatically increases the lifetime of electrons and consequently improves the cell efficiency[1]. This work has emphasized that in QDSSCs electrons can recombine both from TiO_2 and from the QDs to the electrolyte (Figure 2).

For further physical insights, we studied the recombination paths in QDSSCs using transient absorption spectroscopy and transient luminescence spectroscopy. The detection of electrons and holes within the cell enabled us to identify the major recombination paths that govern the cell performance[2]. Furthermore, we have provided experimental evidence that the recombination of electrons from the conductive substrate (FTO) with oxidized species of the electrolyte is not negligible in contrast to liquid electrolyte based DSSCs. Results show that in polysulfide electrolyte based CdSe QD sensitized solar cells, a significant efficiency increase can be achieved when a compact TiO_2 layer is deposited between the mesoporous TiO_2 film

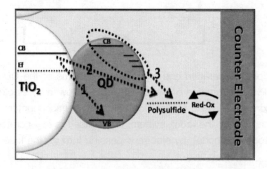

Figure 2 Illustration of the different recombination paths formed at the TiO_2/QD/ electrolyte triple junction in QDSSC:1) Recombination from TiO_2 to an oxidized QD.2) Recombination from TiO_2 to the electrolyte.3) Recombination from QDs to the electrolyte.

and the FTO substrate[3].

We have demonstrated that, unlike in DSSCs, the QD sensitizer layer can be modified in order to alter the relative energetics within the cell, thus affecting both charge injection and recombination mechanisms. To improve the injection of electrons from the QDs to the TiO_2, we modified the QDs with molecular dipoles by the adsorption of organic molecules with different dipole moments onto the QD[4]. This modification leads to the adjustment of the energy level of the QDs with respect to the mesoporous TiO_2 bands, thus increasing the electron injection from the QDs to the TiO_2.

1.2 Counter electrode

A great leap in the performance of our QDSSCs was made by the development of a new counter electrode suitable for working in polysulfide electrolyte, i.e. replacing the original non-catalytic Pt counter electrode. We have shown that the application of a PbS based counter electrode dramatically reduces the voltage drop associated with the reduction of the oxidized electrolyte species, resulting in a significant improvement in all cell parameters : the photocurrent, photovoltage and fill factor (Figure 3)[5].

Another phenomenon limiting the performance of QDSSCs is associated with the poor penetration of monodispersed QDs into the mesoporous TiO_2 film. In order to solve this problem, we have developed a new electrophoretic deposition method that resulted in highly efficient solar cells[6].

1.3 Low Photovoltage

An important parameter causing low efficiency of QDSSCs is their intrinsic low photo-voltage,

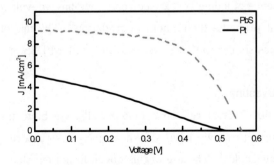

Figure 3 I-V curves of CdSe sensitized solar cell assembled with Pt and PbS counter electrodes. The superiority of the PbS electrode over Pt is seen by the dramatic improvement of all solar cell parameters.

量子ドット太陽電池の最前線

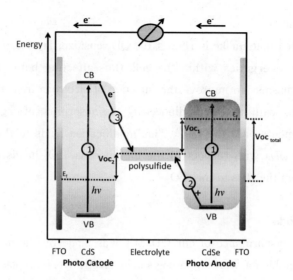

Figure 4 Schematic diagram of a QD based tandem photoelectrochemical solar cell. The total Voc of the cell is the difference between the electron potential (photoanode) and the hole potential (photocathode).

attributed to the fact that the polysulfide possesses a highly negative redox potential. In order to increase the photo-voltage, we constructed a tandem cell configuration consisting of two photoactive electrodes made solely of QDs[7]. By chemical manipulation of the surface states of the n-type CdS-QDs, we successfully converted them to p-type-like material, thus forming a photo-cathode (Figure 4). This type of tandem cell achieved a record photovoltage. In addition, we have shown the possibility to replace the commonly used polysulfide electrolyte with an iodine based redox couple that offers higher photovoltage. Due to the photo-instability of the QDs in the presence of iodine redox electrolyte, we have developed a protective coating on top of the QDs that prevents their photo-degradation[8]. The use of the iodine electrolyte resulted in photovoltages similar to those observed in standard DSSCs.

1.4 Limited Light Harvesting

In order to expand the spectral response of our cells, we have introduced several new approaches of cell design. First, we have shown a bi-layer structure consisting of protected QDs coated with dye molecules[2]. The use of this novel design enabled us to overcome the low light absorption of the dye monolayer in DSSCs and opened new opportunities for the expansion of the spectral window in QDSSCs. Second, we have also shown the possibility of using QDs as antennas for dye sensitizers via FRET[9]. Finally, we recently confronted this challenge by designing a new photo-anode, constructed by a multi-absorber configuration of a small band-gap near-IR semiconductor sensitizer together with a large band-gap semiconductor sensitizer absorbing in the visible region[10]. As a result, a highly efficient cell was fabricated, exhibiting higher photocurrents than a conventional state of the art QDSSC while improving the charge collection of the near-IR absorber.

1.5 Physical Insights

A significant part of our research has been devoted to the basic understanding of QDSSCs mechanisms. In order to gain deeper insights about the factors limiting the performance of QDSSCs, we have developed a unique electrochemical characterization method that offers the possibility of separating the contribution of each cell component to the overall cell operation. This method utilizes the novel concept of a photoreference electrode for electrochemical measurements in a three-electrode mode. Using this technique, we were able to provide quantitative information regarding the potential losses associated with the counter electrode. Moreover, the method enabled a direct calculation of a recombination current, which arises from insufficient regeneration of the redox electrolyte by the counter electrode. Consequently, it became clear that an improvement in the catalytic nature of the counter electrode will not only reduce potential losses in the photoelectrochemical cell, but will also improve the charge collection efficiency, resulting in significant improvement of the overall cell performance. Additionally, to explore the intrinsic electronic properties of the QDs, we designed a new solar cell structure consisting only of QDs and liquid electrolyte. Using these cells, we applied characterization tools, such as transient photovoltage and charge extraction, to study the nature of the surface states, the Fermi level and the effect of charge within the QDs. The changes in the Fermi level position with respect to the electrolyte and the buildup of chemical potential in both the n and p type QDs resulted in significant insight about the electronic properties of the QDs[12]. As our research progressed, we confronted a basic question : Is a QDSSC a simple analogue of a DSSC? Intensive physical analysis of our cells revealed fundamental differences between QDSSCs and DSSCs. Until recently, it was assumed that QDs act as a simple analogue of the conventional dye. As a result, the scientific community studies of QDSSC have relied on an approximation, arguing that there is no conceptual difference between the operation mechanisms of both types of cells. In our research, we were able to point out the significant contribution of the QDs to the charge transfer processes in the solar cell. Using electrochemical impedance spectroscopy, we have explored the electrical properties of the TiO_2/QDs/electrolyte triple junction formed at the sensitized electrode[13]. We showed, for the first time, that a fingerprint of QDs is present in the device capacitance, indicating that QDs surface states take part in the electrode's density of states alongside the well known contribution of TiO$_2$. This discovery provided an important proof for the major role played by QDs in the recombination processes in the cell. As a consequence, those insights provide a new understanding of QDSSCs. Future attempts to improve and optimize the performance of QDSSCs will have to take these results into account and thus treat QDs from a different perspective than a regular dye.

In summary, the extensive work conducted in our lab over the past few years has boosted the conversion efficiencies of our cells from 0.1% up to 4.1% and has enabled us to obtain a deeper understanding of the fundamental physical aspects governing QDSSCs operation.

References

1) Tachan, Z. ; Hod, I. ; Shalom, M. ; Zaban, A. "Inhibiting Recombination Processes in Quantum Dot Sensitized Solar Cells Using MgO Coating", 2011, In Preparation.
2) Shalom, M. ; Albero, J. ; Tachan, Z. ; Martinez-Ferrero, E. ; Zaban, A. ; Palomares, E. "Quantum Dot-Dye Bilayer-Sensitized Solar Cells : Breaking the Limits Imposed by the Low Absorbance of Dye Monolayers", *J. Phys. Chem. Lett.*, 2010, **1**, 1134.
3) Ruhle, S. ; Yahav, S. ; Greenwald S. ; Zaban, A. "The Importance of Recombination at the TCO/Electrolyte Interface for High Efficiency Quantum Dot Sensitized Solar Cells", 2011, Submitted.
4) Shalom, M. ; Ruhle, S. ; Hod, I. ; Yahav, S. ; Zaban, A. "Energy Level Alignment in CdS Quantum Dot Sensitized Solar Cells Using Molecular Dipoles", *J. Am. Chem. Soc.*, 2009, **131**, 9876.
5) Tachan, Z. ; Shalom, M. ; Hod, I. ; Ruhle, S. ; Tirosh, S. ; Zaban, A. "PbS as a Highly Catalytic Counter Electrode for Polysulfide-Based Quantum Dot Solar Cells", *J. Phys. Chem. C*, 2011, **115**, 6162.
6) Salant, A. ; Shalom, M. ; Hod, I. ; Faust, A. ; Zaban, A. ; Banin, U. "Quantum Dot Sensitized Solar Cells with Improved Efficiency Prepared Using Electrophoretic Deposition", *ACS Nano*, 2010, **4**, 5962.
7) Shalom, M. ; Hod, I. ; Tachan, Z. ; Buhbut, S. ; Tirosh, S. ; Zaban, A. "Quantum Dot Based Anode and Cathode for High Voltage Tandem Photo-Electrochemical Solar Cell", *Energ. Environ. Sci.*, 2011, **4**, 1874.
8) Shalom, M. ; Dor, S. ; Ruhle, S. ; Grinis, L. ; Zaban, A. "Core/CdS Quantum Dot/Shell Mesoporous Solar Cells with Improved Stability and Efficiency Using an Amorphous TiO$_2$ Coating", *J. Phys. Chem. C*, 2009, **113**, 3895.
9) Buhbut, S. ; Itzhakov, S. ; Tauber, E. ; Shalom, M. ; Hod, I. ; Geiger, T. ; Garini, Y. ; Oron, D. ;

第4章　海外の研究動向

Zaban, A. "Built-in Quantum Dot Antennas in Dye-Sensitized Solar Cells", *ACS Nano*, 2010, **4**, 1293.

10) Hod, I. ; Tachan, Z. ; Shalom, M. ; Zaban, A. "High Efficiency Multi-Absorber Quantum Dot Sensitized Solar Cell", In Preparation.

11) Hod, I. ; Tachan, Z. ; Shalom, M. ; Zaban, A. "Internal Photoreference Electrode : A Powerful Characterization Method for Photoelectrochemical Quantum Dot Sensitized Solar Cells", *J. Phys. Chem. Lett.*, 2011, **2**, 1032.

12) Shalom, M. ; Tachan, Z. ; Bouhadana, Y. ; Barad, H. ; Zaban, A. "Illumination Intensity-Dependent Electronic Properties in Quantum Dot Sensitized Solar Cells", *J. Phys. Chem. Lett*, 2011, **2**, 1998.

13) Hod, I. ; González-Pedro, V. ; Tachan, Z. ; Fabregat-Santiago, F. ; Mora-Seró, I. ; Bisquert, J. ; Zaban, A. "Dye versus Quantum Dots in Sensitized Solar Cells : Participation of Quantum Dot Absorber in the Recombination Process", *J. Phys. Chem. Lett.*, 2011, **2**, 3032.

2 Quantum Dot Solar Cells Research at University of Notre Dame (アメリカ)

Pralay K. Santra[*1], Prashant V. Kamat[*2]

Quantum Dot Sensitized Solar Cells (QDSCs) hold the promise to develop strategies to meet clean energy demand.[1] Versatile properties such as tuning of the bandgap by controlling size[2] and composition[3], generation of multiple excitons[4], possibility of hot electron transfer[5,6] and high absorption coefficient[7] make semiconductor ideal building blocks for capture and conversion of solar energy. They are analogous to dye sensitized solar cell (DSSC)[8] in the basic design. Semiconductor quantum dots, QDs, such as CdS, CdSe which serve as sensitizer, are deposited on thin layer of mesoscopic TiO_2 films. Chemical Bath Deposition (CBD)[9], Successive Ionic Layer Adsorption and Reaction (SILAR)[10~12], direct adsorption, linker assisted adsorption[13], electrochemical deposition and electrophoresis[14~16] are few simple techniques employed to deposit QDs on TiO_2 films. These methods facilitate the electron injection from the QD to TiO_2.

In order to operate QDSCs in an efficient manner, it is important that a good cooperation exists between various interfacial electron transfer processes (Figure 1). The primary process of charge separation is followed by (a) injection of electrons from the conduction band (CB) of the QD to the CB of TiO_2; (b) transportation of electrons from TiO_2 to the collecting

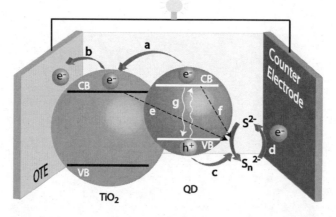

Figure 1 Interfacial charge transfer processes in liquid junction QDSCs. See the text for detailed description about each individual charge transfer processes. The description of individual processes are presented in the text.

*1, 2 Radiation Laboratory Department of Chemistry and Biochemistry University of Notre Dame

electrode ; (c) transfer of holes from the valence band of QD to the electrolyte redox couple; and (d) regeneration of holes at the counter electrode. The favorable kinetics of these processes (a-d) contributes positively to the overall performance of QDSC. On the other hand, the charge recombination of the electrons, either from CB of TiO_2 (e) or QD (f and g) with oxidized form of the redox couple at the electrolyte interface contributes negatively and overcoming this recombination remains a major challenge in boosting the efficiency of QDSC.

The major thrust of QD research at University of Notre Dame is three-fold : (1) Fundamental understanding of charge transfer processes at the semiconductor interfaces and (2) Identify factors that limit efficiency of solar cells, and (3) Design new light harvesting assemblies for extending the photoresponse into the infrared.

2.1 Injection of electrons from excited QDs to TiO_2

The charge separation at the interface of QD and TiO_2 is the primary photochemical event that eventually leads to the photocurrent generation in QDSCs. It is important to have a type-II band structure with matching band energy alignment between the conduction and valence bands of QD and TiO_2 (as shown in Figure 2) to facilitate the charge separation at the interface. QDs such as CdS, CdSe deposited on TiO_2 exhibit the type-II band alignment[17]. We have recently demonstrated the injection rates of the electron from CB of QD to TiO_2 and other metal oxides with different sizes of CdSe directly attached to metal oxides (MO) using transient absorption spectroscopy[15,18,19]. The electron injection rates range from 1.9×10^{10} to 4.6×10^{11} s^{-1} and they generally agree with many-state Marcus theory[20] established for heterogeneous electron transfer processes. The shift in conduction band edge of smaller QDs to more negative potentials increases the energy differences between CB of QD and MO. This increased energy gap leads to a higher rate of electron injection from excited CdSe to metal

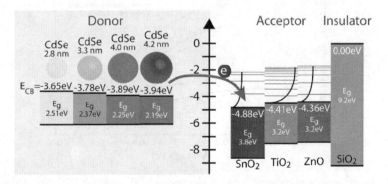

Figure 2 Schematic band energy diagram of different sizes of CdSe QDs and metal oxides (From reference 19 Copyright, National Academy Press).

oxide nanoparticles (Figure 2).

2.2 Supersentization of QD with organic dye

A technique applied to increase the photoresponse of QDSC[21] has been extended to the near-IR region (NIR) by sensitizing the TiO_2-QD (CdS) composite with squaraine dye (JK-216), which absorbs in the NIR region. CdS based QDSC supersensitized with the squaraine dye delivered an overall power conversion efficiency of 3.14 %. The synergy of combining the QD with NIR absorbing dye also provides new opportunities to harvest photons from different regions of the solar spectrum.

2.3 Altering the recombination rate by doping

Another approach to modify the electronic structure of QD is to introduce dopants. It is possible to modify the intrinsic electronic and photophysical properties of QD by doping optically active transition metal ion, e.g., Mn^{2+}. The d-states of Mn^{2+} in doped QD remain in the mid bandgap region and these d-states alter the charge separation and recombination dynamics. The Mn d-d transitions in these doped QDs are both spin and orbitally forbidden resulting a very long lifetime in the range of several microseconds[22,23]. These long-lived charge carriers can be easily transferred to TiO_2 to boost the efficiency of QDSCs. We have shown that the efficiency of the undoped CdS can be increased from 1.63 % to 2.53 % by doping Mn^{2+} in CdS by decreasing the recombination rate[12] (Step "f" and "g" in Figure 1). The CdS/CdSe doped with Mn^{2+} film when employed as a photoanode in liquid junction QDSCs. yields a power conversion efficiency of 5.42 %. The I-V characteristics of these doped

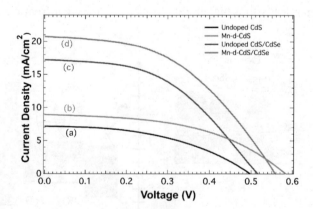

Figure 3 I-V characteristics of different working electrodes : (a) undoped CdS, (b) Mn-doped-CdS, (c) undoped CdS/CdSe, and (d) Mn-doped-CdS/CdSe (RGO-Cu_2S counter electrode and aqueous 1 M S^{2-}/1 M S as electrolyte). (From reference 12, American Chemical Society).

and undoped cells are shown in Figure 3.

2. 4 Hole transfer at Irradiated QD

In case of liquid junction solar cell, the redox couple plays a vital role[24,25] in the regeneration of the QD by scavenging the photogenerated holes (Step "e" and "f" in Figure 1). The iodide/ployiodide based electrolyte which is commonly used in DSSC is unsuitable for QDSCs as it induces anodic corrosion. To date, the sulfide/polysulfide is most popular electrolyte as it helps in delivering high open circuit potential and long-term stability of the QDSCs. Recently, it has been shown that the hole transfer to S^{2-} competes with the charge recombination processes. The apparent rate constant for the hole transfer to sulfide is around 8.5×10^7 s^{-1}, which is 2-3 orders of magnitude lower than the electron transfer from excited QD to TiO_2[25]. Disparity between the electron and hole scavenging rate further leads to increase in the charge recombination and thus decreases the overall power conversion efficiency.

2. 5 Redox Process at the Counter Electrode

In order to maximize the performance of QDSC, it is also important to discharge electrons quickly at the counter electrode (Step "d" in Figure 1). While sulfide/polusulfide electrolyte is beneficial to the stability of the working electrode in liquid junction QDSC, power conversion efficiencies have still remained low. Poor charge transfer rates at the counter electrode results in high overpotential for the reduction reaction, which further creates a bottleneck for electron flow, thereby promoting back electron transfer at the photoanode which finally results low current density and poor fill factor[26]. Our group has recently developed a composite paste consisting of reduced graphene oxide (RGO) and Cu_2S counter electrode material. When used as a counter electrode in QDSC it overcame the charge transfer and stability issues, resulting a higher fill factor (~0.5) and an efficiency of 4.4 % from CdS/CdSe QDSC[11]. The relatively high external quantum efficiency (~90 % at 400nm) shows nearly ideal operation of QDSC for conversion of photons to current at low incident lights.

2. 6 Solar Paint

Our recent efforts[27] to develop "*Sun-Believable Solar Paint*" is another major step to develop a transformative technology of low cost production of QDSC. Around 1 % efficiency from QDSCs made of CdS/CdSe-TiO_2 using the solar paint approach has been achieved. Although this value nearly five times lower than the highest recorded efficiency for liquid junction QDSCs, it offers a one step photoactive layer application on the electrode surface with preparation time less than an hour. Further optimization and use of different QDs are being carried out to boost the efficiency of solar paint based QDSCs.

量子ドット太陽電池の最前線

Acknowledgement

The research described herein was supported by the Office of Basic Energy Sciences of U. S. Department of Energy (DE-FC02-04ER15533).

References

1) Kamat, P. V., *J. Phys. Chem. C*, **111**, 2834 (2007)
2) Murray, C. B. ; Norris, D. J. ; Bawendi, M. G., *J. Am. Chem. Soc.*, **115**, 8706 (1993)
3) Sarma, D. D. ; Nag, A. ; Santra, P. K. ; Kumar, A. ; Sapra, S. ; Mahadevan, P., *Journal of Physical Chemistry Letters*, **1**, 2149 (2010)
4) Beard, M. C., *The Journal of Physical Chemistry Letters*, **2**, 1282 (2011)
5) Tisdale, W. A. ; Williams, K. J. ; Timp, B. A. ; Norris, D. J. ; Aydil, E. S. ; Zhu, X. Y., *Science*, **328**, 1543 (2010)
6) Pandey, A. ; Guyot-Sionnest, P., *The Journal of Physical Chemistry Letters*, **1**, 45 (2010)
7) Yu, W. W. ; Qu, L. H. ; Guo, W. Z. ; Peng, X. G., *Chemistry of Materials*, **16**, 560 (2004)
8) O' Regan, B. ; Gratzel, M., *Nature*, **353**, 737 (1991)
9) Patil, S. B. ; Singh, A. K., *Applied Surface Science*, **256**, 2884 (2010)
10) Lee, H. ; Wang, M. K. ; Chen, P. ; Gamelin, D. R. ; Zakeeruddin, S. M. ; Gratzel, M. ; Nazeeruddin, M. K., *Nano Letters*, **9**, 4221 (2009)
11) Radich, J. G. ; Dwyer, R. ; Kamat, P. V. *J. Phys. Chem. Lett.*, **2**, 2453 (2011)
12) Santra, P. K. ; Kamat, P. V., *J. Am. Chem. Soc.*, **134**, 2508 (2012)
13) Pernik, D. ; Tvrdy, K. ; Radich, J. G. ; Kamat, P. V. *J. Phys. Chem. C*, **115**, 13511 (2011)
14) Brown, P. ; Kamat, P. V., *J. Am. Chem. Soc.*, **130**, 8890 (2008)
15) Robel, I. ; Subramanian, V. ; Kuno, M. ; Kamat, P. V. *J. Am. Chem. Soc.*, **128**, 2385 (2006)
16) Baker, D. R. ; Kamat, P. V., *Adv. Funct. Mater.*, **19**, 805 (2009)
17) Gopidas, K. R. ; Bohorquez, M. ; Kamat, P. V., *J. Phys. Chem.*, **94**, 6435 (1990)
18) Robel, I. ; Kuno, M. ; Kamat, P. V. *J. Am. Chem. Soc.*, **129**, 4136 (2007)
19) Tvrdy, K. ; Frantszov, P. ; Kamat, P. V., *Proc. Nat. Acad. Sci. USA*, **108**, 29 (2011)
20) Marcus, R. A., *Journal of Physical Chemistry*, 67, 853 (1963)
21) Choi, H. ; Nicolaescu, R. ; Paek, S. ; Ko, J. ; Kamat, P. V., *ACS Nano*, **5**, 9238 (2011)
22) Bhargava, R. N. ; Gallagher, D. ; Hong, X. ; Nurmikko, A., *Physical Review Letters*, **72**, 416 (1994)
23) Karan, N. S. ; Sarma, D. D. ; Kadam, R. M. ; Pradhan, N., *The Journal of Physical Chemistry Letters*, 2863 (2010)
24) Chakrapani, V. ; Tvrdy, K. ; Kamat, P. V., *J. Am. Chem. Soc.*, **132**, 1228 (2010)
25) Chakrapani, V. ; Baker, D. ; Kamat, P. V., *J. Am. Chem. Soc.*,**133**, 9607 (2011)
26) Loucka, T., *Journal of Electroanalytical Chemistry*, **36**, 355 (1972)

第4章 海外の研究動向

27) Genovese, M. P. ; Lightcap, I. V. ; Kamat, P. V., *ACS Nano*, **6**, 865 (2012)

3 Impedance characterization of Quantum Dot Sensitized Solar Cells
（スペイン）

Iván Mora-Seró[*1], Juan Bisquert[*2]

The development of any technology needs of different characterization techniques that provide an understanding and control of the different processes that constitute that technology. The choice of appropriate characterization techniques for photovoltaic devices can boost the optimization process and determine the effect of the changes performed during this process. In this sense, impedance spectroscopy (IS) has been demonstrated as an excellent technique for the characterization of different kind of photovoltaic devices as Si solar cells[1,2], CdTe thin solid films[3], or dye sensitized solar cells (DSCs)[4~6]. In this chapter we discuss the use of IS for the characterization of semiconductor sensitized solar cells (SSCs). When the sensitizing semiconductor exhibits quantum confinement these kind of cells are commonly called quantum dot sensitized solar cells (QDSCs).

QDSCs are at first glance structurally similar to DSCs, see Fig 1, but they use semiconductor materials as light sensitizers instead of the organic or metalorganic dye molecules. However, a more refined study of QDSCs highlights the significant differences with DSCs[7~13]. The use of inorganic light absorbers produces a different behavior, that can be analyzed, in some cases, by IS[14~18]. QDSC are composed by several parts: the wide bandgap nanostructured semiconductor (i.e. TiO_2, ZnO, Sn_2O) that acts as electron transporting material (ETM), the semiconductor sensitizer, the hole transporting media (HTM), commonly a liquid electrolyte, the counter electrode and external contacts and wires, see Fig 1. IS is a very powerful method that allows to analyze separately each part of the device. IS data can be fitted employing an equivalent circuit. This process permits to obtain important cell parameters provided that a physical model relating the equivalent circuit and the physical properties of each part of the device is employed. In the case of sensitized solar cells, using liquid electrolyte as HTM, the model employed to analyze the IS results is displayed in Fig 1[5,15,19]. The elements of the equivalent circuit are related with the physical processes occurring in the device.

- C_μ ($= c_\mu \cdot L$, where L is the TiO_2 layer thickness) is the chemical capacitance that stands for the change of electron density as a function of the Fermi level, and it monitors the distribution of trap states in the bandgap of the TiO_2 semiconductor.

[*1, 2] Grup de Dispositius Fotovoltaics i Optoelectrònics　Departament de Física Universitat Jaume I

第4章　海外の研究動向

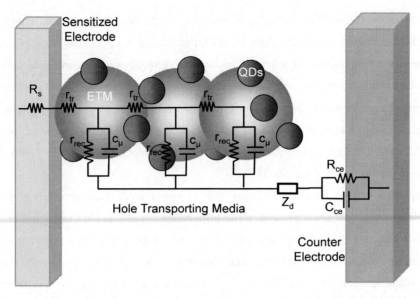

Fig 1　Equivalent circuit for impedance analysis of QDSCs. Nanostructured electrode of an electron transporting material (ETM) is sensitized with quantum dots (QDs). After electron-hole photogeneration in QDs electrons are transferred to ETM while holes are transferred to hole transporting media (electrolyte or solid hole conductor). Finally holes are collected at the counter electrode. In the cartoon equivalent circuit is plotted on overlapping the cell configuration to give an orientation of the relation between each circuit element and the part of the cell where the related process occurs.

Chemical capacitance provides valuable information on the TiO_2 conduction band (CB) position.

- R_{tr} (= $r_{tr} \cdot L$) is the electron transport resistance in the TiO_2, directly related to the reciprocal of electron conductivity in TiO_2, σ_n:

$$\sigma_n = L / R_{tr} \cdot S \tag{1}$$

where S the geometry area.

- R_{rec} (= r_{rec} / L) is the recombination resistance, a charge-transfer resistance at the TiO_2/sensitizer/electrolyte interface related to recombination of electrons in the TiO_2 with acceptor species in the electrolyte and/or sensitizer. R_{rec} is inversely proportional to the recombination rate and the density of electrons in TiO_2.

- R_s is a series resistance accounting for the transport resistance of the transparent conducting oxide and the connection setup. Z_d is the diffusion impedance of the redox species in the electrolyte.

- R_{ce} represents the charge transfer resistance at the counter electrode/electrolyte interface. C_{ce} is the interfacial capacitance at the counter electrode/electrolyte interface.

The first three mentioned elements ($C_μ$, R_{tr} and R_r) are denoted in lowercase letters in Figure 2c meaning the element per unit length for a film of thickness L, because they are distributed in a repetitive arrangement of a transmission line. The physical meaning of this network corresponds to the impedance of diffusion and recombination[4]. The IS model presented allows an easy correlation between the impedance spectra and the physical processes, permitting to distinguish separately each effect[20]. This model can be extrapolated for all-solid devices, with solid HTM, implementing slight modifications to the equivalent circuit in Fig 1, mainly to take into account the transport along the HTM[21~24].

In a impedance measurement a DC bias is fixed and a small AC perturbation is applied at different frequencies. At each frequency the impedance value Z is obtained, and represents a point in the complex plane impedance plot. The points obtained for the different frequencies produce an impedance spectra as the ones represented in Fig 2, where several examples of complex plane impedance plots for QDSCs are shown. In this plot the imaginary part of impedance (generally changed of sign), $-Z''$, is represented against the real part of impedance Z', where the impedance is

$$Z = Z' + j Z'' \qquad (2)$$

with $j = \sqrt{-1}$. The points obtained at the higher frequencies, where capacitances can be considered short circuits, are the points close to $Z' = 0$. As the frequency of the AC signal decreases the obtained points moves to higher Z' values.

In the impedance spectra reported in Fig 2, a frequency range between 1 MHz and 0.1 Hz has been employed. The solid lines are the fittings obtained with the equivalent circuit in Fig 1, an excellent agreement between experimental point and fitted results are obtained. In Fig 2 (a)-(f) impedance spectra at various applied forward bias are depicted. These spectra corresponds to a PbS/CdS/ZnS QDSC[14] sensitized by Successive Ionic Layer Absorption and Reaction (SILAR)[26,27] using 2, 5 and 2 cycles respectively, TiO_2 nanoparticles have been used for nanostructured electrode, with polysulfide electrolyte and Cu_2O counter electrode. In these graphs, Fig 2(a)-(f), the characteristic pattern of the transmission line, TL, (the circuit constitute for r_{tr}, r_{rec} and $c_μ$ in Fig 1) is clearly observed at low frequencies. The TL pattern is formed by a straight line followed by semicircle, and it is observed at low frequencies in Fig 2 (a)-(f). The diameter of the semicircle is R_{rec}, Fig 2(c) and the parallel association with $C_μ$, produces the apparition of the semicircle[4]. Note that the diameter of the semicircle decreases as the forward applied bias increases, we will explain this behavior below. Forward bias is defined as a voltage that moves the electron Fermi level in TiO_2 up. For low applied bias voltage applied bias we don't see the complete semicircle as measurement points at lower

第4章 海外の研究動向

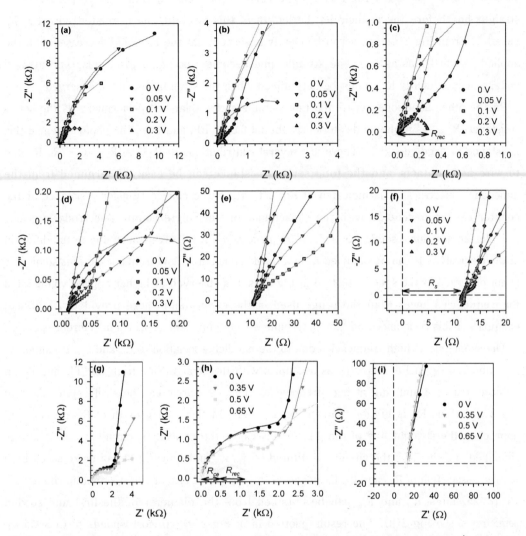

Fig 2 Complex plane impedance plots of some QDSCs at different applied forward bias (indicated in the legend). (a)-(f) PbS/CdS/ZnS QDSC[14] sensitized by SILAR using 2, 5 and 2 cycles respectively, TiO_2 nanoparticles have been used for nanostructured electrode, polysulfide electrolyte and Cu_2O counter electrode. (b) to (f) are successive zooms of the high frequency region of the precedent graph. (g)-(h) CdS/CdSe/ZnS QDSC[25] sensitized with CdS by CBD and with CdSe/ZnS by SILAR using 6 and 2 cycles respectively, TiO_2 electrospunned nanofibers have been used for nanostructured electrode, polysulfide electrolyte and platinized counter electrode. (h) to (i) are successive zooms of the high frequency region of the precedent graph. Solid line are the fitting obtained with the equivalent circuit in Fig 1.

frequencies are needed in this case, but in any case the reported data is enough to fit the spectra in order to obtain R_{rec} and C_μ. The coupling between R_{tr} and R_{rec}-C_μ produces the straight line before the semicircle, the length of this straight line is related with the R_{tr} value[5, 19]. From Fig 2(a)-(f), it can be clearly observed that the R_{tr} value decreases with the applied forward bias as R_{rec}. The straight line becomes too small to be observed at high voltages, consequently R_{tr} cannot be determined when the straight line is not observed.

On the other hand, one very important parameter for solar cell performance is the series resistance, R_{series}, as it affects deleteriously the fill factor, FF, and even the photocurrent if this resistance is large enough[28]. There are several contributions to $R_{series} = R_s + R_{ce} + R_d$. R_s, due to wire and contacts, and the total series resistance can be easily determined from the impedance spectra as it is indicated in Fig 2(f). R_{ce} is the charge transfer resistance at the counter electrode, coupled with the capacitance of electrolyte/counter electrode interface provides an additional semicircle at high frequencies[5, 19]. R_d is a resistance due to the diffusion in the electrolyte. It can be obtained from a third semicircle at low frequencies. This semicircle is not observed in the spectra plotted in Fig 2, as it is observed at higher applied voltage and for frequencies lower than the range used in the experiments here provided. Additional examples of this resistance and how determine it from impedance spectra in references 5, 19.

The semicircle at high frequencies due to the parallel association of R_{ce} and C_{ce}. It cannot be fully appreciated in Fig 2(a)-(f), as it couples with the straight line from the TL, and it can be observed as a humping at high frequencies. This semicircle can be easily appreciated in Fig 2(g)-(i) as R_{ce} is bigger than in Fig 2(a)-(f). In fact, the growth of R_{ce} prevents to appreciate the straight line of the TL. In this cases, the equivalent circuit in Fig 1 can be simplified and the TL (the circuit constituted by r_{tr}, r_{rec} and c_μ in Fig 1) can be replaced by a parallel association of R_{rec} and C_μ. Examples of this simplified circuit can be found in references: 16, 18, 25. Thus, R_{ce} and R_{rec} can be obtained from the diameter of the first and second semicircles, see Fig 2(h). The results plotted in in Fig 2(g)-(i) corresponds to CdS/CdSe/ZnS QDSC[25] sensitized with CdS by Chemical Bath Deposition (CBD) and with CdSe/ZnS by SILAR using 6 and 2 cycles respectively. TiO_2 electrospunned nanofibers have been used for nanostructured electrode, with polysulfide electrolyte and platinized counter electrode. The significantly different values for observed in Fig 2(a)-(f) in comparison with Fig 2(g)-(i) will be analyzed below. It is also interesting to comment that an inductive (positive Z") behavior is observed at the highest frequencies, see Fig 2(f) and 2(i), due to the wires for connections of the experimental setup. An inductance in series with the equivalent circuit, can be used to fit this part of the impedance spectra.

The definition of an equivalent circuit is only a step in the IS analysis process. Obviously, it

第4章 海外の研究動向

is required that each part of the equivalent circuit is related with a physical process, as it is already commented, and verify that this relationship is correct. To perform such analysis, impedance spectra is fitted with the equivalent circuit model at different applied voltages, V_{app}, (at different electron Fermi levels)[5, 19, 29]. It is subsequently observed if the obtained behavior correspond to the expected evolution of that parameter in relation with the physical process represented. If the verification is not successful another model has to be proposed and verified again.

When the correct model is obtained, like the one reported in Fig 1 for DSCs and QDSCs, the IS analysis can provide us abundant and important information about solar cell performance. Hereafter, we are going to show some examples of the different parameters that we can be obtained with the IS characterization, and how this information can help us to understand the solar cell performance.

Chemical capacitance for CdSe/ZnS QDSC sensitized by SILAR using different number of SILAR cycles is plotted in Fig 3, vs. V_F (Fig 3(a)) and vs. V_{ecb} (Fig 3(b)). V_F is the voltage drop in the sensitized electrode. This voltage is proportional to the rise of the Fermi level of electrons in TiO_2 and is obtained removing the effect of the series resistance as $V_F = V_{app} - V_{series}$. i.e. subtracting from V_{app} the potential drop at the series resistance, V_{series}[5, 15, 16, 18]. The representation against V_F allows a comparison between sensitized electrodes removing the effect of the rest of the solar cell and it is interesting if we want to compare cells with changes

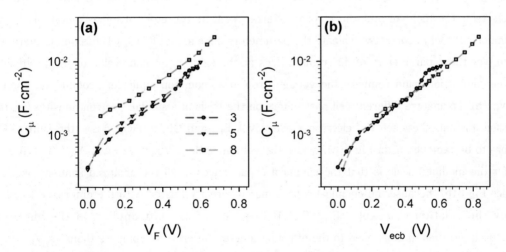

Fig 3 Chemical capacitance, C_μ, of QDSCs represented vs. (a) voltage drop in the sensitized electrode V_F and vs. (b) the equivalent conduction band V_{ecb}. CdSe/ZnS QDSC sensitized by SILAR using different number of CdSe cycles as indicated in the legend and , TiO_2 nanoparticles have been used for nanostructured electrode, polysulfide electrolyte and Cu_2O counter electrode[15]. Reproduced with permission from ACS Nano.

only in the sensitized electrode. From Fig 3(a) it can be observed that the chemical capacitance of nanostructured TiO_2 electrodes, prepared in the same conditions, is shifted to lower potentials as the number of CdSe SILAR cycles increases. This shift is due to a downwards displacement of the TiO_2 conduction band (CB). The position of TiO_2 CB plays an important role in the final efficiency of sensitized solar cells, as it affects the open circuit potential, V_{oc}, and the short circuit photocurrent, J_{sc}[30]. If the recombination process do not vary a downwards movement of TiO_2 CB increase the driving force for electron injection into TiO_2 from dye or QD, enhancing J_{sc}. But reduces the V_{oc}. An upwards displacement of TiO_2 CB produces the opposite effect, always considering no change in the recombination rate. Note that to appreciate the CB shift is important to plot results at different potentials. There are many examples in the literature comparing impedance result at a single potential. In this case the shift of TiO_2 CB cannot be evaluated and consequently the origin observed behavior cannot be unambiguously determined. We strongly suggest an analysis including different applied forward voltages.

When we try to compare two cells with different TiO_2 CB, to explain the observed changes we have the problem of discriminating between the effect of the CB displacement and a modification of the recombination. Recombination rate depend on the electron density in TiO_2 CB, n. Thus, to compare strictly the recombination without the effect of the CB discplacement V_F is not a good reference. V_F is proportional to the rise of the Fermi level of electrons in TiO_2, $V_F = (E_{Fn} - E_{F0})/q$, where q is the positive elementary charge and E_{Fn} and E_{F0} are the electron Fermi level and the electron Fermi level at the equilibrium respectively[11]. An important tool to correctly evaluate the parameters dependent of TiO_2 CB position is therefore to plot these parameters of different devices at the same equivalent value of the position of the conduction band compare the voltage drop in a "common equivalent conduction band" V_{ecb}. to. To analyze different cell parameters on the basis of a similar electron density (i.e. the same distance between the electron Fermi level, E_{Fn}, and CB of TiO_2, ΔE_{CB}, the shift of CB has to be removed as in Fig 3(b), where the voltage scale is $V_{ecb} = VF - \Delta E_{CB}/q$. The criterion for the modified scale is that the chemical capacitances of all the analyzed samples overlap; see Fig 3(b), because the chemical capacitance is directly related with the difference $E_{CB} - E_{Fn}$, by the relation $C_\mu \alpha \exp[-(E_{CB} - E_{Fn})/k_B T]$.[31] The same shift applied to the chemical capacitance has to be applied to the other parameters in order to compare them vs. V_{ecb}. as in Fig 4(c).

In Fig 4 the different resistances obtained for several QDSC, employing the equivalent circuit in Fig 1. R_s, the series resistance introduced by wires and connections, is compared for cells with different CdSe SILAR cycles in Fig 4(a). R_s is expected to be independent of the

第4章 海外の研究動向

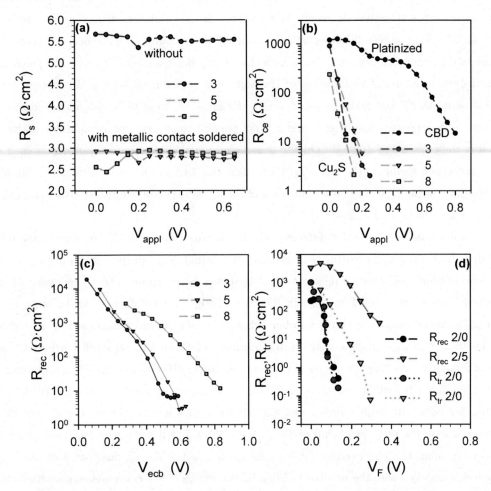

Fig 4 Resistances of QDSCs. (a) Series resistance, R_s; (b) transport resistance, R_{tr}, and (c) recombination resistance, R_{rec}, of CdSe/ZnS QDSC sensitized by SILAR using different number of CdSe cycles as indicated in the legend and 2 SILAR cycles of ZnS, TiO_2 nanoparticles have been used for nanostructured electrode, polysulfide electrolyte and Cu_2O counter electrode[15]. Reproduced with the permission of ACS Nano. (d) R_{tr} and R_{rec}, of PbS/CdS/ZnS QDSC sensitized by SILAR using different number of PbS/CdS cycles as indicated in the legend and 2 SILAR cycles of ZnS, TiO_2 nanoparticles have been used for nanostructured electrode, polysulfide electrolyte and Cu_2O counter electrode[14]. Reproduced with the permission of Journal of Physical Chemistry Letters.

applied voltage and on the number of SILAR cycles as observed in Fig 4(a) for cells with 5 and 8 SILAR cycles. The increase of R_s observed for the cell with 3 SILAR cycles is not due to the sensitization process of the electrode, but in this case no metallic contact was soldered on transparent conductive electrode. This soldered contact reduces effectively R_s[15]. In Fig 4 (b) QDSCs with polysulfide electrolyte using different counter electrodes are compared. Platinized counter electrode presents a high charge transfer resistance, R_{ce}, with the polysulfide electrolyte, originating an increase of the solar cell series resistance and consequently a decrease in the FF and in the final conversion efficiency[15, 16]. In QDSCs with platinized counter electrode R_{ce} increases significantly and it is not possible to observe the straight line of the TL, as it is the case in Fig 2(g)-(i). On the other hand when Cu_2S counter electrode is used the R_{ce}, decreases significantly, see Fig 4(b), then the size of the first semicircle (at high frequency) in the Nyquist plot is reduced and the straight line of the transmission line can be easily appreciated, see Fig 2(a)-(f).

Recombination resistance for different cells is compared in Fig 4(c). To rule out the effect of different TiO_2 CB position R_{rec} is plotted against V_{ecb}, simply by applying to the recombination resistance the same shift that has been applied to C_μ to make all the capacitances overlap, see Fig 3(b). In the case of Fig 4(c) we observe an increase of the recombination resistance with the number of SILAR cycles. As recombination rate is inversely proportional to R_{rec}, QDSCs with higher number of CdSe SILAR cycles present lower recombination rate than the cells prepared with lower SILAR cycles. The recombination decrease, when the other parameters are kept unchanged, produce an increase of the V_{oc}[5]. Thus, for cells with high number of CdSe SILAR cycles a reduction of the V_{oc} should be expected from the downward shift of TiO_2 CB, Fig 3(a). But this effect is compensated by the lower recombination observed in Fig 4(c). As a consequence the V_{oc} does not decrease (even increases slightly) with the number of CdSe SILAR cycles[15]. R_{rec} decreases exponentially with voltage as the recombination rate is proportional to n and n increases exponentially with Fermi level (V_F).

When the counter electrode is good enough to reduce the charge transfer rate with the electrolyte, the straight line from the TL can be clearly observed, see Fig 2(a)-(f). In those cases, transport resistance of electrons in TiO_2 can be determined, see Fig 4(d). For a good cell performance it is needed that $R_{rec} \gg R_{tr}$, in the other case the cell performance is limited by the electron transport[4, 5, 19]. In Fig 4(d), we have the two QDSCs with different light absorbing material PbS/ZnS (efficiency η = 0.51%) and PbS/CdS/ZnS (η = 2.21%) and significant difference in the cell performance[14]. In Fig 4(d) it can be observed that, for PbS/CdS/ZnS, the R_{rec} is significantly higher than R_{rec} as correspond to a good performing solar

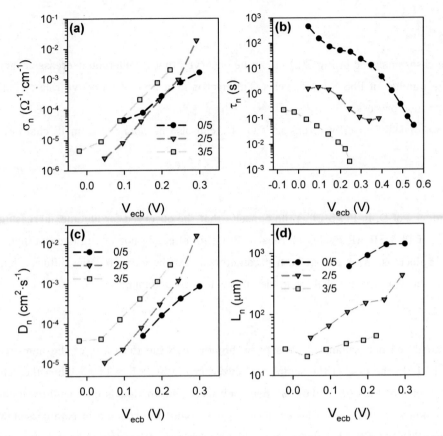

Fig 5 (a) Electron conductivity in TiO$_2$, σ_n; (b) electron lifetime, τ_n; (c) electron diffusion coefficient, D_n, and (d) diffusion length L_n nanostructured TiO$_2$, for PbS/CdS/ZnS QDSC sensitized by SILAR using different number of PbS/CdS cycles as indicated in the legend and 2 SILAR cycles of ZnS, TiO$_2$ nanoparticles have been used for nanostructured electrode, polysulfide electrolyte and Cu$_2$O counter electrode[14]. Reproduced with the permission of Journal of Physical Chemistry Letters.

cell. On the other hand, the cell with no CdS protecting PbS presents similar values of R_{rec} and R_{tr} and a poor performance is expected, as it is in fact the case.

In addition to capacitances and resistances related with the physical processes that take place in the solar cell, other interesting parameters for electronic processes in TiO$_2$ can be derived from the previous ones, as the conductivity, eq. 1 and Fig 5(a), electron lifetime, Fig 5 (b), diffusion coefficient, Fig 5(c), and diffusion length, Fig 5(d)

The lifetime, τ_n, is the average time that excited electron "lives" before recombining. It can be calculated using the parameters obtained from impedance analysis as[29]:

$$\tau_n = R_{rec} \cdot C_\mu \tag{3}$$

For the cases analyzed in Fig 5(b) it can be observed that the lifetime decreases dramatically with the number of PbS SILAR cycles. This fact is indicative of an active role of PbS in the recombination process.

Diffusion coefficient of electrons in TiO_2, D_n, can also be obtained from IS characterization as:

$$D_n = L^2/R_{tr} \cdot C_\mu \tag{4}$$

the tendency of D_n in Fig 5(c) is the opposite that the observed for lifetime, increasing as the number of PbS SILAR cycles increases. But this effect is not enough to compensate the observed decrease in τ_n, from both parameters it can be extracted the diffusion length, L_n, that it is the distance traveled by an electron before recombining:

$$L_n = \sqrt{D_n \tau_n} \tag{5}$$

For a good cell performance L_n has to be higher than the thickness of the nanostructured electrode, L. In the case of the samples analyzed in Fig 5(d) L = 14 μm. Thus the cell with 3 SILAR cycles of PbS (η = 1.69 %) has a diffusion length that is only slightly higher than TiO_2 thickness. In this sense lower performance could be expected in comparison with the sample with 2 PbS SILAR layers (η = 2.21%). Obviously other effects have to be considered to determine the overall cause of the lower performance of the solar cell with 3 cycles of PbS, as light absorption. But in this case light absorption was higher for 3 cycles cell than for 2 cycles sample[14], concluding than the lower performance of 3 cycles cells is to the low lifetime. It is important to note that the definition of L_n given in eq. 5 is valid in the case of a linear recombination, that it is not the case of sensitized solar cells[32]. In this broad context the square root of D_n times τ_n can be considered small perturbation diffusion length, and its interpretation is comparison with the electrode thickness is not straight forward and it is outside of the scope of this chapter. It is therefore recommended the discussion in terms of chemical capacitance and recombination resistance with an easier physical interpretation.

In summary, we have shown that impedance spectroscopy is a powerful tool to characterize quantum dot sensitized solar cells. For a proper characterization an equivalent circuit model with physical meaning have to be employed to fit the experimental data. From the fitting, an array of important parameters for solar cell performance can be obtained: series resistance, chemical capacitance, recombination resistance, counter electrode resistance, conductivity, lifetime, and diffusion coefficient. IS allows to decouple a complex system, the sensitized solar

第4章　海外の研究動向

cells, in the different parts that constitute it, allowing a global characterization of the device.

References

1) Mora-Seró, I. ; Garcia-Belmonte, G. ; Boix, P. P. ; Vázquez, M. A. ; Bisquert, J., Impedance spectroscopy characterisation of highly efficient silicon solar cells under different light illumination intensities. *Energy & Enviromental Science* 2009, **2**, 678-686.
2) Mora-Seró, I. ; Luo, Y. ; Garcia-Belmonte, G. ; Bisquert, J. ; Muñoz, D. ; Voz, C. ; Puigdollers, J. ; Alcubilla, R., Recombination rates in heterojunction silicon solar cells analyzed by impedance spectroscopy at forward bias and under illumination. *Solar Energy Materials and Solar Cells* 2008, **92**, 505-509.
3) Proskuryakov, Y. Y. ; Durose, K. ; Al Turkestani, M. K. ; Mora-Seró, I. ; Garcia-Belmonte, G. ; Fabregat-Santiago, F. ; Bisquert, J. ; Barrioz, V. ; Lamb, D. ; Irvine, S. J. C. ; Jones, E. W., Impedance spectroscopy of thin-film CdTe/CdS solar cells under varied illumination. *Journal of Applied Physics* 2009, **106**, 044507.
4) Bisquert, J., Theory of the Impedance of Electron Diffusion and Recombination in a Thin Layer. *The Journal of Physical Chemistry B* 2002, **106**, 325-333.
5) Fabregat-Santiago, F. ; Garcia-Belmonte, G. ; Mora-Seró, I. ; Bisquert, J., Characterization of nanostructured hybrid and organic solar cells by impedance spectroscopy. *Physical Chemistry Chemical Physics* 2011, **13**, 9083-9118.
6) Wang, Q. ; Ito, S. ; Grätzel, M. ; Fabregat-Santiago, F. ; Mora-Seró, I. ; Bisquert, J. ; Bessho, T. ; Imai, H., Characteristics of High Efficiency Dye-Sensitized Solar Cells. *Journal of Physical Chemistry C* 2006, **110**, 25210-25221.
7) Rühle, S. ; Shalom, M. ; Zaban, A., Quantum-Dot-Sensitized Solar Cells. *Chemical Physics Chemistry* 2010, **11**, 2290-2304.
8) Mora-Seró, I. ; Bisquert , J., Breakthroughs in the Development of Semiconductor-Sensitized Solar Cells. *Journal of Physical Chemistry Letters* 2010, **1**, 3046-3052.
9) Hodes, G., Comparison of Dye- and Semiconductor-Sensitized Porous Nanocrystalline Liquid Junction Solar Cells. *Journal of Physical Chemistry C* 2008, **112**, 17778-17787.
10) Kamat, P. V., Quantum Dot Solar Cells. Semiconductor Nanocrystals as Light Harvesters. *Journal of Physical Chemistry C* 2008, **112**, 18737-18753.
11) Kamat, P. V. ; Tvrdy, K. ; Baker, D. R. ; Radich, J. G., Beyond Photovoltaics: Semiconductor Nanoarchitectures for Liquid-Junction Solar Cells. *Chemical Reviews* 2010, **110**, 6664-6688.
12) Hetsch, F. ; Xu, X. ; Wang, H. ; Kershaw, S. V. ; Rogach, A. L., Semiconductor Nanocrystal Quantum Dots as Solar Cell Components and Photosensitizers: Material, Charge Transfer, and Separation Aspects of Some Device Topologies. *Journal of Physical Chemistry*

      Letters 2011, **2**, 1879-1887.
13) Yang, Z. ; Chen, C.-Y. ; Roy, P. ; Chang, H.-T., Quantum dot-sensitized solar cells incorporating nanomaterials. *Chemical Communications* 2011, **47**, 9561-9571.
14) Braga, A. ; Giménez, S. ; Concina, I. ; Vomiero, A. ; Mora-Seró, I., Panchromatic sensitized solar cells based on metal sulfide quantum dotsnchromatic sensitized solar cells based on metal sulfide quantum dots. *Journal of Physical Chemistry Letters* 2011, **2**, 454-460.
15) Gónzalez-Pedro, V. ; Xu, X. ; Mora-Seró, I. ; Bisquert , J., Modeling High-Efficiency Quantum Dot Sensitized Solar Cells. ACS Nano 2010, **4**, 5783-5790.
16) Mora-Seró, I. ; Giménez, S. ; Fabregat-Santiago, F. ; Gómez, R. ; Shen, Q. ; Toyoda, T. ; Bisquert, J., Recombination in Quantum Dot Sensitized Solar Cells. *Accounts of Chemical Research* 2009, **42**, 1848-1857.
17) Hossain, M. A. ; Jennings, J. R. ; Koh, Z. Y. ; Wang, Q., Carrier Generation and Collection in CdS/CdSe-Sensitized SnO_2 Solar Cells Exhibiting Unprecedented Photocurrent Densities. *ACS Nano* 2011, **5**, 3172-3181.
18) Barea, E. M. ; Shalom, M. ; Giménez, S. ; Hod, I. ; Mora-Seró, I. ; Zaban, A. ; Bisquert, J., Design of Injection and Recombination in Quantum Dot Sensitized Solar Cells. *Journal of the American Chemical Society* 2010, **132**, 6834-6839.
19) Fabregat-Santiago, F. ; Bisquert, J. ; Garcia-Belmonte, G. ; Boschloo, G. ; Hagfeldt , A., Influence of electrolyte in transport and recombination in dye-sensitized solar cells studied by impedance spectroscopy. *Solar Energy Materials and Solar Cells* 2005, **87**, 117-131.
20) Acharya, K. P. ; Khon, E. ; O' Conner, T. ; Nemitz, I. ; Klinkova, A. ; Khnayzer, R. S. ; Anzenbacher, P. ; Zamkov, M., Heteroepitaxial Growth of Colloidal Nanocrystals onto Substrate Films via Hot-Injection Routes. *ACS Nano* 2011, **5**, 4953-4964.
21) Boix, P. P. ; Larramona, G. ; Jacob, A. ; Delatouche, B. ; Mora-Seró, I. ; Bisquert, J., Hole Transport and Recombination in All-Solid Sb_2S_3-Sensitized TiO_2 Solar Cells Using CuSCN As Hole Transporter. *Journal of Physical Chemistry C* 2012, **116**, 1579-1587.
22) Boix, P. P. ; Lee, Y. H. ; Fabregat-Santiago, F. ; Im, S. H. ; Mora-Seró, I. ; Bisquert, J. ; Seok, S. I., From Flat to Nanostructured Photovoltaics: Balance between Thickness of the Absorber and Charge Screening in Sensitized Solar Cells. *ACS Nano* 2012, **6**, 873-880.
23) Mora-Seró, I. ; Giménez, S. ; Fabregat-Santiago, F. ; Azaceta, E. ; Tena-Zaera, R. ; Bisquert, J., Modeling and characterization of extremely thin absorber (eta)solar cells based on ZnO nanowires. *Physical Chemistry Chemical Physics* 2011, **13**, 7162-7169.
24) Fabregat-Santiago, F. ; Bisquert, J. ; Cevey, L. ; Chen, P. ; Wang, M. ; Zakeeruddin, S. M. ; Grätzel, M., Electron Transport and Recombination in Solid-State Dye Solar Cell with Spiro-OMeTAD as Hole Conductor. *Journal of American Chemical Society* 2009, **131**, 558-562.
25) Sudhagar, P. ; González-Pedro, V. ; Mora-Seró, I. ; Fabregat-Santiago, F. ; Bisquert, J. ; Kang, Y. S., Interfacial Engineering of Quantum Dot-Sensitized TiO_2 Fibrous Electrodes for Futuristic Photoanodes in Photovoltaic *Applications. Journal of Materials Chemistry*

第4章　海外の研究動向

2012, DOI:10.1039/C2JM31599H.
26) Lee, H. J. ; Wang, M. ; Chen, P. ; Gamelin, D. R. ; Zakeeruddin, S. M. ; Grätzel, M. ; Nazeeruddin, M. K., Efficient CdSe Quantum Dot-Sensitized Solar Cells Prepared by an Improved Successive Ionic Layer Adsorption and Reaction Process. *Nano Letters* 2009, **9**, 4221-4227.
27) Lee, H. J. ; Leventis, H. C. ; Moon, S.-J. ; Chen, P. ; Ito, S. ; Haque, S. A. ; Torres, T. ; Nüesch, F. ; Geiger, T. ; Zakeeruddin, S. M. ; Grätzel, M. ; Nazeeruddin, M. K., PbS and CdS Quantum Dot-Sensitized Solid-State Solar Cells: "Old Concepts, New Results". *Advanced Functional Materials* 2009, **19**, 2735-2742.
28) Sze, S. M., *Physics of Semiconductor Devices*. 2nd ed. ; John Wiley and Sons: New York, 1981.
29) Bisquert, J. ; Fabregat-Santiago, F. ; Mora-Seró, I. ; Garcia-Belmonte, G. ; Giménez, S., Electron Lifetime in Dye-Sensitized Solar Cells: Theory and Interpretation of Measurements. *Journal of Physical Chemistry C* 2009, **113**, 17278-17290.
30) Barea, E. M. ; Ortiz, J. ; Pay, F. J. ; Fernádez-Lázaro, F. ; Fabregat-Santiago, F. ; Sastre-Santos, A. ; Bisquert, J., Energetic Factors Governing Injection, Regeneration and Recombination in Dye Solar Cells with Phthalocyanine Sensitizers. *Energy & Enviromental Science* 2010, **3**, 1985-1994.
31) Bisquert, J., Chemical capacitance of nanostructured semiconductors: its origin and significance for nanocomposite solar cells. *Physical Chemistry Chemical Physics* 2003, **5**, 5360-5364.
32) Bisquert, J. ; Mora-Seró, I., Simulation of Steady-State Characteristics of Dye-Sensitized Solar Cells and the Interpretation of the Diffusion Length. *Journal of Physical Chemistry Letters* 2010, **1**, 450-456.

4 Recent research progress of quantum dot sensitized solar cells in China (中国)

Yanhong Luo[*1], Dongmei Li[*2], Qingbo Meng[*3]

4.1 Introduction

Recently, inorganic quantum dots-sensitized solar cells (QDSCs) have attracted much attention as promising photovoltaic devices and are progressing very rapidly[1~4]. Semiconductor QDs exhibit particular characteristics as sensitizers due to their tunable bandgap by size control and material selection, which can be used to match the absorption spectrum to the spectral distribution of solar light. Moreover, semiconductor QDs possess higher extinction coefficients than conventional dyes used in dye-sensitized solar cells (DSCs)[5]. The great interest in QDSCs also arises from the phenomenon called multi-exciton generation (MEG)[6] that can be used in high efficiency solar cells to overcome the traditional Schockley-Queisser limit of 32% for Si based solar cells[7].

The general scheme (Fig 1a) of a QDSC device is very similar to DSC concept. It includes four major components: mesoporous wide band-gap semiconductor (WBSC), QD layer, electrolyte and counter electrode. The solar-to-electricity conversion in a QDSC is achieved through four basic processes including photoexcitation, electron injection, charge transfer and QD recharge (Processes 1-4 in Fig 1b). First, light excites electron/hole pairs in the QDs. Then electron is injected into WBSC (i.e., TiO_2, ZnO) and transports in this medium to the transparent conductive oxide (indium tin oxide (ITO) or fluorine doped tin oxide (FTO)) electrode. Through the external circuit, the electron goes to counter electrode, where the oxidized counterpart of the redox system in electrolyte is reduced. Finally, the reduced counterpart of the redox diffuses to photoanode and injects an electron into the hole of the QDs. Except for the electron forward reactions above, there also exist the back reactions (Processes R1 to R4 in Fig 1b)[3], which include the back electron transfer from the CB of QDs or WBSCs to the electrolytes and electron recombination from the CB of QDs or WBSC to the hole of QDs either directly band-to-band or via surface states. In fact, the generation of electricity is the result of the dynamic competition between the forward and the back reactions. An efficient cell should facilitate the forward reactions and impair the back reactions.

---

* 1, 2, 3 Key Laboratory for Renewable Energy Chinese Academy of Sciences Beijing Key Laboratory for New Energy Materials and Devices Institute of Physics Chinese Academy of Sciences

第4章　海外の研究動向

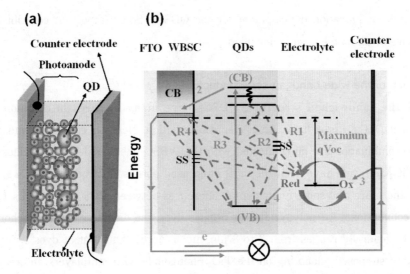

Figure 1

(a) A scheme of QDSCs based on a mesoporous wide bandgap semiconductor film; (b) A scheme illustrating the different electron transfer processes in the QDSC. 1: QD excitation, 2: electron injection, 3: electron transfer, 4: hole transfer from the VB of QDs to the electrolyte. R1: electron back injection from QDs to the electrolyte; R2: electron recombination in QDs; R3: electron back injection from WBSC to the electrolyte; R4: electron recombination at the WBSC/QDs interface. SS denotes surface states.

The overall solar-to-electricity conversion efficiency, Eff, can be calculated from the short-circuit photocurrent density (J_{SC}), the open-circuit photovoltage (V_{OC}), the fill factor (FF) of the cell, and the intensity of the incident solar light (P_{in}) as described in Eq (1).

$$Eff = \frac{J_{SC} \times V_{OC} \times FF}{P_{in}} \qquad (1)$$

In order to increase the total efficiency of the device, all the factors relating to the three parameters J_{SC}, V_{OC} and FF should be well optimized. To increase J_{SC}, many works can be done by developing new QDs with wider absorption wavelength or higher extinction coefficients, or increasing the light trapping in the mesorporous WBSC electrodes. The maximum V_{OC} are considered to be the energy difference between the oxidation potential of the redox mediator in the electrolyte and the energy level of the quasi-Fermi level in the WBSC. FF is attenuated by the total series resistance of the cell, which includes the sheet resistances of the substrate and counter electrode, electron transport resistance through the photoanode, ion transport resistance, and the charge-transfer resistance at the counter electrode. Based on understanding the physical processes in QDSCs, carefully engineering all the components and designing the interfaces in the device are very important in improving efficiency. Herein, we will discuss some of our recent advances regarding on the electrode material and configuration development for the QDSCs. Some important contributions from other groups in China will also be included.

4.2 Design of the wide bandgap semiconductor film

Based on the sandwiched structure, QDSCs have many features in common with the conventional DSCs. Light harvesting, electron injection, electron collection, and unwanted electron recombination are all connected with the WBSC photoanode. Metal oxides of WBSC such as TiO_2 and ZnO have been the most often used porous electrodes in DSCs and QDSCs. However, there are also some fundamental differences between QDSCs and DSCs. Comparing with the conventional Ru-polypyridine or organic dyes, the diameter of QDs anchored on the photoanode generally ranges from 3 to 8 nm, much larger than that of dyes[8]. Furthermore, QDs are also supposed anchoring on the TiO_2 photoanode with multilayers. In order to adapt to the large size of QDs as well as the characteristics of multilayer adsorption, it is suggested that the optimization of WBSC photoanode for QDSCs should at least meet the following requirements:(1) The WBSC photoanode can provide enough surface area to satisfy efficient QDs deposit;(2) The pore size of the photoanode should be large enough to avoid being blocked during the QDs deposition. Of course, optical confinement effect to improve the light absorption efficiency, and high electron transport property to obtain a high electron collection efficiency are also necessary. Therefore, morphologies of the WBSCs have been actively explored and well controlled in order to achieve maximum power conversion efficiencies from these devices (see Fig 2)[9~14].

For several years, Chinese groups have made great contribution to develop novel structures for the photoanodes of QDSCs (Fig 2)[9~14]. The TiO_2 nanoparticle were the first selected films since they can offer simple fabrication, low material cost, ready scalability and tremendous chemical stability. In order to well acompany the requirement for high surface area and avoid the blocking of QDs, a series of mesoporous TiO_2 structures are fabricated in our group by mixing the 20 and 300nm TiO_2 particles with different ratio[9~10]. The distribution of pore sizes in the mesoporous films can be adjusted to a range from just a few nanometers up to 50nm. The optimized efficiency are obtained by using a double layer structure (Fig 3a TS1), which are composed of a tranparent layer with pure 20nm TiO_2 particles (Fig 2a) and a scattering layer of a mixture 20 and 300nm TiO_2 particles (Fig 2b). This allowed greater QD uptake and better permeation of the electrolyte. The scattering layer further enhance the optical light path, especially in the long wavelength range, to improve the light absorption. Benefited with the higher surface area and light scattering of the double layer structures, the QDSCs show high IPCE values more than 70% in the wavelengh range from 400 to 600nm (Fig 3c). The

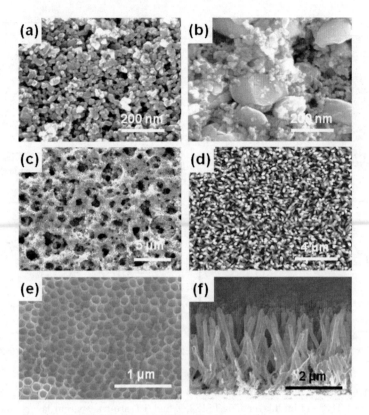

Figure 2
SEM images of TiO$_2$ and ZnO films with various morphologies: (a) transparent mesoporous TiO$_2$ structure with 20nm TiO$_2$ particles, (b) Light scattering layer with a mixture of 20 and 300nm TiO$_2$ particles, (c) TiO$_2$ films with large scattering hollow cavities, (d) ZnO nanorods, (e) TiO$_2$ nanotube fabricated by anode oxidation, and (f) TiO$_2$ nanotube by template method (From ref 9, 11-13).

highest J_{SC} of 13.68mA/cm^2 and electron transfer yield of 95.2% have been obtained by the cell with a scattering layer containing 30wt% of 300nm and 70wt% 20nm TiO$_2$ particles. The net result was an outstanding light-to-power efficiency of 4.92% (Fig 3d).

One-dimensional (1D) WBSC nanostructures (for example, TiO$_2$ nanorods, nanotubes, and ZnO naorods)[12~24] has also been the subject of many investigations since the efficiency of electron transport can be enhanced by increasing electron survivability in these structures. The TiO$_2$ nanorods/nanowires arrays on FTO substrates have been synthesized through solvothermal method. CdS, CdSe, CuInS$_2$, In$_2$S$_3$ as well as cascade CdS/CdSe QDs have been used to sensitize the TiO$_2$ nanorods. Maximum power conversion efficiencies of 1.27% and 3.06% have been obtained in CdS and CdS/CdSe/ZnS sensitized solar cells, respectively[18~19]. Since the TiO$_2$ nanorods synthsized using solvothermal method are very short (usually less than 5μm), the surface area is small to make a higher QD absorption and J_{SC}. In addition, the

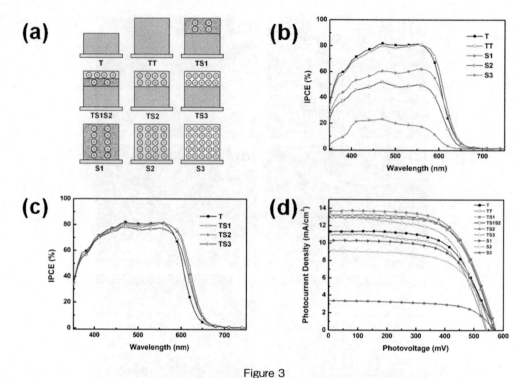

Figure 3
(a) Schematic structures of the TiO_2 photoanodes wiht monolayer films T, TT, S1, S2, S3; double layer films TS1, TS2 and TS3; and multilayer film TS1S2. T and TT are transparent layers composing of 20nm TiO_2 particle, S1, S2 and S3 are light scattering layers composing of a mixture of 20nm and 300nm TiO_2 particles with different weight ratio. (b) IPCE plots of QDSCs with monolayer QDs-coated electrodes (b), and double layer QDs-coated electrodes (c). (d) Photocurrent-photovoltage (J-V) characteristics of QDSCs with various photoanodes (From ref 9).

TiO_2 nanorods are usually rutile structure, where the electron transportation is lower than that in anatase TiO_2 film.

To overcome the apparent limitations of short length, lower surface area and rutile phase on TiO_2 nanorod array, TiO_2 nanotubes (Fig 2e) synthesized by electrochemical anodization of Ti films have also been explored for QDSCs[10, 13~14, 20~21]. In contrast to solution-phase nanorod growth, the electrochemical anodization of Ti foil affords an array of TiO_2 nanotubes with tunable nanotube length and good anatase structure. Virous QDs, such as CdS, CdSe and CdTe, have been used to sensitize the nanotube array films. Since the Ti substrate is opaque, the backside-illuminated structure was first investigated (Fig 4a)[20~21] with transparent Pt counter electrode. However, Pt exhibits poor catalytic activity to polysulfide electrolyte in QDSCs, thus limit the improvement of photovoltaic performance. Besides, other counter electrodes with much higher catalytic activity towards the polysulfide redox couple, such as

第4章 海外の研究動向

Cu_2S, Au and carbon, are all opaque and unable to be used in the back-illuminated flat QDSCs[25~27]. In order to solve the problem of the conflict between illumination and opaque electrodes, a fibrous structure with CdS/CdSe as sensitizers have been designed (Fig 4b, c)[13]. TiO_2 nanotube array on Ti wire and Cu_2S on brass wire were used as photoanode and counter electrode, respectively. This fibrous QDSC was assembled by twisting the counter electrode on the photoanode. An energy conversion efficiency of 3.18% was obtained (Fig 4d). Another method to using the TiO_2 nanotube arrays as photoanode for front side illumination cell is to peel the nanotube arrays from Ti substrate and then reassemble on transparent conducting substrate again[14]. By using this method, QDSCs from front side illumination can be obtained. The nanotube can be easily fabricated by anode oxidation, however, the V_{OC} and efficiency is lower comparing with those of TiO_2 photoanode with other morphologies. This may result from the higher length of the nanotube or the existence of a barrier layer in the bottom of the nanotube which can block the electron transfer. An unambiguous understanding requires systematic studies.

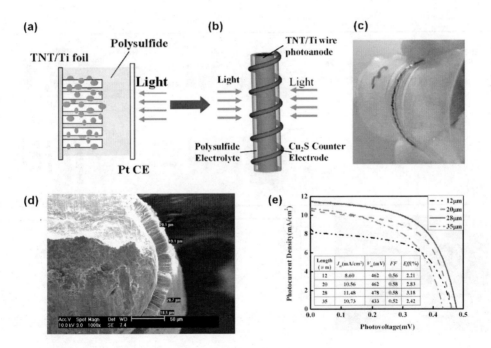

Figure 4
Schematic configurations of the back-side-illuminated QDSC-based TiO_2 nanotube on Ti substrate (a) and TiO_2 nanotube based fibrous QDSC (b). (c) Photo of a fibrous QDSC. (d) A cross section SEM picture of TiO_2 nanotube array with length of 20 μm on Ti wire. (e) The I-V curves and photovoltaic parameters of QDSCs based on TNTs with different lengths. The deposition time of CdS and CdSe are 1 h and 11 hrs, respectively (From ref 13).

TiO$_2$ nanotube arrays can also be synthesized using a ZnO nanorod array as template (Fig 2f)[12]. In this method, ZnO nanorod arrays on transparent conductive substrate were first synthesized by hydrothermal method. The TiO$_2$-covered ZnO nanorod arrays were prepared by a sol-gel process and annealing at high temperature. The TiO$_2$ nanotube arrays (TNTs) were obtained by immersing the hybrid TiO$_2$/ZnO nanorod arrays in an acidic solution to remove the ZnO template. The overall strategy for TiO$_2$ TNTs preparation is presented in Figure 5a. The CdS/CdSe/ZnS carscade QDs are fabricated on the TNT architecture using chemical bath deposition (CBD) and successive ionic layer absorption and reaction (SILAR) method. SEM images in Figure 5b and 5c indicate clearly that the CdSe QDs are multilayer absorbed on TNT surface. The IPCE, J_{SC} and V_{OC} of QDSCs gradually enhances with increasing the CdSe growth time as seen in Figure 5d and 5e. A very promising overall cell performance of 4.61% with high V_{OC} has been achieved, which is the best record of TNT-based sandwich-type QDSCs so far. The multilayer QD-deposition on the TiO$_2$ surface is confirmed to favor electron transfer in the TiO$_2$ matrix using electrochemical impedance

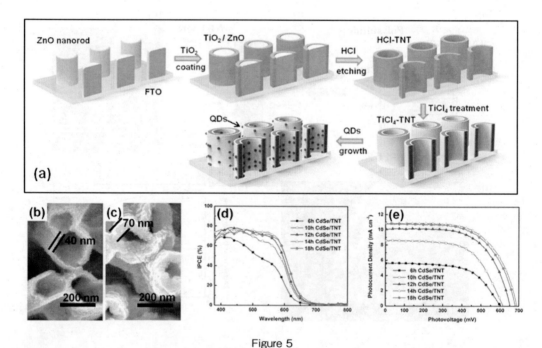

Figure 5

(a) Schematic processes for preparing QDs anchored TiO$_2$ nanotube arrays directly on FTO glass: ZnO nanorod arrays grown on FTO, followed by TiO$_2$ coating on ZnO nanorod arrays, ZnO template removal by HCl etching, TiCl$_4$ treatment and QDs deposition. Top view SEM images of TiCl$_4$-TNT arrays (b) and TiCl$_4$-TNT arrays with 14h CdSe growth (c). (d) IPCE spectra of CdS/CdSe co-sensitized QDSCs with different CdSe deposition time from 6h to 18h; (e) J-V characteristics of the above QDSCs (From ref 12).

第4章 海外の研究動向

Table 1 Recent advanced QDSCs with different photoanodes structures

Electron conductor	Sensitizer (s)	Counter electrode	Electrolyte	V_{oc} (mV)	J_{sc} (mA cm^{-2})	FF (%)	Eff (%)	Ref.
TiO$_2$ nanoparticles	Mn-d-CdS/CdSe	Cu$_2$S/graphene		558	20.7	47	5.42	40
TiO$_2$ nanoparticles	CdS/CdSe/ZnS	Cu$_2$S	1 M S and 1 M Na$_2$S	575	13.68	63	4.92	9
TiO$_2$ nanorod	CdS/CdSe/ZnS	CoS	2.0 M Na$_2$S, 0.5 M S, and 0.2 M KCl in methanol/water (7:3, v/v)	450	13.83	48	3.06	19
TiO$_2$ nanotube arrays (template method)	CdS/CdSe/ZnS	Cu$_2$S	1 M S and 1 M Na$_2$S	689	10.81	62	4.61	12
TiO$_2$ nanotube array (anode oxidation method)	CdS/CdSe/ZnS	Cu$_2$S	1 M S and 1 M Na$_2$S	467	11.35	57	3.01	14
TiO$_2$ nanotube array (fibrous cell) (anode oxidation method)	CdS/CdSe/ZnS	Cu$_2$S	1 M S and 1 M Na$_2$S	478	11.48	58	3.18	13
ZnO nanorods	CdS/CdSe	Au-coated FTO	0.5 M Na$_2$S, 2 M S, 0.2 M KCl in a methanol/water (7:3 by volume)	627	17.3	38.3	4.15	23
ZnO nanorods	CdSe	Cu$_2$S	1.0 M S, 1.0 M Na$_2$S and 0.1 M NaOH in deionized water	650	18.05	40	4.74	24

spectroscopy (EIS) measurement.

ZnO nanorod arrays are also used as the photoanode material for QDSCs due to its simple preparation methods[22~24]. It is reported that ZnO nanowire has higher electron mobility and also reduced recombination loss compared with that of TiO_2 film. CdS/CdSe cosensitized ZnO nanowire have been fabricated by combining SILAR and CBD processes. QDSCs based on CdSe/CdS/ZnO nanowire arrays exhibited considerably improved performance, with about 70% IPCE and 4.15% of a power conversion efficiency.

Table 1 listed the high efficient QDSCs with different WBSC materials and morphologies. From table 1, we can see that high efficiencies have been obtained using TiO_2 nanotube and ZnO nanorod arrays as photoanode recenly, which is comparable to that with nanoparticle photoanode. However, the morpholgy highly impact the photovoltaic parameters. QDSCs with TNT arrays using template method as photoanode can give higher V_{OC} and FF, while ZnO nanorod can give higher V_{OC} and J_{SC} but lower FF. Different QDs and deposition methods can also influence the performance. Even though the detailed comparison should be well investigated in the same condition, highly efficient QDSCs can be expected by combining the high Voc and FF of TNT photoanode, and high Jsc with nanoparticles and ZnO photoanode.

4.3 Quantum dots materials and deposition methods

Semiconductors such as CdS, CdSe, CdTe, $CuInS_2$, PbS, PbSe, InP, InAs, Ag_2S, and Sb_2S_3, SnS_2 have been synthesized as QDs and deposited onto wide-bandgap nanostructures as sensitizers. Depending on their size, these materials can absorb photons over a broad spectral range or within a confined window of the solar spectrum. For the QDSCs with liquid electrolytes, the photo and chemical stability of the QDs should be considered well when selecting the QD materials. CdS, CdSe are the most often used QDs since they have good electron transfer and chemical stability in polysulfide electrolyte. ZnS is used as an efficient passivation agent. PbS is another good QDs since lead chalcogenides possess an extremely large bulk exciton Bohr radius (20nm for PbS), which creates strong quantum confinement in colloidal nanocrystals and allows their bandgap and absorption edge to be tuned across the entire visible spectrum.

Methods of deposition of QDs on mesoporous WBSC substrates have great influence on the performance of the fabricated QDSCs. The deposition methods are usually classified into two major categories: in situ and ex situ. In situ growth methods of QDs with the mesoporous matrix integrate the synthesis and deposition of QDs into simultaneous one step. The often used two methods are either CBD or SILAR[28~29]. The ex situ method usually include firstly the synthesis and secondly the deposition of QDs. The presythesized QDs are easily

第4章 海外の研究動向

controllable in terms of size, shape and size distribution.

The in situ growth methods typically achieve high surface coverage and direct connection between QDs and the WBSC matrix. It is the most efficient method for high efficient QDSCs. Several modified in situ methods have also been developed, such as in situ electrodeposition method[30], microwave assisted chemical bath deposition[31~32], hydrothermal method[33], in situ photocatalytic synthesis[34] and ion-exchange approach[24].

An in situ electrodeposition method was described by Kuang et al to fabricate the CdS or/and CdSe QD sensitized hierarchical TiO_2 sphere (HTS) electrodes for solar cell application[30]. The dynamic study reveals that the CdSe/CdS cosensitized solar cell performs ultrafast electron transport and high electron collection efficiency (98%). A power conversion efficiency as high as 4.81% (J_{SC}=18.23 mA cm^{-2}, V_{OC}=489 mV, FF=0.54) for HTS/CdS/CdSe photoelectrode based QDSC is obtained under one sun illumination.

Rogach et al[33] reported a straightforward in situ deposition method to directly assemble aqueous thioglycolic acid capped CdSe colloidal QDs within mesoporous TiO_2 thin films by a low-temperature hydrothermal route. This approach integrates linker assisted adsorption and colloidal QD synthesis in a single step due to the use of thioglycolic acid as the capping agent for the QDs and tethering agent for the TiO_2. It permits high loading and uniform distribution of colloidal QDs within mesoporous TiO_2 electrodes with a greatly improved photovoltaic performance as QDSCs, reaching efficiencies as high as 2.2% under one sun illumination conditions.

More recently, Lee et al reported arrays of ZnO/CdSe core/shell nanocables[24], which have been synthesized on FTO substrates via a simple ion-exchange approach. These ZnO/CdSe nanocable arrays are demonstrated to be promising photoelectrodes for photoelectrochemical solar cells, giving a maximum power conversion efficiency up to 4.74% which is the maxmium efficiency for ZnO nanowire and CdSe based QDSCs.

For the presythesized QDs method, the monosized QDs are mainly synthesized in organic solvents. Typically the surface capping agents are long-chain organic molecules such as alkylphosphines, alkylamines, which act as a barrier layer hindering efficient charge transfer over the WBSC/QD interface. QDs prepared in water are typically already capped with water-soluble bifunctional molecular linkers such as 3-Mercaptopropionic acid (MPA) or 3-Mercaptopropionic acid (MAA) as synthesis and can be directly coupled to the WBSC surface without the linker exchange process. Our group utilized the $CuInS_2$ QDs synthesized in aqueous solution as the sensitizer for TiO_2 photoanode, combined active carbon coated FTO conductive glass as counter electrode and polysulfide aqueous solution as electrolyte to fabricate the QDSCs[35]. The $CuInS_2$ QDs synthesized in water without long fat chain of organic ligand is significantly easier and controllable to assemble the QDSCs. An efficiency of 1.47% has been obtained by adding CdS buffer layer. Comparing with the in situ CBD and SILAR methods, the low surface coverage of the ex situ synthesized QDs on the WBSC surface usually induce lower efficiency. For example, all the highest efficient CdSe or CdS/CdSe QDSCs are fabricated by in situ method. However, for multi-component compounds, such as $CuInS_2$, Cu_2ZnSnS_4[35~38], or CdS/CdSe core shell QDs[39], in which the composition is difficult to be controlled well using CBD or SILAR, QD synthesized ex situ will be a good choice. The limitation of the surface loading and charge transfer from QDs to WBSC should be well considered to enhance the device performance of ex situ sensitization methods.

4. 4 Electrolyte

The electrolyte is responsible for charge transport between the QD sensitized photoanode and the counter electrode. Two important aspects should be considered for selecting the redox couple in the electrolyte. First, the redox potential of the couple in electrolyte should be more positive than that of the WBSC conduction band and more negative than the valence band of the QD sensitizer to obtained high V_{OC} and fluent electron injection. Second, the chemistry of the redox couple should be considered. A redox couple must be stable with the working and counter electrodes over a long lifetime.

Limited to the above second requirement, I^-/I_3^- redox couple used in high efficient DSCs cannot be adopted to QDSCs since the corrosive reaction of QDs was observed to progress gradually. For QDSCs alternative redox couples based on polysulfide (S^{2-}/Sx^{2-}) in aqueous solution appear to be efficient redox mediators for QDSCs with CdS, CdSe, $CuInS_2$ or PbS QDs. The highest efficiency of 5.4% has been obtained for Mn doped CdS/CdSe QDSCs with this kind electrolyte[40].

The concentration of the redox couples and the type of solvents will influence the position of the redox potential. It has been reported with the increase of the S^{2-}/Sx^{2-} concentration, the redox potential will move to more positive and increase the V_{OC} of QDSCs[41]. Sun et al reported a new electrolyte[42], in which tetramethylammonium sulfide/polysulfide, $[(CH_3)_4N]_2S/[(CH_3)_4N]_2S_n$ was used as the redox couple in the organic solvent 3-methoxypropionitrile (MPN). CdS functionalized QDSCs were fabricated and showed an unprecedented energy conversion efficiency of 3.2% with a large V_{OC} of 1.2V, and an extremely high FF of up to 0.89. The significantly high V_{OC} were explained as the more positive oxidation potential of the redox couple and the more negative potential of the TiO_2 conduction band. The unusually high FF is not understood for the authors. Anyway, this work give us an information that S^{2-}/Sx^{2-} redox in organic solvent may increase the V_{OC} and FF for QDSCs.

第4章　海外の研究動向

Solid state electrolytes are expected in order to increase the stability of QDSCs. Our group for the first time introduced polyacrylamide (PAM) quasi-solid-state polysulfide hydrogel electrolyte to assemble CdS/CdSe co-sensitized solar cell and 4.0% of the efficiency has been achieved[43].

4.5 Counter electrode

Counter electrode (CE) has the function to transfer electrons arriving from the external circuit to the redox species used for regenerating the sensitizer. As mentioned above, polysulfide redox mediator is often used in QDSCs. Charge transfer to the oxidized redox polysulfide species at the CE is considered to be a major hurdle in attaining high *FF* and *Eff*. Poor charge transfer rate at the CE results in high overpotential for the reduction reaction that creates a bottleneck for the electron flow, thereby promoting back electron transfer at the photoanode. These effects are realized from the low current density and *FF* of the QDSCs. In this system, an effective CE should have the following properties: (1) good catalytic activity to reaction $S_x^{2-}+2e \rightarrow S^{2-}+S_{x-1}^{2-}$ (to minimize the energy efficiency loss on the CE) ; (2) chemical/electrochemical stability (with no corrosion or dissolution which results in photoelectrode deactivation) ; (3) low cost (to maintain the low-cost perspective of QDSCs) ; (4) mechanically stable and robust.

For the polysulfide electrolyte used in QDSCs, strong interaction between Pt and sulfide ions is supposed to influence the conductivity and catalytic activity of Pt electrodes remarkably. In order to increase the photovoltaic performance it is required to replace Pt CE with other electrodes. Gold (Au)[26], Carbon[27], Cu_2S[8], CoS[41] and PbS[44] et al have been used as the alternative counter electrodes for the QDSCs with polysulfide redox electrolytes. Exposing the metal foils of Cu, Co, or Pb to sulfide solution can obtain an interfacial layer of metal sulfide[8,44~45]. High energy conversion efficiencies of QDSCs with CdS/CdSe as sensitizer have been obtained by using Cu_2S on copper foil as CE[9]. The problem is that such a preparative method suffers from continual corrosion and ultimately mechanical instability. To overcome the challenges at the CE/polysulfide interface, chalcogenides on non corrosive substrate have been fabricated, such as Cu_2S nanoparticles on graphite paper[46], Cu_2S/graphite composite film[47] and Cu_2S/graphene films[48], CuS film[37], and CoS films[41] on FTO substrate.

Carbon electrode is another ideal alternative to Pt electrode[27], since they exhibit low cost, sufficient conductivity, heat resistance and corrosion-inert. In addition, carbon electrodes can be prepared in the form of mesoporous material which can effectively increase the electron transfer rate for reduction of S_x^{2-}. The carbon electrode is first employed as the CE for CdS QDSCs[27], which exhibits 1.47% of the conversion efficiency in comparison with that with Pt

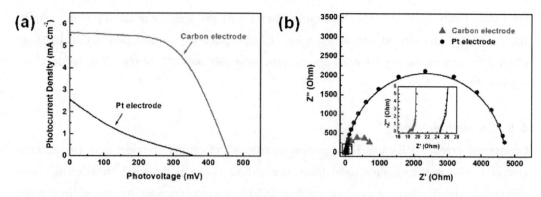

Figure 6

(a) I–V characteristics of CdS sensitized QDSCs based on carbon and Pt counter electrodes illuminated under AM 1.5 illumination of 100 mWcm^{-2}, respectively; (b) Nyquist plots of symmetric thin-layer sandwich-type cells with carbon and Pt electrodes, and polysulfide electrolyte measured at zero bias potential (From ref 27).

electrode (only 0.17%) at AM 1.5 illumination of 100 mWcm^{-2} (Fig 6a). EIS has been applied to characterize the charge transfer resistance (Rct) at electrolyte/CE interface. It is found that *Rct* of carbon electrode (0.16Ωcm^{-2}) in the polysulfide electrolyte is much lower than that with Pt electrode (2.11Ωcm^{-2}) (Fig 6b), leading to higher *FF*, J_{sc} and remarkable improvement of the photovoltaic performance.

4.6 Summary and Outlook

An optimal combination of the high efficiency, good stability and low cost will determine the future of QDSCs. As outlined previously, the photovoltaic performance of a QDSC depends on the relative energy levels and the kinetics of the electron transfer processes at the interfaces. In order to improve the efficiency and facilitate the practical application of QDSCs, the following challenges should be addressed: i) cooperatively optimizing the component materials such as semiconductor, QD, redox mediator and CE with expected potential to guarantee energy matching; ii) developing new techniques to better control the kinetic electron transfer processes at the interfaces. In addition, the environment-friendliness and low-cost should be considered during the progress in driving commercialization of QDSCs.

Acknowledgements

The authors appreciate the financial supports of National Natural Science Foundation of China (Nos. 20725311, 51072221 and 21173260), National Key Basic Research Program (973 project, No. 2012CB932903)

第4章 海外の研究動向

References

1) Yang, Z.; Chen, C.-Y.; Roy, P.; Chang, H.-T., Quantum dot-sensitized solar cells incorporating nanomaterials. *Chemical Communications*, **47** (34), 9561-9571 (2011).

2) Ruhle, S.; Shalom, M.; Zaban, A., Quantum-dot-sensitized solar cells. *Chemphyschem*, **11** (11), 2290-2304 (2010).

3) Hetsch, F.; Xu, X.; Wang, H.; Kershaw, S. V.; Rogach, A. L., Semiconductor nanocrystal quantum dots as solar cell components and photosensitizers: material, charge transfer, and separation aspects of some device topologies. *Journal of Physical Chemistry Letters*, **2** (15), 1879-1887 (2011).

4) Mora-Sero, I.; Bisquert, J., Breakthroughs in the development of semiconductor-sensitized solar cells. *Journal of Physical Chemistry Letters*, **1** (20), 3046-3052 (2010).

5) Hodes, G., Comparison of dye- and semiconductor-sensitized porous nanocrystalline liquid junction solar cells. *Journal of Physical Chemistry C*, **112** (46), 17778-17787 (2008).

6) Nozik, A. J., Quantum dot solar cells. *Physica e-low-dimensional systems & nanostructures*, **14** (1-2), 115-120 (2002).

7) Shockley, W.; Queisser, H. J., Detailed balance limit of efficiency of p-n junction solar cells. *Journal of Applied Physics*, **32** (3), 510-519 (1961).

8) Shen, Q.; Kobayashi, J.; Diguna, L. J.; Toyoda, T., Effect of ZnS coating on the photovoltaic properties of CdSe quantum dot-sensitized solar cells. *Journal of Applied Physics*, **103** (8), 084304 (2008).

9) Zhang, Q.; Guo, X.; Huang, X.; Huang, S.; Li, D.; Luo, Y.; Shen, Q.; Toyoda, T.; Meng, Q., Highly efficient CdS/CdSe-sensitized solar cells controlled by the structural properties of compact porous TiO_2 photoelectrodes. *Physical Chemistry Chemical Physics*, **13** (10), 4659-4667 (2011).

10) Huang, X.; Huang, S.; Zhang, Q.; Guo, X.; Li, D.; Luo, Y.; Shen, Q.; Toyoda, T.; Meng, Q., A flexible photoelectrode for CdS/CdSe quantum dot-sensitized solar cells (QDSSCs). *Chemical Communications*, **47** (9), 2664-2666 (2011).

11) Zhou, N.; Chen, G.; Zhang, X.; Cheng, L.; Luo, Y.; Li, D.; Meng, Q., Highly efficient PbS/CdS co-sensitized solar cells based on photoanodes with hierarchical pore distribution. *Electrochemistry Communications*, **20**, 97-100 (2012).

12) Zhang, Q.; Chen, G.; Yang, Y.; Shen, X.; Zhang, Y.; Li, C.; Yu, R.; Luo, Y.; Li, D.; Meng, Q., Toward highly efficient CdS/CdSe quantum dots-sensitized solar cells incorporating ordered photoanodes on transparent conductive substrates. *Physical Chemistry Chemical Physics*, **14** (18), 6479-6486 (2012).

13) Huang, S.; Zhang, Q.; Huang, X.; Guo, X.; Deng, M.; Li, D.; Luo, Y.; Shen, Q.; Toyoda, T.; Meng, Q., Fibrous CdS/CdSe quantum dot co-sensitized solar cells based on ordered TiO_2 nanotube arrays. *Nanotechnology*, **21** (37), 375201 (2010).

14) Guan, X.-F.; Huang, S.-Q.; Zhang, Q.-X.; Shen, X.; Sun, H.-C.; Li, D.-M.; Luo, Y.-H.; Yu, R.-C.; Meng, Q.-B., Front-side illuminated CdS/CdSe quantum dots co-sensitized solar cells

based on TiO$_2$ nanotube arrays. *Nanotechnology*, **22** (46), 465402 (2011).

15) Zhou, J.; Song, B.; Zhao, G.; Dong, W.; Han, G., TiO$_2$ Nanorod arrays sensitized with CdS quantum dots for solar cell applications: effects of rod geometry on photoelectrochemical performance. *Applied Physics a-Materials Science & Processing*, **107** (2), 321-331 (2012).

16) Chen, H.; Fu, W.; Yang, H.; Sun, P.; Zhang, Y.; Wang, L.; Zhao, W.; Zhou, X.; Zhao, H.; Jing, Q.; Qi, X.; Li, Y., Photosensitization of TiO$_2$ nanorods with CdS quantum dots for photovoltaic devices. *Electrochimica Acta*, **56** (2), 919-924 (2010).

17) Bang, J. H.; Kamat, P. V., Solar cells by design: photoelectrochemistry of TiO$_2$ nanorod arrays decorated with CdSe. *Advanced Functional Materials*, **20** (12), 1970-1976 (2010).

18) Zeng, T.; Tao, H.; Sui, X.; Zhou, X.; Zhao, X., Growth of free-standing TiO$_2$ nanorod arrays and its application in CdS quantum dots-sensitized solar cells. *Chemical Physics Letters*, **508** (1-3), 130-133 (2011).

19) Chen, L.-Y.; Yang, Z.; Chen, C.-Y.; Ho, T.-Y.; Liu, P.-W.; Chang, H.-T., Cascade quantum dots sensitized TiO$_2$ nanorod arrays for solar cell applications. *Nanoscale*, **3** (12), 4940-4942 (2011).

20) Sun, W.-T.; Yu, Y.; Pan, H.-Y.; Gao, X.-F.; Chen, Q.; Peng, L.-M., CdS quantum dots sensitized TiO$_2$ nanotube-array photoelectrodes. *Journal of the American Chemical Society*, **130** (4), 1124-1125 (2008).

21) Gao, X.-F.; Li, H.-B.; Sun, W.-T.; Chen, Q.; Tang, F.-Q.; Peng, L.-M., CdTe quantum dots-sensitized TiO$_2$ nanotube array photoelectrodes. *Journal of Physical Chemistry C*, **113** (18), 7531-7535 (2009).

22) Seol, M.; Ramasamy, E.; Lee, J.; Yong, K., Highly efficient and durable quantum dot sensitized ZnO nanowire solar cell using noble-metal-free counter electrode. *Journal of Physical Chemistry C*, **115** (44), 22018-22024 (2011).

23) Seol, M.; Kim, H.; Tak, Y.; Yong, K., Novel nanowire array based highly efficient quantum dot sensitized solar cell. *Chemical Communications*, **46** (30), 5521-5523 (2010).

24) Xu, J.; Yang, X.; Wang, H.; Chen, X.; Luan, C.; Xu, Z.; Lu, Z.; Roy, V. A. L.; Zhang, W.; Lee, C.-S., Arrays of ZnO/Zn$_x$Cd1-xSe nanocables: band gap engineering and photovoltaic applications. *Nano Letters*, **11** (10), 4138-4143 (2011).

25) Gimenez, S.; Mora-Sero, I.; Macor, L.; Guijarro, N.; Lana-Villarreal, T.; Gomez, R.; Diguna, L. J.; Shen, Q.; Toyoda, T.; Bisquert, J., Improving the performance of colloidal quantum-dot-sensitized solar cells. *Nanotechnology*, **20** (29), 295204 (2009).

26) Lee, Y.-L.; Lo, Y.-S., Highly efficient quantum-dot-sensitized solar cell based on co-sensitization of CdS/CdSe. *Advanced Functional Materials*, **19** (4), 604-609 (2009).

27) Zhang, Q.; Zhang, Y.; Huang, S.; Huang, X.; Luo, Y.; Meng, Q.; Li, D., Application of carbon counterelectrode on CdS quantum dot-sensitized solar cells (QDSSCs). *Electrochemistry Communications*, **12** (2), 327-330 (2010).

28) Gorer, S.; Hodes, G., Quantum-size effects in the study of chemical solution deposition mechanisms of semiconductor-films. *Journal of Physical Chemistry*, **98** (20), 5338-5346 (1994).

29) Niitsoo, O.; Sarkar, S. K.; Pejoux, C.; Ruhle, S.; Cahen, D.; Hodes, G., Chemical bath deposited CdS/CdSe-sensitized porous TiO$_2$ solar cells. *Journal of Photochemistry and Photobiology a-Chemistry*, **181** (2-3), 306-313 (2006).

30) Yu, X.-Y.; Liao, J.-Y.; Qiu, K.-Q.; Kuang, D.-B.; Su, C.-Y., Dynamic study of highly efficient CdS/CdSe quantum dot-sensitized solar cells fabricated by electrodeposition. *Acs Nano*, **5** (12), 9494-9500 (2011).

31) Zhu, G.; Pan, L.; Xu, T.; Sun, Z., Microwave assisted chemical bath deposition of CdS on TiO$_2$ film for quantum dot-sensitized solar cells. *Journal of Electroanalytical Chemistry*, **659** (2), 205-208 (2011).

32) Zhu, G.; Pan, L.; Xu, T.; Zhao, Q.; Lu, B.; Sun, Z., Microwave assisted CdSe quantum dot deposition on TiO$_2$ films for dye-sensitized solar cells. *Nanoscale*, **3** (5), 2188-2193 (2011).

33) Wang, H.; Luan, C.; Xu, X.; Kershaw, S. V.; Rogacht, A. L., In situ versus ex situ assembly of aqueous-based thioacid capped CdSe nanocrystals within mesoporous TiO$_2$ films for quantum dot sensitized solar cells. *Journal of Physical Chemistry C*, **116** (1), 484-489 (2012).

34) Ma, B.; Wang, L.; Dong, H.; Gao, R.; Geng, Y.; Zhu, Y.; Qiu, Y., Photocatalysis of PbS quantum dots in a quantum dot-sensitized solar cell: photovoltaic performance and characteristics. *Physical Chemistry Chemical Physics*, **13** (7), 2656-2658 (2011).

35) Hu, X.; Zhang, Q.; Huang, X.; Li, D.; Luo, Y.; Meng, Q., Aqueous colloidal CuInS2 for quantum dot sensitized solar cells. *Journal of Materials Chemistry*, **21** (40), 15903-15905 (2011).

36) Li, T.-L.; Lee, Y.-L.; Teng, H., CuInS$_2$ quantum dots coated with CdS as high-performance sensitizers for TiO$_2$ electrodes in photoelectrochemical cells. *Journal of Materials Chemistry*, **21** (13), 5089-5098 (2011).

37) Li, T.-L.; Lee, Y.-L.; Teng, H., High-performance quantum dot-sensitized solar cells based on sensitization with CuInS$_2$ quantum dots/CdS heterostructure. *Energy & Environmental Science*, **5** (1), 5315-5324 (2012).

38) Wang, J.; Xin, X.; Lin, Z., Cu$_2$ZnSnS$_4$ nanocrystals and graphene quantum dots for photovoltaics. *Nanoscale*, **3** (8), 3040-3048 (2011).

39) Pan, Z.; Zhang, H.; Cheng, K.; Hou, Y.; Hua, J.; Zhong, X., Highly efficient inverted type-I CdS/CdSe core/shell structure QD-sensitized solar cells. *ACS nano*, **6** (5), 3982-3991 (2012).

40) Santra, P. K.; Kamat, P. V., Mn-doped quantum dot sensitized solar cells: a strategy to boost efficiency over 5%. *Journal of the American Chemical Society*, **134** (5), 2508-2511 (2012).

41) Yang, Z.; Chen, C.-Y.; Liu, C.-W.; Chang, H.-T., Electrocatalytic sulfur electrodes for CdS/CdSe quantum dot-sensitized solar cells. *Chemical Communications*, **46** (30), 5485-5487 (2010).

42) Li, L.; Yang, X.; Gao, J.; Tian, H.; Zhao, J.; Hagfeldt, A.; Sun, L., Highly efficient CdS quantum dot-sensitized solar cells based on a modified polysulfide electrolyte. *Journal of*

the American Chemical Society, **133** (22), 8458-8460 (2011).

43) Yu, Z.; Zhang, Q.; Qin, D.; Luo, Y.; Li, D.; Shen, Q.; Toyoda, T.; Meng, Q., Highly efficient quasi-solid-state quantum-dot-sensitized solar cell based on hydrogel electrolytes. *Electrochemistry Communications*, **12** (12), 1776-1779 (2010).

44) Tachan, Z.; Shalom, M.; Hod, I.; Ruehle, S.; Tirosh, S.; Zaban, A., PbS as a highly catalytic counter electrode for polysulfide-based quantum dot solar cells. *Journal of Physical Chemistry C*, **115** (13), 6162-6166 (2011).

45) Hodes, G.; Manassen, J.; Cahen, D., Electrocatalytic electrodes for the polysulfide redox system. *Journal of the Electrochemical Society*, **127** (3), 544-549 (1980).

46) Deng, M.; Zhang, Q.; Huang, S.; Li, D.; Luo, Y.; Shen, Q.; Toyoda, T.; Meng, Q., Low-Cost Flexible Nano-Sulfide/Carbon Composite Counter Electrode for quantum-dot-sensitized solar cell. *Nanoscale Research Letters*, **5** (6), 986-990 (2010).

47) Deng, M.; Huang, S.; Zhang, Q.; Li, D.; Luo, Y.; Shen, Q.; Toyoda, T.; Meng, Q., Screen-printed Cu_2S-based Counter Electrode for Quantum-dot-sensitized Solar Cell. *Chemistry Letters*, **39** (11), 1168-1170 (2010).

48) Radich, J. G.; Dwyer, R.; Kamat, P. V., Cu_2S reduced graphene oxide composite for high-efficiency quantum dot solar cells. overcoming the redox limitations of S^{2-}/Sn^{2-} at the counter electrode. *Journal of Physical Chemistry Letters*, **2** (19), 2453-2460 (2011).

5 Quantum-Dot Photovoltaic Study in National Cheng Kung University (台湾)

Yuh-Lang Lee*

5.1 The Initiation of Study on Quantum-dot Sensitized Solar Cells

In years between 2004 and 2007, a joint proposal entitled "Application of nanotechnology in enhancing energy conversion of photoelectrochemical cells" was performed in National Cheng Kung University (NCKU), Taiwan. This proposal was supported by the National Science Council (NSC) of Taiwan, organized by Prof. Jow-Lay Huang, and dedicated mainly to the issues of dye-sensitized solar cell (DSSC). One of the issues proposed to be carried out in this proposal is the fabrication of quantum-dot sensitized solar cells (QDSSCs), which is the initiation of the QDSSCs studies in NCKU, probably also the first one focused on this issue in Taiwan. About 7 co-PIs were involved in this joint proposal and the author was responsible for the issue of QDSSCs.

5.2 The early period of QDSSC study in NCKU

In the beginning of this study, we mainly focused on the modifications of QD-assembly methods to enhance the performance of QD-sensitized photoelectrodes. In the literature, the most commonly method used for preparing QDSSCs is assembling pre-prepared QDs onto mesoporous TiO_2 films. Bi-functional linker molecules such as 3-mercaptopropyl trimethyoxysilane (MPTMS) and mercaptopropionin acid (MPA) were commonly used as surface modifiers of TiO_2, forming a self-assembly monolayer (SAM) to anchor colloidal QDs onto TiO_2 surfaces. This method is termed as SAM process here after. In the beginning of our study, this method was adopted first. Besides, we modified the assembly process to achieve an adsorption process mimicking the adsorption principle of ruthenium complexes (e.g. N3, N719) on TiO_2 surafce. Colloidal cadmium sulfide (CdS) quantum dots (QDs) were prepared and surface modified by mercaptosuccinic acid (MSA) to render a surface with carboxylic acid groups (MSA-CdS).[1] The two carboxylic acid groups present in a MSA molecule are anticipated to provide well adsorption of the MSA-CdS QDs onto bare TiO_2 surfaces. That is, the MSA-CdS QDs behave like a dye of ruthenium complexes in terms of the adsorption legend attaching to the TiO_2. Compared to the traditional method using thiol/CdS interaction to adsorb QDs, this modified strategy appeared to be more efficiency to obtain a better-covered QDs monolayer in the mesoporous matrix. This improvement was attributed to the moderate interaction and adsorption rate of the MSA-CdS QDs on the TiO_2 surface.

---

* Department of Chemical Engineering　National Cheng Kung University

Although the modified assembly method showed a significant enhancement to the energy conversion of CdS QDSSCs, the efficiency is still low (ca. 0.3% under one sun illumination). One of the reasons triggering the poor performance is the difficulty of assembling the QDs into the mesoporous TiO_2 matrix. Since the QDs have a volume much larger than dye molecules, the transport of QDs through the mesopores is a problem and, therefore, it is not easy to obtain a completely covered monolayer of QDs on the TiO_2 surface. Any uncovered bare TiO_2 surface will become charge recombination centers, decreasing the cell performance. To solve this problem, successive ionic layer adsorption and reaction (SILAR) process was proposed. SILAR is an in-situ growth and deposition process of QDs inside the mesoporous matrix, which is supposed to be superior than the self-assembly of colloidal QDs in terms of surface coverage and assembly amount of QDs. However, it is difficult to control the size of QDs by using a SILAR process.

In a following study, a method coupling processes of SAM and SILAR was proposed to assemble CdS QDs onto mesoporous TiO_2 films. Colloidal CdS-QDs were first assembled on the TiO_2 surface by SAM process. SILAR was then introduced to replenish the incorporated amount and increase the coverage ratio of CdS-QDs on the TiO_2 surface (Figure 1). The additional SILAR process was shown to greatly increase the cell performance (from 0.1 to 1.35%). Besides, compared to the photoelectrodes prepared using only SILAR process, the self-assembled CdS-QDs were found to be important which act as nucleation sites in the following SILAR process, triggering a CdS nanofilm with an interfacial structure capable of inhibiting the recombination of injected electrons[2].

Since SILAR process was shown to be more efficient to prepare high performance photoelectrodes for QDSSCs, more attention was paid on the modification of this process. For

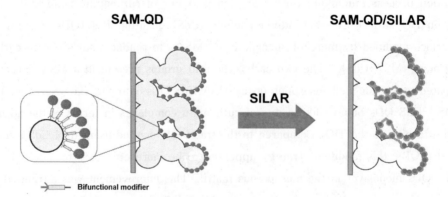

Figure 1   CdS quantum dots (QDs) were self-assembled onto a mesoscopic TiO_2 film and used as a seed layer to induce the nucleation and growth of QDs in the followed SILASR process. The SAM-QD layer contributes an interface with superior ability in inhibiting the charge recombination[5].

the SILAR process commonly used to synthesize the semiconductor QDs in mesoporous TiO_2 films, the TiO_2 films were sequentially dipped into solutions containing anionic and cationic precursors of the QDs (e.g. Cd $(NO_3)_2$ and Na_2S for CdS QDs). The solution penetrates into the TiO_2 film and, thereby, the ionic precursors (Cd^{2+} and S^{2-} ions) can adsorb and react in the inner region of mesopores. Usually, aqueous solutions were used in SILAR processes. However, the high surface tension of aqueous solutions was supposed to trigger a poor wetting ability on a solid surface, which also leads to poor penetrating of the solution in a porous matrix. Based on this inference, alcohol was used as a solvent in a SILAR process for in-situ synthesis of CdS QDs. Due to a lower surface tension, the alcohol solutions demonstrated a high wettability and superior penetration ability on the mesoscopic TiO_2 film, leading to a well-covered CdS-QDs film on the surface of mesopores. The CdS-sensitized TiO_2 electrode prepared using the alcohol system not only has a higher incorporated amount of CdS, but also has a superior ability to inhibit the recombination of injected electrons. The efficiency of a CdS QDSSC prepared using the modified SILAR process was increased to 1.84% under the illumination of one sun (AM1.5, 100mW/cm2)[3].

5.3 Development of electrolytes for QDSSCs

In the early stage of this study, the iodide/triiodide (I^-/I_3^-) redox couple, commonly used for dye systems, was also employed for the QDSSCs. Although the I^-/I_3^- redox couple had been proved to have good kinetic properties in regeneration the oxidized dye and in inhibition the recombination of excited electrons to the electrolyte, it is corrosive to most metals and semiconductor materials. For a QDSSC using the I^-/I_3^- redox couple, the measured photocurrent rapidly decreases due to the decay of the QDs. Therefore, finding an efficient electrolyte with non-corrosive redox couple for QDSSCs became an issue of our studies. In the literature, polysulfide redox couple was found to be a promising system to prepare stable QDSSCs. Polysulfide redox couples were commonly prepared using aqueous solution and, therefore, the employment of this solution in a mesoporous matrix of a TiO_2 film will be limited by its higher surface tension. To solve this problem, low surface tension solvent such as alcohol was used to substitute water. However, the solubility and dissociation of electrolytes in the alcohol are less than in the water. To solve this problem, alcohol/water co-solvents were used to consider both the penetration and ion dissociation abilities of the electrolyte. A methanol/water (7:3 by volume) solution was found to be a good solvent for fitting the requirement mentioned above. Besides, the optimal composition of the electrolyte was found to contain 0.5 M Na_2S, 2 M S, and 0.2 M KCl, based on the performance of the CdS-DSSCs. In a previous study, the efficiency of a CdS-QDSSC using the modified polysulfide electrolyte

(1.15%) did have great improvement compared with the results in the literature[4]. However, the efficiency is less than that obtained using I^-/I_3^- redox couple (1.84%), mainly caused from the smaller values of fill factor (FF) and open circuit potential (V_{oc}). However, the QDs sensitizer is stable and, furthermore, a much higher short circuit current (I_{sc}) and incident photon to current conversion efficiencies (IPCE) (80%) are obtained for CdS-QDSSCs using the polysulfide electrolyte.

5.4 The utilization of QDs with border light absorption range

Probably, CdS is the most common material used for fabrication QDSSCs. This is because CdS QDs are easily synthesized and prepared. However, CdS has a relatively higher band gap (ca 2.25 eV in bulk) which limits its absorption range below the wavelength of ca. 550nm. In comparison with CdS, CdSe has a smaller band gap (1.7 eV) and a wider absorption range (< ca. 720nm) which is advantageous to the light harvest. CdSe was therefore adopted for improving the performance of QDSSCs.

A SILAR process was developed for in-situ synthesis of CdSe QDs in TiO_2 mesoporous films[5,6]. It was found that the growth of CdSe requires a higher temperature (50℃) and, besides, the growth rate is much lower than that of CdS. The use of CdSe increased the energy conversion efficiency to ca. 1.5 %, using the polysulfide redox couple. The IPCE measurement indicates that this improvement is mainly caused by the extending of the light harvest range. However, the values of IPCE achieved by the CdSe-QDSSC are less than 40%, which is much lower than that obtained by the CdS-QDSSCs. The lower IPCE of the CdSe-QDSSC was inferred to be associated with the low deposition rate of CdSe, triggering a poor interaction between CdSe and TiO_2[6]. To explore this issue, a 3-mercaptopropyl-trimethyoxysilane (MPTMS) monolayer was pre-assembled onto the TiO_2 surface and was used as a surface-modified layer to induce the growth of CdSe QDs in the subsequent SILAR process. Due to the specific interaction of the terminal thiol groups to CdSe, the MPTMS SAM increases the nucleation and growth rates of CdSe in the SILAR process, leading to a better covering and higher uniform CdSe layer which has a superior ability in inhibiting the charge recombination at the electrode/electrolyte interface. This strategy was proved to be efficient to increase the IPCE and overall conversion efficiency of CdSe-QDSSCs (up to ca. 1.8%). Furthermore, by an additional heat annealing after film deposition and the usage of ZnS passivation layer, the CdSe-QDSSC can achieve an energy conversion efficiency of 2.65 % under the illumination of one sun (AM 1.5, 100mWcm^{-2})[6].

5.5 The usage of CdS/CdSe co-sensitization system with cascade structure

Comparing between CdS and CdSe QDs, CdS has a higher conduction band edge with respect to that of TiO_2, which is advantageous to the injection of excited electrons from CdS to TiO_2. However, the band gap of CdS (2.25 eV in bulk) limits its absorption range below the wavelength of ca. 550nm. On the contrary, although the absorption range of CdSe can extend to ca. 730nm, the electron injection efficiency seems to be less than CdS because its conduction band edge located below that of TiO_2. To take both advantages of the two materials in light harvest and electron injection, CdS and CdSe were sequentially assembled onto a TiO_2 film, forming a cascade co-sensitized photoelectrodes.

It was interesting to find that a poor performance was obtained for the TiO_2/CdSe/CdS photoelectrode. However, a history efficiency as high as 4.22% was achieved for a photoelectrode with a reverse structure, TiO_2/CdS/CdSe. That is, the insert of the CdS layer between TiO_2 and CdSe greatly enhances the performance of the photoelectrode. This result was inferred to be an effect of Fermi level alignment between CdS and CdSe[7]. This inference was sustained by the analysis of ultraviolet photoelectron spectroscopy (UPS)[8], as well as the shift of flat band potential in an electrochemical measurement[9]. The Fermi level alignment caused downward and upward shifts of the band edges, respectively, for CdS and CdSe, resulting in a stepwise band-edge level in the TiO_2/CdS/CdSe electrode, which is responsible for the performance enhancement of this photoelectrode (Figure 2). Time resolved photoluminescence (PL) and open-circuit photovoltae decay experiments revealed that the photogenerated electrons in the TiO_2/CdS/CdSe have higher injection efficiency, but lower recombination rate to the electrolyte, attributable to the stepwise structure of band-edge levels constructed by the effect of the energy level alignment[8]. This co-sensitized structure

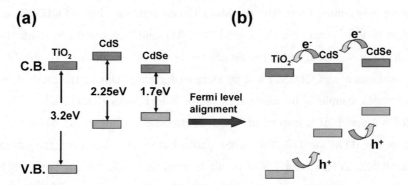

Figure 2　Relative energy levels of TiO_2, CdS, and CdSe before (a), and after Fermi level alignment (b). The Fermi level alignment constructs an stepwise band edge structure for efficient transport of electrons and holes in the CdS/CdSe co-sensitized electrode[7].

not only demonstrated a high performance in QDSSCs, but also in a photoelectrochemical cell for hydrogen generation[9].

Recently, a novel co-sensitizing system was developed in our group[10]. The photoelectrode consists of a pre-synthesized $CuInS_2$ QDs layer on TiO_2, and a following CdS layer by SILAR process. The heterojunction between the $CuInS_2$ QDs and CdS extends the light absorption to a longer wavelength of ca. 800nm, and provides an IPCE of nearly 80% at 510nm. This result was attributed to the reduction of quantum confinement of $CuInS_2$ QDs by the deposited CdS, as well as other synergistic effects of the $TiO_2/CuInS_2$-QDs/CdS/ZnS hetero-structure. An energy conversion efficiency of 4.2% was achieved using CuS counter electrode under one-sun illumination. These results also demonstrate that such co-sensitization strategy can potentially be applied for other QD systems to improve the performance of QDSSCs.

5.6 Current issues for QDSSCs study in NCKU

A number of advantages have been known for using QD-sensitizers which inspires increasing studies in this field. In the past 5 years, these studies did make a great progress to the performance of QDSSCs. However, the energy conversion efficiencies achieved by QDSSCs are presently much lower than those obtained by DSSCs, which also imply that a lot of parameters need to be improved and optimized for QDSSCs. Based on the opinions of the authors, there are several issues which can be focused on to improve the performance of QDSSCs.

5.6.1 The development of more efficient redox couples and electrolytes

Presently, polysulfide is the most commonly used redox couple for QDSSCs. Although polysulfide is low corrosive to QDs, its reduction ability is much less than I^-/I_3^- redox couple. Therefore, the fill factor (FF) and open circuit potential (Voc) are always small for a QDSSC using polysulfide. Presently, the short circuit current (Isc) of QDSSCs can attain a value as high as 17 mA/cm^2, but the low FF (ca. 0.5) and Voc (ca. 0.5 V) limit the efficiency below 5%. If a more efficient redox couple can be developed (such as I^-/I_3^- for dye-sensitized cells), the performance of QDSSCs will be increased greatly. One of the methods to solve the problem of redox couple is by using solid-state hole-transport materials (HTM) such as spiro-OMeTAD and P3HT, instead of liquid electrolytes. In our group, spiro-OMeTAD had been used as the HTM for TiO_2/CdS/CdSe photoelectrodes[11]. However, the efficiency of the solid-state QDSSC is less than 1%, a result beyond our expectation. The possible reasons triggering the poor performance include: the blocking of mesopores by QDs, the penetration problem of HTM in the TiO_2 matrix blocked by assembled QDs, and the compatibility between QDs and HTM. All the issues are worthy of study to improve the performance of solid-state QDSSCs.

5.6.2 The utilization of counter electrodes with higher activity

Pt is the most common material used as the counter electrodes of dye-sensitized cells. For the QDSSCs, we had shown in a previous paper[7] that Au is superior to Pt in terms of electrode activity. However, the FF of the cells is still low (below 0.5), partially ascribed to the low activity of these metals in an electrolyte containing polysulfide redox couple. In the literature, several materials were shown to have good performance as counter electrodes of QDSSCs, including carbon material, CoS, CuS, Cu_2S, etc. Apparently, development of efficient counter electrodes suitable for QDSSCs is crucible to fabricate a high efficient QDSSC.

5.6.3 Development of QDs systems with higher charge transport and broader light harvest characteristics

Presently, several co-sensitized systems, such as CdS/CdSe and $CuInS_2$/CdS, had been proved to be effective as sensitizer of QDSSCs. Based on the previous studies, combination of two or three QD materials is possible to enhance both the charge transfer and light harvest of a photoelectrode. Therefore, developing other co-sensitizing systems and study the related mechanisms leading to the co-sensitizing effects are important issues to the QDSSCs.

Reference

1) Y. J. Shen, Y. L. Lee, *Nanotechnology*, **19**, 045602 (2008)
2) S. C. Lin, Y. L. Lee, C. H. Chang, Y. J. Shen, Y. M. Yang, *Appl. Phys. Lett.*, **90**, 143517 (2007)
3) C. H. Chang, Y. L. Lee, *Appl. Phys. Lett.*, **91**, 053503 (2007)
4) Y. L. Lee, C. H. Chang, *J. Power Sources.*, **185**, 584 (2008)
5) Y. L. Lee, B. M. Huang, H. T. Chien, *Chem. Materials*, **20**, 6903-6905 (2008)
6) L. W. Chong, H. T. Chien, Y. L. Lee, *J. Power Sources*, **195**, 5109-5113 (2010)
7) Y. L. Lee, Y. S. Lo, *Adv. Funct. Mater.*, **19**, 604-609 (2009)
8) C. F. Chi, H. W. Cho, H. Teng, C. Y. Chuang, Y. M. Chang, Y. J. Hsu and Y. L. Lee, *Appl. Phys. Lett.*, **98**, 012101-1-3 (2011)
9) Y. L. Lee, C. F. Chi, S. Y. Liau, *Chem. Materials*, **22**, 922-927 (2010)
10) T. L. Li, Y. L. Lee, H. Teng, *Energy Environ. Sci.*, **5**, 5315-5324 (2012)
11) C. F. Chi, P. Chen, Y. L. Lee, I-P. Liu, S. C. Chou, X. L. Zhang, U. Bach, *J. Mater. Chem.*, **21**, 17534-17540 (2011)

6 Quantum dot photovoltaics in KRICT (Korea Research Institute of Chemical Technology) (韓国)

Sang Il Seok*

6.1 Outline

Since Korea Research Institute of Chemical Technology (KRICT) was established in 1976 for research and development of chemical technologies in Korea and the distribution of their fruits, the KRICT has led the growth of the domestic chemical industry and now is focusing on the development of key original technologies with emphasis on the advancement of technological quality to improve people's quality of life. Major research field of KRICT is advanced materials, drug discovery and sustainable chemical technologies. The research emphasis of advanced materials division is to develop original technologies for electronic components, display, fuel cells, and solar cells etc. to become a driving force world-wide in securing competitive power.

In this article, the recent trend of quantum dots (or inorganic semiconductor nanoparticles) photovoltaic performed in KRICT are described. Quantum dot photovoltaics in KRICT have been started from 2007 by the Global Research Laboratory (GRL) Program between KRICT and EPFL (Ecole polytechnique fédérale de Lausanne) funded by the National Research Foundation under the Ministry of Education, Science and Technology of Korea. Prof. M. Grätzel who is working in EPFL as collaborator with KRICT under GRL invented dye-sensitized solar cells (DSSCs)[1], which are a low-cost alternative that have been intensively studied in the last decade. DSSC has novel device architectures that separate the two functions of light harvesting and charge-carrier transport. The use of different materials for the light harvester, the electron and hole conductor enables an independently tailored properties, which offers the possibility for development of new cheap and high-efficiency materials to reduce the cost of current power generation. Quantum dot photovoltaics in KRICT are inorganic-organic heterojunction hybrid solar cells made of colloidal semiconductor quantum dots (CQD) as sensitizers harvesting light energy on mesoporous TiO_2 and hole transporting organics (HTO), based on DSSC architecture. Therefore, the basic principles of hybrid solar cells fabricated from CQD and HTO are similar to the DSSC. We can call this cell as solid-state QDSSC. The benefit of this approach is that the energy levels of the polymers can be tuned by chemical modification of the backbone chain and the energy levels of the nanoparticles can be tuned through the size-dependent quantum confinement effects. The key

---

* Solar Energy Materials Research Group Division of Advanced Materials Korea Research Institute of Chemical Technology challenge in fabricating inorganic-organic heterojunction hybrid solar cells is to preclude inherent incompatibility of inorganic CQD and organic HTO to obtain a bulk heterojunction structure capable of charge separation and transport. Quantum dots show great promise for fabrication of hybrid bulk heterojunction solar cells with enhanced power conversion efficiency. Up to March 2012's, photovoltaics using 3 different QDs or semiconductor nanoparticles have been fabricated in KRICT. The KRICT cells, depending on sensitizers and HTO, perform remarkably well with maximum incident photon-to-current efficiency (IPCE) of 80 %, and power conversion efficiency of more than 6 % under air-mass 1.5 global (AM 1.5G) illumination of 100mW cm^{-2} intensity[2~6].

6.2 Research progress
6.2.1 PbS QDSSC[2]

PbS QDs are an ideal light harvesting material to extend an absorption in solar spectrum since it can be used as sensitizers for wide band-gap materials from the energy levels. Fig 1 (a) shows the schematic device architecture of PbS CQDs-sensitized photovoltaic cell responsive to near-infrared (NIR) region. To utilize the advantage of sensitized photovoltaic cells which can attain high device performance by using relatively impure materials owing to the separated role of electron conductor and hole conductor on the basis of sensitizer layer, we constructed the device three major part such as mesoporous TiO_2(mp-TiO_2) electron conductor, PbS CQD-sensitizer, and Spiro-MeOTAD (2,2',7,7'-tetrakis(N,N-di-p-methoxyphenylamine)-9,9'-spirobi-fluorene) hole conductor. Fig 1 (b) exhibits the energy band diagram of PbS CQDs-sensitized photovoltaic cell. Here, it should be noted that the

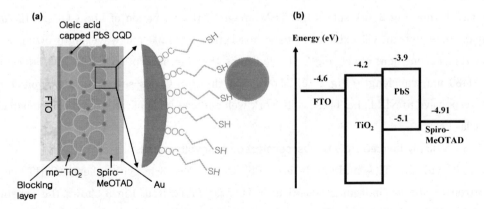

Fig 1 Schematic illustration of (a) device architecture and (b) energy band diagram of PbS CQDs-sensitized photovoltaic cells. Partially reprinted with permission from[2]. Copyright 2010 Elsevier

量子ドット太陽電池の最前線

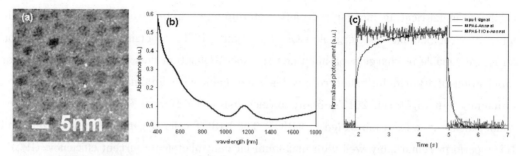

Fig 2 (a) TEM image of used PbS CQDs, (b) absorption spectrum of PbS CQDs-film, and (c) photocurrent response of PbS CQDs-sensitized photovoltaic cell under illumination of chopped 980 nm-wavelength laser. Partially reprinted with permission from[2]. Copyright 2010 Elsevier

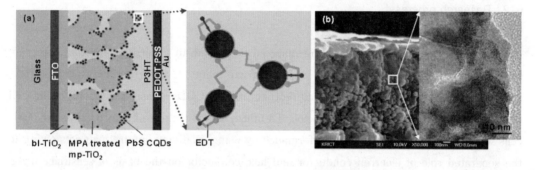

Fig 3 (a) Schematic illustration of device architecture for multiply layered PbS CQDs-sensitized photovoltaic cell and (b) SEM cross sectional image of real device, inset: TEM image. Partially reprinted with permission from[3]. Copyright 2011 RSC.

energy bandgap of PbS CQDs is much wider than bulk PbS thanks to the "quantum confinement effect" because the bulk energy band gap and excitonic Bohr radius of PbS is 0.41 eV and 18 nm. Fig 2 (a) shows the TEM image of the formation of PbS CQDs with *ca.* 4.5 nm-diameter which will exhibit excitonic absorption at~1200 nm-wavelength owing to the quantum confinement effect. Fig 2 (b) indicates that the absorption of PbS CQDs occurred at~1180 nm-wavelength. Fig 2 (c) shows that the PbS CQDs-sensitized photovoltaic cells are responsive to NIR light. These cells work well and can be applicable in NIR photodetectors or solar cells.

6. 2. 2 Multiply layered PbS CQDs-sensitized photovoltaic cells[3]

PV cells with mp-TiO_2/multiply layered PbS CQDs/Poly-3-hexylthiophene (P3HT) as the electron conductor/inorganic sensitizer/HTO was fabricated. Fig 3 shows the schematic device architecture of multiply layered PbS CQDs-sensitized photovoltaic cells and cross-sectional SEM image of real device. The TEM image clearly exhibits that the PbS CQDs

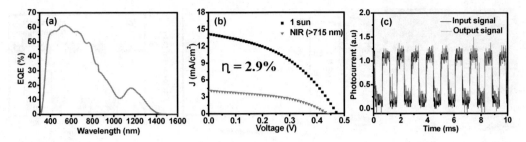

Fig 4 (a) EQE spectrum, (b) J-V curves, and (c) photocurrent response by illumination of modulated 980 nm-laser of multiply layered PbS CQDs-sensitized photovoltaic cell. Partially reprinted with permission from[3]. Copyright 2011 RSC.

(small particles of ca. 4.5 nm-diameter) are deposited into multiple layer on mesoporous TiO_2 (bigger particles). It has been reported that unlike the conventional Ru/organic dyes, the multiply layered inorganic semiconducting sensitizer could efficiently transport the generated charge carriers through the multiple junction between inorganic semiconductors if the device morphology and structure is well designed. The multiply layered inorganic semiconducting sensitizer enables the thickness of photovoltaic cell to be reduced owing to the full absorption of light in a thin structure and thus make the devices to be applicable to flexible device due to the reduced potential crack. Fig 4 shows the device performance of PbS CQDs-sensitized photovoltaic cells. The EQE spectrum and J-V (photocurrent density-voltage) curve at 1 sun (100mW/cm^2 AM 1.5G) and NIR (>715nm-wavelength) light illumination indicate that the photovoltaic device efficiently exploits the light from visible to NIR region (upto 1400nm-wavelength). The characteristics responsive at NIR region enabled the photovoltaic cell to be capable of processing the NIR signal (980nm-wavelenght) over 1 kHz. Power conversion efficiency of 3.4, 3.0, and 2.9% under 0.1, 0.5, and 1 sun illumination was obtained.

6.2.3 Multiply layered HgTe CQD-sensitized photovoltaic cells[4]

Most of all, among the CQDs-sensitizer responsive at NIR light, the HgTe seems to be an ideal material because it has abundant room to realize arbitrary energy bandgap by size control because it has almost zero bulk energy bandgap and excitonic Bohr radius of 39.5nm. HgTe QDs were prepared in diphenyl ether solvent using mercury acetate and tri-n-octylphosphine-telluride precursors in the presence of oleylamine and dodecanethiol as surfactants. Fig 5 (a) shows the TEM image of multiply layered HgTe CQDs-sensitized photovoltaic cell and the inset exhibits the TEM image of used HgTe CQDs of ~4.2nm-diameter. In particular, the EQE spectrum of HgTe CQDs-sensitized photovoltaic cell exhibits good performance at entire NIR region and thus it is expected that this device can be applicable to utilize NIR light such as solar cell and photodetector. The photocurrent response

量子ドット太陽電池の最前線

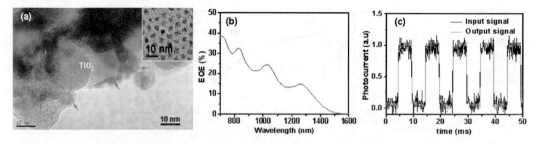

Fig 5 (a) TEM image: inset = TEM image of HgTe CQDs, (b) EQE spectrum, and (c) photocurrent response by illumination of modulated 980 nm-laser of multiply layered HgTe CQDs-sensitized photovoltaic cell. Partially reprinted with permission from[4]. Copyright 2012 RSC.

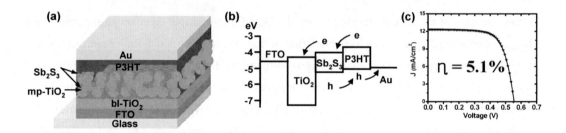

Fig 6 (a) Schematic device architecture, (b) energy band diagram, and (c) device performance of Sb_2S_3-sensitized heterojunction photovoltaic cells. Partially reprinted with permission from[5]. Copyright 2010 ACS.

by modulated 980nm-wavelength laser exhibits the potential in application to photodetector responsive to NIR region.

6. 2. 4. Sb_2S_3-sensitized heterojunction photovoltaic cells[5,6]

Among the metal chalcogenide inorganic semiconductor sensitizers, the Sb_2S_3 seems to be a very attractive candidate because it has a strong extinction coefficient ($\alpha \sim 10^5 cm^{-1}$ in visible light) and a suitable energy band gap of 1.7–1.9 eV. Furthermore, unlike the other metal chalcogenides, the Sb_2S_3 exhibits several unique properties such as glass to crystal phase transition ($T_c \sim 225°C$), low melting temperature (550°C) of crystalline Sb_2S_3 (stibnite), and parallel chain-like layered structure. Fig 6 (a) and (b) show the schematic device architecture and energy band diagram of Sb_2S_3-sensitized heterojunction photovoltaic cell. Upon illumination of light, the Sb_2S_3-sensitizer absorbs the light and generates electron-hole pairs. The generated electrons (holes) are then transported into TiO_2 electron conductor (P3HT hole conductor). At the same time, the P3HT also absorbs the light and generates charge carriers. The generated charge carriers can be transported to (Sb_2S_3/) TiO_2 as well. Accordingly, the P3HT acts as hole conducting dye due to the dual function of light absorber

第4章 海外の研究活動

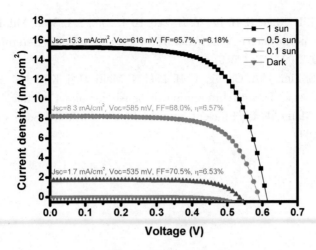

Fig 7　Current density-voltage (J-V) curves for mp-TiO$_2$/Sb$_2$S$_3$/PCPDTBT/Au. The Sb$_2$S$_3$ layers were formed by chemical bath deposition for 2.2 h. (active area = 0.16cm^2, mask size = 0.096cm^2). Partially reprinted with permission from[6]. Copyright 2011 ACS.

and hole conductor. Through the new device architecture, 5.1% of power conversion efficiency at 1 sun illumination (100mW/cm^2 AM 1.5G) was achieved. The cells were further improved by the use of PCPDTBT (poly(2,6-(4,4-bis-(2-ethylhexyl)-4H-cyclopenta [2,1-b;3,4-b'] dithiophene)-alt-4,7(2,1,3-benzothiadiazole)) as a HTO with overall power conversion efficiencies of 6.18, 6.57, and 6.53% at 100, 50 and 10% solar irradiation with a metal mask, respectively, (see Fig 7).

References

1) B. O'Regan, M. Grätzel, A low-cost, high-efficiency solar cell based on dye-sensitized colloidal TiO$_2$ films, *Nature* **353** 737-740 (1991)
2) S. H. Im, J. A. Chang, S. W. Kim, S.-W. Kim, S. I. Seok, Near-infrared photodetection based on PbS colloidal quantum dots/organic hole conductor, *Org. Electron.* **11**, 696-699 (2010)
3) S. H. Im, H.-j. Kim, S. W. Kim, S.-W. Kim, S. I. Seok, All solid state multiply layered PbS colloidal quantum-dot-sensitized photovoltaic cells, *Energy Environ. Sci.* **4**, 4181-4186 (2011)
4) S. H. Im, H.-j. Kim, S. W. Kim, S.-W. Kim, S. I. Seok, Efficeint HgTe colloidal quantum dot-sensitized near-infrared photovoltaic cells, *Nanosacle* **4**, 1581-1584 (2012)

5) J. A. Chang, J. H. Rhee, S. H. Im, Y. H. Lee, H.-J. Kim, S. I. Seok, Md. K. Nazeeruddin, M. Grätzel, High-performance Nanostructured Inorganic-organic Heterojunction Solar Cells, *Nano Lett.* **10**, 2609-2712 (2010)
6) S. H. Im, C.-S. Lim, J. A. Chang, Y. H. Lee, N. Maiti, H.-j. Kim, Md. K. Nazeeruddin, M. Grätzel, S. I. Seok, Toward Interaction of Sensitizer and Functional Moieties in Hole-transporting Materials for Efficient Semiconductor-sensitized Solar Cells, *Nano Lett.* **11**, 4789-4793 (2011)

第5章　量子ドット太陽電池の今後の展望

James G. Radich[*1], Prashant V. Kamat[*2]

1　Quantum Dot Photovoltaics

Quantum dots are semiconductor nanocrystals that exhibit size-dependent optical and electronic properties[1,2]. As the size of these nanocrystals is reduced to dimensions on the order of the Bohr excitonic radius, the associated band gap of the material begins to increase with the additional energy arising from excitonic confinement on the surface of the nanocrystal. Hot electron transfer[3], multiple exciton generation[4,5], and the ability to construct multi-layered, panchromatic absorbers in hierarchical configurations[6,7] are properties that will lead to next generation photovoltaic devices whose efficiency and cost are superior to current technologies. The challenge is to then produce the photovoltaics in an efficient manner in as few steps as possible and without the need for clean-room processing or reaction sensitivity such as those required for silicon wafers or copper-indium-gallium-selenide, respectively.

Quantum dots exhibit desirable properties for use in photovoltaics such as high molar extinction coefficients[8,9], large intrinsic dipole moments[10,11], and the ability to tune the band gap[7,8,12]. The most commonly used quantum dots in photovoltaic research efforts include CdS, CdSe, and PbS. The thorough characterization of these materials over many years of research has allowed for a distinct understanding of the photophysical processes involved in their use in light energy conversion. Traditional photovoltaics operate based on charge separation at the junction between a p-type and n-type material (p-n junction) via electric field effects, allowing charge to flow through an external circuit. However, the size of the depletion layer within a p-n junction is typically orders of magnitude larger than the size of quantum dots. The discrepancy between the magnitude of the quantum dots size (2-15nm) and the size of the depletion layer in single-crystal materials (0.4-1μm dependent on doping levels) produced research that ultimately led to a deeper understanding of photoinduced charge transfer events in quantum-sized semiconductors that are in contact with other electron accepting semiconductors[12~28]. Figure 1 illustrates the photovoltaic effect arising from a from

---

[*1,2] Radiation Laboratory　Departments of Chemistry & Biochemistry, and Chemical & Biomolecular Engineering　University of Notre Dame

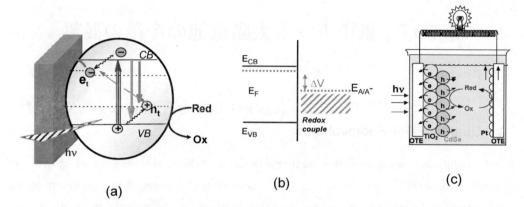

Figure 1 Photoinduced charge separation in a single semiconductor nanoparticle, (b) shift in Fermi level as a result of electron accumulation, and (c) simple illustration of semiconductor nanostructure film based photoelectrochemical cell (From reference 26, Reprinted with the permission of the American Chemical Society).

photoinduced charge transfer.

Ultrafast spectroscopic tools have allowed for a distinct understanding of these photoinduced charge separation events that occur between the quantum dots and acceptor materials. Many-State Marcus Theory has been used to describe the experimentally-measured electron transfer rates between CdSe and metal oxide acceptors (TiO_2, ZnO, SnO_2) with varying conduction band levels and density of states[12]. In general Marcus Theory proposes the energetic difference between the donor and acceptor states drives the electron transfer reaction, with the reorganization energy minimum producing the optimal driving force for charge electron transfer[29~31]. Marcus Theory was further expanded to include the density of states within the acceptor such as those found in semiconductor systems, denoted Many-State Marcus Theory. The Many-State Theory provides an accurate description of the experimental results obtained in the aforementioned study between quantum dots and metal oxide particles while distinguishing between the electron transfer dominated by reorganization energy and that dominated by the density of states. The dependence of electron transfer rate constant on the nature of surface defects, distance between two interacting particles as well as electronic coupling between donor and acceptor semiconductor nanoparticles is less explored and hence this area of research is likely to dominate the quantum dot research in the coming years.

Once electrons are injected from the quantum dots into acceptor material such as TiO_2, these electrons are transported to the contact and shuttled through the circuit to generate electrical power. However, the positively-charged holes remaining in the quantum dots must be scavenged (regenerated with electrons) in order to produce sustained photocurrent.

第5章　量子ドット太陽電池の今後の展望

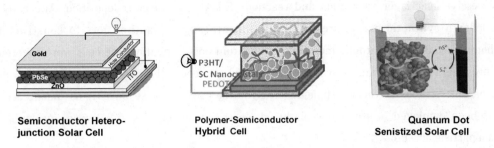

Figure 2　Illustrations of various types of quantum dot solar cell configurations.

Various cell designs approach regeneration of the holes in different ways. In liquid-junction, photoelectrochemical cells a soluble electrochemically-active, regenerative redox species is used to scavenge photogenerated holes at the quantum dot surface, oxidizing the reduced species of the redox couple. The oxidized species then diffuses to the counter electrode, where it is reduced by the electrons traveling through the circuit. The stability of the quantum dot sensitizer with a given redox couple is important to the regenerative ability of the cell, as anodic decomposition is a competing pathway when holes are not scavenged in sufficient time[6, 32, 33]. The rate constant for hole transfer remains a slow process and further efforts are necessary to promote to accelerate electron transfer so that electron-hole recombination within the QD can be minimized.

　Solid state quantum dot solar cells can be constructed in various ways, depending on the mechanism for charge transport through the cell. The Schottky design is the simplest and uses quantum dots anchored to an acceptor substrate with a low work function metal as the back contact[34, 35]. Although the field effect arising from depletion is mostly absent from the quantum dots, the Schottky cell design assists in charge separation by the inherent field built into the device by using materials with different work functions as the contacts. Finally, hybrid solar cell designs involve the use of a hole-transport layer between n-type quantum dots at the acceptor substrate and the back contact. Both conductive polymers[36~40] and p-type inorganic semiconductor nanocrystals[41~43] have been successfully employed as hole-transport layers with quantum dots. Figure 2 depicts the various designs common to the use of quantum dots in solar energy conversion devices.

2　Synthesis of Quantum Dots

Methods for depositing quantum dots directly onto a conducting substrate or mesoscopic oxide film, referred to as bottom-up synthesis, include chemical bath deposition (CBD), successive ionic layer adsorption and reaction (SILAR), and electrodeposition. Alternatively, top-down synthetic procedures utilize pre-synthesized quantum dots to construct the photovoltaic device. Synthetic methods for quantum dots in photovoltaic cells were covered in a previous review[26]. The size controlled colloidal semiconductors can be prepared as water- or organic-soluble for various applications. Even the use of reverse-micelles as "nanoreactors" has been employed to study photoinduced electron transfer events between various metal nanoparticle acceptors[21, 44].

The synthetic method oftentimes is selected for the type of photovoltaic device constructed. For example high-efficiency (4-5%), liquid-junction quantum dot solar cells found in the literature are constructed using the bottom-up approach with CBD or SILAR deposition methods. The high surface area of the mesoporous metal oxide layer enables significant deposition of the quantum dots while also allowing for diffusion of electrolyte through the pores for hole scavenging. On the other hand, producing a bottom-up *solid state* cell that is effective at removing holes and shuttling them to the back contact has been elusive. Penetration of the hole-mediator into the pores and the hole transport distance in such a design where the active layer can be 5-10 μm thick present challenges not yet overcome using current materials and methods[43]. The use of extremely-thin absorber (ETA) layers has produced good efficiencies in both Schottky and hybrid designs, both of which typically employ top-down synthesis of the quantum dots.

The primary differences between the liquid-junction and solid-state devices involve the thickness of the absorber layer, which sometimes approaches only 300nm in the solid-state designs. The high molar extinction of quantum dots allows significant light absorption with small amounts material, and the shorter charge transport distances facilitate improved cell performance by reducing series resistance and recombination of charge carriers. With improvements in hole-transport media and pore-filling, synergistic designs utilizing high loading of quantum dots onto the high surface area metal oxide layer with solid hole-transport media has the potential to yield unprecedented power conversion efficiencies using quantum dots, while also minimizing costs via bottom-up synthetic approaches (less costly precursors and easier scale-up potential).

3 Future Prospects

Next generation quantum dot solar cells will utilize the unique ability to tune the photoresponse in order to overcome the current challenges associated with their use, including limited light absorption, electron-hole recombination, and slow hole transfer. The dye

第5章 量子ドット太陽電池の今後の展望

sensitized solar cell counterpart, for example, exhibits low recombination with holes and oxidized electroactive species in solution (tri-iodide redox couple), fast hole transfer, and little-to-no series resistance arising from the sensitizer given the molecular origin of dyes. Series resistance in semiconductor nanocrystals will always be more prominent than in dye sensitized solar cells and hence remain contributor to lower efficiency. Dye sensitized solar cells have achieved > 12% power conversion efficiency, showing that the general nanoporous design of the liquid junction cell utilized since 1991, however, is effective. Quantum dots offer many advantages for light energy conversion, but in order to cost-effectively utilize them in commercial photovoltaic devices at least 10% efficiency must be realized.

Various strategies to improve the performance of quantum dot solar cells have been attempted. One major drawback of the liquid junction design has been the high polarization of the counter electrode during polysulfide reduction reaction. A reduced graphene oxide-copper sulfide composite material was shown to significantly enhance polysulfide reduction, resulting in significantly higher fill factor and photocurrent[45]. The reduced graphene oxide served as a conductive substrate upon which the polysulfide-active Cu_2S was anchored, and the material sidesteps the continual corrosion of brass (another common source of Cu_2S for counter electrode) that leads to mechanical instability.

Doping of semiconductors to impart specific properties has been employed for years, as the electronic properties of p-type and n-type materials rely on dopant atoms within the semiconductor matrix to arrive at the desired conductivity. The doping of CdS with Mn^{2+} in a CdS/CdSe co-sensitized cell led to power conversion efficiency of 5.4%. The Mn-doping of the CdS sensitizer enabled suppression of back electron transfer to the oxidized species of the electrolyte (polysulfide) in a liquid-junction design through incorporation of a long-lived, spin-forbidden transition inherent to the Mn^{2+} species[46]. Figure 3 depicts the photoinduced charge transfer processes in a Mn^{2+} doped CdS system. Also, supersensitization of a CdS

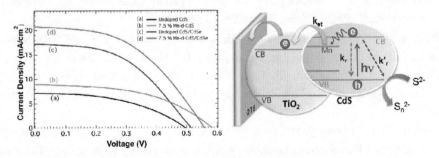

Figure 3 　J-V characteristics and charge transfer processes (right) of Mn^{2+} doped CdS and CdSe photoanodes during the operation of QDSC (From reference 46. Reprinted with permission from the American Chemical Society).

sensitized quantum dot solar cell with near-IR dye such as squaraine dye can selectively extend the light absorption toward the IR region while also serving to regenerate the photogenerated holes in CdS[47]. Another area that will likely to emerge in the QDSC development is the utilization of surface plasmon effects through size and shape controlled metallic nanoparticles.

Quantum dot photovoltaic cells offer significant potential to contribute cost-effective, renewable energy to assist in meeting the increasing world energy demand. In fact, new developments toward making quantum dot solar paint have yielded possibly the most cost effective method yet for harvesting incident solar light and converting it to electrical power[48]. While the efficiencies for this new technology are relatively low (1-2%), the ability to utilize nearly any conductive substrate, regardless of the shape or size, via a "paint-on" semiconductor paste offers high potential for a significant breakthrough in solar technology. Next generation quantum dot solar cells will likely involve synergistic approaches from all of the above strategies in order to boost efficiencies to the levels required for commercial implementation.

Acknowledgement

The research described herein was supported by the Office of Basic Energy Sciences of U. S. Department of Energy (DE-FC02-04ER15533). We also would like to acknowledge Center for Environmental Science&Technology, University of Notre Dame for the access of analytical facilities.

References

1) Alivisatos, A. P., Perspectives on the Physical Chemnistry of Semiconductor Nanocrystals., *J. Phys., Chem*, 100, 13226-13239 (1996)
2) Peng, Z. A. ; Peng, X., Formation of High-Quality CdTe, CdSe, and CdS Nanocrystals Using CdO as Precursor., *J. Am. Chem., Soc.*, **123** (1), 183-184 (2001)
3) Tisdale, W. A. ; Williams, K. J. ; Timp, B. A. ; Norris, D. J. ; Aydil, E. S. ; Zhu, X. Y., Hot-Electron Transfer from Semiconductor Nanocrystals., *Science*, **328** (5985), 1543-1547 (2010)
4) Semonin, O. E. ; Luther, J. M. ; Choi, S. ; Chen, H. Y. ; Gao, J. B. ; Nozik, A. J. ; Beard, M. C., Peak External Photocurrent Quantum Efficiency Exceeding 100% via MEG in a Quantum Dot Solar Cell, *Science*, **334** (6062), 1530-1533 (2011)
5) Sambur, J. B. ; Novet, T. ; Parkinson, B. A., Multiple Exciton Collection in a Sensitized

第5章 量子ドット太陽電池の今後の展望

Photovoltaic System, *Science*, **330** (6000), 63-66 (2010)

6) Braga, A. ; Gimenez, S. ; Concina, I. ; Vomiero, A. ; Mora-Sero, I., Panchromatic Sensitized Solar Cells Based on Metal Sulfide Quantum Dots Grown Directly on Nanostructured TiO_2 Electrodes, *The Journal of Physical Chemistry Letters*, 454-460 (2011)

7) Kongkanand, A. ; Tvrdy, K. ; Takechi, K. ; Kuno, M. K. ; Kamat, P. V., Quantum Dot Solar Cells. Tuning Photoresponse through Size and Shape Control of CdSe-TiO_2 Architecture, *J. Am. Chem. Soc.*, **130** (12), 4007-4015 (2008)

8) Yu, W. W. ; Qu, L. H. ; Guo, W. Z. ; Peng, X. G., Experimental Determination of the Extinction Coefficient of CdTe, CdSe, and CdS Nanocrystals, *Chemistry of Materials*, **15** (14), 2854-2860 (2003)

9) Wang, P. ; Zakeeruddin, S. M. ; Moser, J. E. ; Humphry-Baker, R. ; Comte, P. ; Aranyos, V. ; Hagfeldt, A. ; Nazeeruddin, M. K. ; Gratzel, M., Stable New Sensitizer with Improved Light Harvesting for Nanocrystalline Dye-Sensitized Solar Cells, *Advanced Materials*, **16** (20), 1806-1811 (2004)

10) Vogel, R. ; Pohl, K. ; Weller, H., Sensitization of Highly Porous, Polycrystalline TiO_2 Electrodes by Quantum Sized CdS, *Chem. Phys. Lett.*, **174** (3-4), 241-6 (1990)

11) Vogel, R. ; Hoyer, P. ; Weller, H., Quantum-Sized PbS, CdS, Ag_2S, Sb_2S_3 and Bi_2S_3 Particles as Sensitizers for Various Nanoporous Wide-Bandgap Semiconductors, *J. Phys. Chem.*, **98** (12), 3183-3188 (1994)

12) Tvrdy, K. ; Frantszov, P. ; Kamat, P. V., Photoinduced Electron Transfer from Semiconductor Quantum Dots to Metal Oxide Nanoparticles, *Proc. Nat. Acad. Sci. USA*, **108** (1), 29-34 (2011)

13) Sant, P. A. ; Kamat, P. V., Inter-Particle Electron Transfer between Size-Quantized CdS and TiO_2 Semiconductor Nanoclusters, *Phys. Chem. Chem. Phys.*, **4** (2), 198-203 (2002)

14) Robel, I. ; Bunker, B. ; Kamat, P. V., SWCNT-CdS nanocomposite as light harvesting assembly. Photoinduced charge transfer interactions, *Adv. Mater.*, **17**, 2458-2463 (2005)

15) Dooley, C. J. ; Dimitrov, S. D. ; Fiebig, T., Ultrafast Electron Transfer Dynamics in CdSe/CdTe Donor-Acceptor Nanorods, *The Journal of Physical Chemistry C*, **112** (32), 12074-12076 (2008)

16) Kamat, P. V., Quantum Dot Solar Cells. Semiconductor Nanocrystals as Light Harvesters, *J. Phys. Chem. C*, **112** (48), 18737-18753 (2008)

17) Piris, J. ; Ferguson, A. J. ; Blackburn, J. L. ; Norman, A. G. ; Rumbles, G. ; Selmarten, D. C. ; Kopidakis, N., Efficient Photoinduced Charge Injection from Chemical Bath Deposited CdS into Mesoporous TiO_2 Probed with Time-Resolved Microwave Conductivity, *J. Phys. Chem. C*, **112** (20), 7742-7749 (2008)

18) Weiss, E. A. ; Porter, V. J. ; Chiechi, R. C. ; Geyer, S. M. ; Bell, D. C. ; Bawendi, M. G. ; Whitesides, G. M., The use of size-selective excitation to study photocurrent through junctions containing single-size and multi-size arrays of colloidal CdSe quantum dots, *J. Amer. Chem. Soc.*, **130**, (1), 83-92 (2008)

19) Acharya, K. P. ; Alabi, T. R. ; Schmall, N. ; Hewa-Kasakarage, N. N. ; Kirsanova, M. ;

Nemchinov, A. ; Khon, E. ; Zamkov, M., Linker-Free Modification of TiO$_2$ Nanorods with PbSe Nanocrystals, *Journal of Physical Chemistry C*, **113** (45), 19531-19535 (2009)

20) Choi, J. J. ; Lim, Y.-F. ; Santiago-Berrios, M. E. B. ; Oh, M. ; Hyun, B.-R. ; Sun, L. ; Bartnik, A. C. ; Goedhart, A. ; Malliaras, G. G. ; Abruna, H. D. ; Wise, F. W. ; Hanrath, T., PbSe Nanocrystal Excitonic Solar Cells, *Nano Letters*, **9** (11), 3749-3755 (2009)

21) Harris, C. ; Kamat, P. V., Photocatalytic Events of CdSe Quantum Dots in Confined Media. Electrodic Behavior of Coupled Platinum Nanoparticles, *ACS Nano*, **4**, 7321-7330 (2010)

22) Weaver, J. E. ; Dasari, M. R. ; Datar, A. ; Talapatra, S. ; Kohli, P., Investigating Photoinduced Charge Transfer in Carbon Nanotubeâ˜ Peryleneâ˜ Quantum Dot Hybrid Nanocomposites, *ACS Nano*, **4** (11), 6883-6893 (2010)

23) Robel, I. ; Subramanian, V. ; Kuno, M. ; Kamat, P. V., Quantum Dot Solar Cells. Harvesting Light Energy with CdSe Nanocrystals Molecularly Linked to Mesoscopic TiO$_2$ Films, *J. Am. Chem. Soc.*, **128**, 2385-2393 (2006)

24) Robel, I. ; Kuno, M. ; Kamat, P. V., Size-Dependent Electron Injection from Excited CdSe Quantum Dots into TiO$_2$ Nanoparticles, *J. Am. Chem. Soc.*, **129** (14), 4136-4137 (2007)

25) Chakrapani, V. ; Tvrdy, K. ; Kamat, P. V., Modulation of Electron Injection in CdSe-TiO$_2$ System through Medium Alkalinity, *J. Am. Chem. Soc.*, **132** (4), 1228-1229 (2010)

26) Kamat, P. V. ; Tvrdy, K. ; Baker, D. R. ; Radich, J. G., Beyond Photovoltaics: Semiconductor Nanoarchitectures for Liquid Junction Solar Cells, *Chem. Rev.*, **110** (11), 6664-6688 (2010)

27) Pernik, D. ; Tvrdy, K. ; Radich, J. G. ; Kamat, P. V., Tracking the Adsorption and Electron Injection Rates of CdSe Quantum Dots on TiO$_2$: Linked Versus Direct Attachment, *J. Phys. Chem. C*, **115** (27), 13511-13519 (2011)

28) Kamat, P. V., Manipulation of Charge Transfer Across Semiconductor Interface. A Criterion that Cannot be Ignored in Photocatalyst Design, *J.Phys. Chem. Lett.*, **3** (5), 663-672 (2012)

29) Marcus, R. A., On the Theory of Electrochemical and Chemical Electron Transfer Processes, *Canadian Journal of Chemistry-Revue Canadienne De Chimie*, **37** (1), 155-163 (1959)

30) Marcus, R. A., A Theory of Electron Transfer Processes at Electrodes, *Journal of the Electrochemical Society*, **106** (3), C71-C72 (1959)

31) Marcus, R. A., On the Theory of Oxidation-Reduction Reactions Involving Electron Transfer. I, *The Journal of Chemical Physics*, **24** (5), 966-978 (1956)

32) Chakrapani, V. ; Baker, D. ; Kamat, P. V., Understanding the Role of the Sulfide Redox Couple (S^{2-}/S_n^{2-}) in Quantum Dot Sensitized Solar Cells, *J. Am. Chem. Soc.*, **133**, 9607-9615 (2011)

33) Bang, J. H. ; Kamat, P. V., Quantum Dot Sensitized Solar Cells. A Tale of Two Semiconductor Nanocrystals: CdSe and CdTe, *ACS Nano*, **3**, (6), 1467-1476 (2009)

34) Johnston, K. W. ; Pattantyus-Abraham, A. G. ; Clifford, J. P. ; Myrskog, S. H. ; MacNeil, D. D. ; Levina, L. ; Sargent, E. H., Schottky-Quantum Dot Photovoltaics for Efficient Infrared

第5章 量子ドット太陽電池の今後の展望

Power Conversion, *Applied Physics Letters*, **92** (15), 151115 (2008)

35) Pattantyus-Abraham, A. G.; Kramer, I. J.; Barkhouse, A. R.; Wang, X.; Konstantatos, G.; Debnath, R.; Levina, L.; Raabe, I.; Nazeeruddin, M. K.; Gratzel, M.; Sargent, E. H., Depleted-Heterojunction Colloidal Quantum Dot Solar Cells, *ACS Nano*, **4** (6), 3374-3380 (2010)

36) Kim, S. J.; Kim, W. J.; Cartwright, A. N.; Prasad, P. N., Carrier multiplication in a PbSe nanocrystal and P3HT/PCBM tandem cell, *App. Phys. Lett.*, **92** (19), (2008)

37) Saunders, B. R.; Turner, M. L., Nanoparticle-Polymer Photovoltaic Cells, *Advances in Colloid and Interface Science*, **138** (1), 1-23 (2008)

38) Wang, M. F.; Kumar, S.; Lee, A.; Felorzabihi, N.; Shen, L.; Zhao, F.; Froimowicz, P.; Scholes, G. D.; Winnik, M. A., Nanoscale Co-organization of Quantum Dots and Conjugated Polymers Using Polymeric Micelles as Templates, *J. Amer. Chem. Soc.*, **130** (29), 9481-9491 (2008)

39) Noone, K. M.; Anderson, N. C.; Horwitz, N. E.; Munro, A. M.; Kulkarni, A. P.; Ginger, D. S., Absence of Photoinduced Charge Transfer in Blends of PbSe Quantum Dots and Conjugated Polymers, *ACS Nano*, **3** (6), 1345-1352 (2009)

40) Moon, S.-J.; Itzhaik, Y.; Yum, J.-H.; Zakeeruddin, S. M.; Hodes, G.; Gratzel, M., Sb_2S_3-Based Mesoscopic Solar Cell using an Organic Hole Conductor, *J. Phys. Chem. Lett.*, **1** (10), 1524-1527 (2010)

41) Page, M.; Niitsoo, O.; Itzhaik, Y.; Cahen, D.; Hodes, G., Copper Sulfide as a Light Absorber in Wet-Chemical Synthesized Extremely Thin Absorber (ETA) Solar Cells, *Energy & Environmental Science*, **2** (2), 220-223 (2009)

42) Itzhaik, Y.; Niitsoo, O.; Page, M.; Hodes, G., Sb_2S_3-Sensitized Nanoporous TiO_2 Solar Cells. *Journal of Physical Chemistry C*, **113** (11), 4254-4256 (2009)

43) Hodes, G.; Cahen, D., All-Solid-State, Semiconductor-Sensitized Nanoporous Solar Cells, *Accounts of Chemical Research* (2012)

44) Harris, C. T.; Kamat, P. V., Photocatalysis with CdSe Nanoparticles in Confined Media: Mapping Charge Transfer Events in the Subpicosecond to Second Timescales, *ACS Nano*, **3** (3), 682-690 (2009)

45) Radich, J. G.; Dwyer, R.; Kamat, P. V., Cu_2S -Reduced Graphene Oxide Composite for High Efficiency Quantum Dot Solar Cells. Overcoming the Redox Limitations of S^{2-}/S_n^{2-} at the Counter Electrode, *J. Phys. Chem. Lett.*, **2**, 2453-2460 (2011)

46) Santra, P. K.; Kamat, P. V., Mn-Doped Quantum Dot Sensitized Solar Cells. A Strategy to Boost Efficiency over 5%, *J. Am. Chem. Soc.*, **134**, 2508-2511 (2012)

47) Choi, H.; Nicolaescu, R.; Paek, S.; Ko, J.; Kamat, P. V., Supersensitization of CdS Quantum Dots with NIR Organic Dye: Towards the Design of Panchromatic Hybrid-Sensitized Solar Cells, *ACS Nano*, **5**, 9238-9245 (2011)

48) Genovese, M. P.; Lightcap, I. V.; Kamat, P. V., Sun-Believable Solar Paint. A Transformative One-Step Approach for Designing Nanocrystalline Solar Cells, *ACS Nano*, **6** (1), 865-872 (2012)

量子ドット太陽電池の最前線《普及版》　(B1289)

2012年10月1日　初　版　第1刷発行
2019年7月10日　普及版　第1刷発行

　　監　修　　豊田太郎　　　　　　　　　　Printed in Japan
　　発行者　　辻　賢司
　　発行所　　株式会社シーエムシー出版
　　　　　　　東京都千代田区神田錦町1-17-1
　　　　　　　電話03 (3293) 7066
　　　　　　　大阪市中央区内平野町1-3-12
　　　　　　　電話06 (4794) 8234
　　　　　　　http://www.cmcbooks.co.jp/

〔印刷　株式会社遊文舎〕　　　　　　　　Ⓒ T. Toyoda, 2019

落丁・乱丁本はお取替えいたします。

本書の内容の一部あるいは全部を無断で複写（コピー）することは，法律
で認められた場合を除き，著作者および出版社の権利の侵害になります。

ISBN978-4-7813-1372-6　C3054　¥5200E